城市更新改造技术与应用丛书

城市更新与地下空间改扩建规划设计

徐正良　张中杰　著

中国建筑工业出版社

图书在版编目（CIP）数据

城市更新与地下空间改扩建规划设计/徐正良，张
中杰著.—北京：中国建筑工业出版社，2021.1
（城市更新改造技术与应用丛书）
ISBN 978-7-112-25833-8

I.①城… II.①徐… ②张… III.①地下建筑物—
城市规划—研究 IV.①TU984.11

中国版本图书馆CIP数据核字（2021）第024827号

本书是"城市更新改造技术与应用丛书"中的一本，结合作者多年在地下空间改扩建工程设计实践中的经验和若干科研课题的研究成果编写而成。全书共分为5章，包括：概论、城市更新中的地下空间改扩建规划、既有地下空间建筑功能调整与扩展设计研究、地下空间改扩建的设计方法与施工技术、城市更新与地下空间改扩建工程实例。书中内容全面，选取6个具有代表性的案例全面阐述了地下空间改扩建工程的设计分析、施工流程和实施效果，具有较高的指导性和可操作性，可供城市更新和地下空间改扩建设计人员、管理人员以及研究人员参考使用。

责任编辑：王砾瑶
文字编辑：高　悦
责任校对：李美娜

城市更新改造技术与应用丛书
城市更新与地下空间改扩建规划设计
徐正良　张中杰　著

*

中国建筑工业出版社出版、发行（北京海淀三里河路9号）
各地新华书店、建筑书店经销
霸州市顺浩图文科技发展有限公司制版
北京市密东印刷有限公司印刷

*

开本：787毫米×1092毫米　1/16　印张：16　字数：360千字
2021年3月第一版　2021年3月第一次印刷
定价：**58.00**元
ISBN 978-7-112-25833-8
（36646）

序

随着我国社会经济和城市的建设发展,城市地面空间不足与城市空间需求之间的矛盾逐步显现,在市中心、老城区这种矛盾尤为突出,城市空间向地下延伸,利用地下空间打造立体城市已成为新时代城市发展的必然趋势。如何在地面建筑下增设地下空间和通过对既有地下空间进行改扩建来增加城市空间,解决中心城停车难、公共活动空间不足等问题,实现城市功能的更新升级,已成为城市地下空间发展的一种新模式。因此,城市更新中的地下空间改扩建技术在近年逐渐受到工程界的关注,是地下工程技术的一个重要发展方向。《城市更新与地下空间改扩建规划设计》正是为适应城市地下空间的这种发展趋势而编著的。

本书对城市更新中地下空间改扩建规划、既有地下空间建筑功能调整与扩展设计及适应性评估、地下空间改扩建设计与施工技术进行了系统的论述,并分析介绍了既有地下室改建为轨道交通车站、既有建筑下方原位增设地下室等六个有代表性的地下空间改扩建工程的设计、施工技术和实施效果,对城市更新中地下空间改扩建工程建设具有很好的指导借鉴价值。

本书作者长期从事轨道交通、地下工程建设,主持或参与过大量复杂工程地质水文地质条件及复杂环境下地下工程的设计工作,在城市地下工程建设方面积累了丰富的经验,并在实践中善于思考和总结,本书是他们在城市更新与地下空间改扩建工程领域多年探索实践和创新成果的系统总结,相信书中分享的地下工程新理念新技术,能为地下工程建设的技术发展和从业技术人员提供不少有益的启发。

中国工程院院士陈湘生

2020 年 11 月 12 日

前言

近年来，我国城镇化率逐年提高，城市人口规模不断扩大，城市地价高涨、基础设施不足、环境恶化、人车矛盾等"城市病"也日趋严重。目前，地下空间的开发利用已成为解决人口、环境、资源三大危机的重要措施，是医治"城市病"、实现城市可持续发展的重要途径。

地下空间资源具有很强的稀缺性和不可逆性。随着经济的发展和人们需求的提高，城市中心城区历史建筑增设地下车库、住宅小区车位扩容、轨道交通车站规模和换乘调整、地下工程平战结合改造、地下物资仓储工程改造等地下建筑改扩建需求日益迫切。如何合理地利用城市地下空间，使其满足新的社会功能，已经逐渐成为行业关注的焦点。目前，对地下建筑改扩建的系统研究较少，理论分析与设计方法滞后于工程实践，这在很大程度上影响了城市地下建筑改扩建技术的推广和应用。

作者基于工程实践和科研攻关，在总结大量地下建筑改扩建成功案例的基础上形成本书。本书主要内容包括城市更新中的地下空间改扩建规划、既有地下空间建筑功能调整与扩展设计、地下空间改扩建的设计方法与施工技术、工程实例介绍。这些内容也支撑作者主编完成了国内第一本地下建筑改扩建规范《既有地下建筑改扩建技术规范》DG/TJ 08-2235—2017。

本书的编写得到相关人士的大力帮助，中国工程院院士陈湘生先生为本书作序，王卓瑛、陈锦剑、王浩然、李明广、梁正、富秋实、沈雷洪、汤晓燕、张新燕、覃雪松、陈光、朱颂和施玮参与了部分资料和计算结果的整理工作，在此谨致以诚挚的谢意！

本书的完成，也得到中国建筑工业出版社、上海市城市建设设计研究总院（集团）有限公司、上海交通大学、上海建工二建集团有限公司等单位的支持，在此表示衷心的感谢！

本书以规划设计和工程实践为主线，融入作者在这一领域多年的积累，为推动城市更新和地下空间改扩建工程起到抛砖引玉的作用。由于作者的工程经历及学术水平有限，书中疏漏及不当之处在所难免，敬请广大读者不吝指正。

徐正良　张中杰

2020 年 8 月于上海

目 录

第 1 章
概　　述

1.1　城市更新概述

1.1.1　城市更新的概念

城市更新是"城市政策"这一更宽泛概念的重要组成部分。政策是政府采取和推行的行动,它是一种措施、一个方法或者一套行为准则。城市区域是复杂、动态的系统,能够反映经济、社会、物质和环境等很多变化过程(Roberts,2000)。从该角度看,城市政策可以视为承载一系列管理活动的场所(Cochrane,2007)。因此,城市更新可以看作是上述很多过程相互作用的结果,也可以视为是对城市衰退所带来的机遇和挑战的一种反应(Roberts,2000)。

从广义的视角来看,城市更新可以涵盖自城市最初形成以来的一切城市建设。而在现代城市规划学的语境下的城市更新则更多是指 18 世纪工业革命以后,特别是西方社会经历了"二战"以后的城市更新研究为主。19 世纪,西方国家在经历了工业革命的巨变以及为解决早期工业城镇恶劣城市环境的规划理论的蜕变之后,到了 19 世纪末 20 世纪初逐渐形成了现代城市规划学 [1]。近现代意义的城市更新的概念和主要内容以时间划分可分为六个阶段(表 1-1),每一个概念都包含了丰富的内涵、时代特征和城市建设特点,并具有连续性 [2]。此外,城市更新在国内还存在多种相类似术语,包括旧城更新、旧城改造、旧城整治、城市再开发等。

城市更新概念依时间细分 [3]　　　　　　　　　　　　　　　　　表 1-1

时间	概念表述	物质更新重点
20 世纪 40 年代以前	新城建设(New City Construction)	田园城市、卫星城市建设
20 世纪 40 ~ 20 世纪 50 年代	城市重建(Urban Reconstruction)	战后重建、外围新区的建设
20 世纪 60 年代	城市复苏(Urban Re-vitalization)	对现存地区类似做法的修复
20 世纪 70 年代	城市更新(Urban Renewal)	公共建设驱动,贫民窟大规模再开发

时间	概念表述	物质更新重点
20 世纪 80 年代	城市再开发（Urban Redevelopment）	经济发展和地产开发，重大项目的置换
20 世纪 90 年代	城市再生（Urban Regeneration）	柔和的更新，提倡传统与文脉的保持
20 世纪 90 年代至今	城市复兴（Urban Renaissance）	更宽泛的可持续社区议题

1.1.2　西方城市更新的发展阶段

（1）二战前的城市更新

18 世纪后半叶，工业革命在英国率先开始，英国开始从农业社会向城市社会转型。到了 19 世纪中叶，英国基本完成了工业革命，城市人口超过总人口的 50%。随后，法国（19 世纪 20 ~ 60 年代）、美国（18 世纪末 ~ 19 世纪 60 年代）、德国（19 世纪 30 ~ 70 年代）、俄国（19 世纪 30 ~ 80 年代）等国家相继完成了工业革命的道路。到了 19 世纪末，英国的城市化水平已经达到了 70%。

由于西方国家工业化和城市化进程发展较早，城市享受了工业文明的"先发性利益"的同时，也率先品尝到工业城镇的"先发性伤害"。19 世纪中叶，以英国为代表的工业城镇空间和人口急剧膨胀，使城市有限的资源和超负荷的人口之间产生矛盾。英国当时很多城市都出现了如环境污染、卫生事件、恶劣的住宅条件和犯罪等严重问题，同样的情况也在法国、美国等地上演。经济的发展和城市的现代化，并没有给广大的民众带来利益，相反使民众承受着巨大的成本，引发广大下层阶级尤其是工人阶级进行不断的抗争，引起了西方社会对城市建设的反思，并进一步激发城市改良的思潮[3]，引发了社会各界的新探讨。

英国关于城市更新运动就是在上述城市改良思潮中产生的，鉴于工业城镇带来的各种弊端，人们开始怀念乡村的美好，希望能够将城市改造成为兼具城市和乡村双重特色的新型城市。这其中最著名的就是埃比尼泽·霍华德（Ebenezer Howard）的"田园城市"理论（图 1-1）。1898 年出版的《明日：一条通往真正改革的和平道路》一书，提出了建设新型城市的方案。通过疏散拥挤的城市人口，勾勒出一个全新的适合人居的"田园城市"，使居民返回乡村。霍华德建议田园城市占地为 6000 英亩（1 英亩 ≈4046.86m²），其中城市居中，占地 1000 英亩，居住人口 3 万人；四周的农业用地占 5000 英亩，居住人口 2000 人，农业用地是永久绿带，不得改作他用。这样，若干个田园城市环绕一个中心城市（人口为 5 万 ~ 8 万人）布置，形成城市群。田园城市理论试图从"城市 - 乡村"这一层面来解决城市问题，跳出了就城市论城市的观念，为后来 1912 年雷蒙·昂温（Raymond Unwin）的"卫星城理论"、1918 年伊里尔·沙里宁（Eliel Saarinen）的"有机疏散理论"和 1915 年盖迪斯（S. P. Geddes）的"区域规划理论"打下了思想基础。其中，盖迪斯在他的两部著作《城市发展：公园、花园和文化机构的研究》和《进化中的城市：城市规划与城市研究导论》创造性地论证了城市与所在地区的内在联系。他强调应把"自然地区"作为规划的基本框架，把人文地理学与城市规划紧密地结合在一起，直到今大仍然是西方城市更新规划的主流模式。

一直到第二次世界大战前，从英国萌发的"新城"（或者称之为"卫星城""卧城"）
建设思想，在西方国家都是一种十分广泛采用的城市更新模式。1903 年，世界第一座田
园城市莱奇沃思（Letchworth）诞生，位于英国伦敦附近的这座新型城市完全按照田园城
市的理念进行设计，规划人口 33000 人，规划面积 3822 英亩，其中 1300 英亩为城镇建
设用地，2522 英亩为环城绿地与农业用地，工业区的选址位于城市下风向，居住区位于
工业区的上风向，商业和学校设施位于居民区附近，体现了"邻里单位"思想的早期萌
芽。1920 年，第二座田园城市韦林（Welwyn）建成，位于英国哈特福郡，距离伦敦国王
十字 31km。

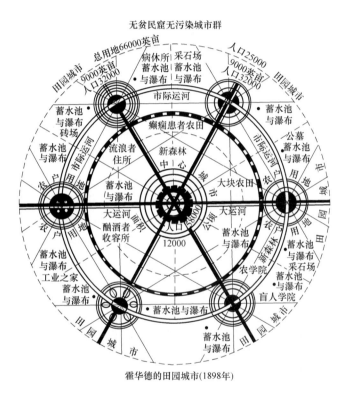

图 1-1　霍华德的田园城市

20 世纪初，基于城市形态规划出发的城市规划理论百家争鸣，这一时期涌现了
很多著名的城市形态理论模型。如 1925 年，美国社会学家帕克（R.E.Park）与伯吉斯
（E.W.Burges）提出的同心圆模式（Concentric Ring Model）成为城市地域结构的基本理论
之一。1930 年，法国建筑大师勒·柯布西耶的"光辉城市"方案展现了集中主义城市发
展模式。1936 年，霍伊特（H.Hoyt）提出扇形地带模式，其中心论点是城市住宅区由市
中心沿交通线向外作扇形辐射。

因此，二战前的城市更新主要表现为政府对城市问题的干预，并通过类似"田园城
市""卫星城市""有机疏散"这样的规划理论体系来调控这些地方的发展。然而，由于

这一时期的城市更新主要采用的是建立新城的更新模式，因此虽然对旧城的改造也在这一时期开始，但是工作重心仍在新城。不过，旧城更新在这一时期也并非乏善可陈，1851年，由法国塞纳区长官奥斯曼男爵主持的巴黎更新改造，使巴黎成为当时世界上最美丽、最现代化的大城市之一。其主要更新内容包括将主要城市道路拓宽改造成为林荫大道，建设了若干大型城市公园，完善市政工程建设下水道系统等。但由于法国的工业发展速度落后于英国，更大规模城市更新基本是从第二次世界大战之后开始的。

美国在二战期间，本土几乎没有受到战火的影响。因此，美国的城市更新是在平稳的产业升级置换中度过的，在传统的老工业城市，传统工业从城区向郊区以及卫星城迁移，而城市中心区以商贸服务、写字楼、购物中心为主导的第三产业则逐渐兴盛。但是，随着中心城区对劳动力需求的减少，大量的失业人口集聚在城市中，也给城市带来不少的问题。因此，19世纪30年代，为了缓解经济危机、增加就业机会、解决住房短缺问题，当时的胡佛政府开始干预"住宅市场"，这种干预又在罗斯福"新政"中得到了延伸和发展。

（2）二战后的城市更新

现代城市规划学语境下的城市更新，应该说是从1945年二战结束之后才在西方全面拉开的，它以1949年美国《住宅法案》（The Housing Act）的颁布为标志。英国和美国在这方面的实践和理论成果最为丰富，影响也最大[4]。

二战期间，虽然美国本土所受影响很小，但是美国的城市更新活动停止了近十年。1949年，美国颁布《住宅法案》，同时美国政府成立了专门的机构——城市更新署，来统筹城市更新过程中的规划、审批、操作等问题，标志着二战后城市更新运动的重新启动。战后美国的城市更新运动实质上是郊区化的过程，造成了城市中心区的衰弱。因此，战后美国的城市更新中，贫民窟的清理和旧住宅的改造固然是重点，但是对于城市中心区的更新其成效也是十分的显著。通过对城市中心区旧有住宅、工业用地、旧商业的更新，商业办公、文化娱乐、教育医疗等全新功能被植入，城市更新已不是简单的房屋建设，而是对于城市整个基础设施、公共服务设施系统的更新。美国城市更新运动在19世纪50～60年代达到高潮，在19世纪60～70年代步入尾声。在此期间，美国完成了城市化加速进程，使其城市化水平达到了70%。

二战期间，英国、德国、法国等国家的大多数城市成为废墟。大量城市住宅的破坏和战后城市人口的集聚，引起城市的快速膨胀，使得战后住房短缺问题亦变得十分严重。因此，在战后的很长一段时间里，欧洲的城市更新的重点主要放在战后重建上。但是，城市重建也为城市更新带来契机，原先不合理的城市规划布局，短缺的公共服务设施、市政基础设施得以重新规划和建造。战后重建时期的城市更新实践深受从形体规划出发的城市规划思想影响。"人本主义""分散主义""集中主义"的思想，不断影响着战后的城市更新建设。涌现的城市规划理论体系也为"巴黎重建计划""大伦敦规划"等重建规划提供了理论的支撑。此外，为了进行有效而系统的城市更新，欧洲各国出台了一系列的法律进行统筹。如英国1932年的《城市规划法》、1945年的《工业分布法》、1946的

《新城法》以及 1947 年的《城乡规划法》，为整个英国城市的更新运动提供了法律保证和方向指引。战后英国延续战前的新城建设策略作为战后重建工作的主旋律，旧城更新和新城建设得以同步进行。1946 ~ 1950 年间，英国按照《新城法》共建设了 14 座新城，其中在伦敦周围建设了 8 座新城。20 世纪 60 年代，又在伦敦外围建设了 3 座新城。然而，新城的建设一方面面临地方居民的阻力、高昂的建设成本、千篇一律的规划等问题，另一方面，新城对老城就业岗位和劳动人口的抽离使得老城市出现了衰败。

（3）20 世纪 70 年代至 20 世纪 90 年代的城市更新

20 世纪 70 年代，英国政府重新重视城市（老城）更新（Urban Renewal），以期望实现城市的复兴。英国的内城更新运动首先是通过清理"贫民窟"开始，即将贫民窟推倒，并将其居民转移走，然后以写字楼、公共设施、商业中心等高税收的项目取而代之。当时在美国的纽约、芝加哥和英国的曼彻斯特等贫民窟较多的大城市，这种做法比较普遍。然而，虽然房屋翻新、街道拓宽了，但是实质的经济衰败、就业紧张以及贫民窟问题并没有伴随着内城更新而消失，只是把"贫民窟"从一处迁移到了另一处。

因此，从 20 世纪 80 年代起，西方国家认识到城市更新是一套复杂、动态的体系，是一个包含经济、社会、物质和环境等很多变化的复杂过程。老城的问题无法通过单一的房屋拆除和建设来解决，而应该从加强地区的经济发展改善基础设施配套，提供就业岗位缓解就业压力，调整经济结构改变人口和就业的空间分布，促进内城和新城之间的平衡等多方面综合入手[5]，这一时期英国卡迪夫的城市复兴[6]则是最好的例证。

20 世纪 90 年代后，为了减少社会成本，更好地推动城市更新，英国各城市政府都相继建立了"城市开发公司"，主要任务是开发的前期准备，如强制收购土地、土地平整、基础设施建设等，然后再把土地出售给合适的开发商，形成了"公私合作的伙伴关系"，激发了社会各阶层的参与和支持。

（4）20 世纪 90 年代后的城市更新

进入 20 世纪 90 年代，由于社会经济的变化，各国城市中心地区都不同程度地出现了明显的内城功能衰退现象。城市中心区不但人口大量流失，工业大量外迁，而且商业区和办公区也开始往外迁移至郊区，各大城市的郊区都星罗棋布地开辟了大量大型的超级市场、休闲娱乐区、行政办公中心。同时，包括贫富差异、族群歧视在内的社会问题依然是 20 世纪 90 年代城市发展中的主要问题。生态城市与可持续发展的思想在这一时期亦得以蓬勃发展[2]。20 世纪 90 年代的"城市再生"理论是在全球可持续发展理念的影响下形成，并在面对经济结构调整造成城市经济不景气、城市人口持续减少、社会问题不断增加的困境下，为了重振城市活力、恢复城市在国家或区域社会经济发展中的牵引作用而被提出来的。城市开发开始进入寻求更加强调综合和整体对策的更新发展阶段，城市开发的战略思维得以加强，基于区域尺度的城市开发项目不断增加。城市再生涉及已失去的经济活力的再生和振兴，恢复已经部分失效的社会功能，处理那些未被人们关注的社会问题，以及恢复已经失去的环境质量或改善生态平衡等。在组织形式上，建立明确的合作伙伴关系成为其主要的形式，并且更加注重人居环境和社区可持续性等新的发展方式，更加侧重对现有城区的管理和规划。目前，主要集中在六个主题上：①城市物质改造与社会响应；②城市机体中诸多元素持续的物质替换；③城市经济与房地产开发、社会生活质量提高的互动关系；④城市土地的最佳利用和避免不必要的土地扩张；⑤城市政策制定与社会惯例的协调；⑥城市可持续发展。在城市复兴基金方面，注重公共、私人和志愿者三方间的平衡，强调发挥社区作用。这一时期较前一阶段更注重城市文化历史遗产的保护和可持续发展。这一时期的城市更新主要包括解构与重构、城市功能整体提升、老工业更新与再开发等。

1.1.3　中国城市更新发展

（1）改革开放前的城市更新（1949～1976年）

计划经济时期（1949～1965年），我国的工业体系尚未建立，城市建设尚处于探索城市物质环境的规划与建设的阶段，这一时期鲜有城市更新的活动。"文革"期间（1966～1976年），中国城市建设的框架被打破，以至于"文革"后期中国的城市建设形成了"细胞式的城市建设"特点，即：成千上万的小城镇各自独立发展建设，之间没有任何有益的协作或联系（Donnithorne，1972）[7]。

（2）经济转型期的城市更新（1977～2000年）

1978年3月，十一届三中全会召开，标志着我国从阶级斗争为纲转移到以经济建设为中心的轨道上来。城市建设对国家经济发展的重要性的认识被强化，同时加强了对城市规划的研究。这一时期的前10年，城市更新还是以老旧住区拆除改造、旧住房的整治和修缮为主。而后10年，以1988年中国城市土地改革为标志，城市更新进程的加快，城市更新开始引入私人企业、地方政府、开发商等多元的建设主体。城市更新由过去的行政计划为主逐步趋向市场化、法治化、体制化。

（3）快速城市化时期的城市更新（2000～2011年）

21世纪的第一个10年是快速城市化的10年，是我国城市更新从追求量逐渐转变为追求质的10年。在这10年中，"可持续发展""科学发展观""和谐社会"等一系列城市发展新理念被灌输到城市建设中去。如何建设可持续发展的社会主义现代化城市，成为时下城市更新面对的重大课题。2011年，中国城镇化率首次突破50%关口以来，我国城镇常住人口以年均1%的速度保持持续增长。我国开始迈入到以城市型社会为主体的新时期，城镇化成为推动中国经济社会发展的巨大引擎。

1.1.4　城市更新发展趋势

所有的城市更新政策和战略的核心都是实现经济、社会和环境的升级与改变，从而减缓城市衰退带来的负面影响。城市更新要么试图将资源再分配，要么通过房地产驱动和市场导向的策略来促进经济增长[3]。西方国家城市更新始于19世纪中叶，在经历了近100年的物质空间改造后，其对城市更新的关注重点开始转向经济、文化、社会等领域，对更新过程中的文化更新、城市治理、公共政策、可持续发展等议题的重视程度超过对物质环境本身的更新，形成了以政治经济学、社会学为共识基础的知识结构。

2020 年 2 月 28 日，国家统计局发布 2019 年国民经济和社会发展统计公报。据统计，2019 年年末全国城镇常住人口占总人口比重为 60.60%。过去 30 年，通过简单地城市土地置换和更新改造，我们获取了大量土地和空间资源，获取了城市基础设施现代化的资金。而未来城市的更新，将逐渐从增量发展转变到存量更新，从单纯目标的物质景观空间更新、经济活动提升转变为更具社会综合目标的城市空间、经济和社会系统一体的可持续更新[8]。未来城市的更新将更加关注城市的历史文化、社会问题、多元社区的维护、历史风貌特色的保持、文脉的延续，城市化追求质量的阶段已经来临。

（1）从增量更新到存量挖潜（性质转变）

一般而言，在经历以投资驱动和增量发展为主的阶段后，城市发展空间有限，土地价值的边际回报率递减，新增建设用地指标也受到政策的刚性约束。以转型为发展思路，以创新为发展动力，以存量资源为载体，兼顾多方利益，运用互动协商式的规划方法，将有助于城区持续健康发展[9]。所谓存量更新模式，即运用城市更新的手段，包括旧城改造、环境整治、交通改善、园区整合和土地整理等，通过合理规划存量资源，达到促进城区功能优化的目标[10]。

在"存量"规划时代，地下空间的改扩建规划设计无疑是扩展城市空间，推动城市转型升级、集约发展的重要手段。

（2）从地上为主到立体综合开发（空间复合）

城市更新的动因不仅是针对空间的物质性老化，更是针对经济快速发展，流动性增强所造成的空间结构性老化（固定资产贬值加快），因而城市更新中植入了深刻的经济目标与政治目标，它致力于提升城市经济活力与城市竞争力[11]。因此，城市更新的最终目的是缓解由于城市人口增长和经济发展所造成的城市空间容量不足的问题[12]。当城市外延式扩容受到经济、社会、交通各方面成本制约的时候，内涵式增长成为城市获取新的空间容量的方式。然而，由于城市更新活动通常发生于土地资源稀缺的区域，开发模式受到土地成本、用地规模、价值诉求等的制约，必然导致土地高度集约化的开发利用模式。因此，采用立体综合的开发模式无疑是当下国内外城市更新采用的主流趋势。

（3）从单一功能到功能复合多元（功能多元）

过去 30 年，我国许多城市更新项目，土地使用功能单一现象较为普遍。无论是超大型居住区，还是功能纯粹的商务办公区，都改变了城市原有的生活活力。城市更新不是推倒重建，而是对历史环境的延续和再创造，是一个持续改善的渐进过程[13]。近年来，在日本、新加坡等经验的影响下，国内城市更新开始注重城市功能的多重属性混合兼容，如多元的产业类型、多元的空间功能、多元的社会文化等。空间功能的复合多元，一方面体现在土地使用功能的混合，是平面的；另一方面体现在建筑空间竖向的使用功能的混合，是垂直的。对于后者，由于目前城市既有建成区土地资源稀缺，空间紧张，因此地下空间的改扩建无疑能为城市垂直方向的功能复合提供更多的空间载体。

（4）从拆除重建到既有设施利用（既有设施利用）

通常而言，城市更新时机取决于建筑物价值和地块价值之间的相对变化过程。只要建筑物价值小于地块价值，地块更新就会发生，因为建筑物的存在阻碍了地块价值的实现（即所谓的机会成本），必须进行重建才能充分实现地块的潜在价值[14]。然而，我国城市中心区更新区域老旧住区巨大的征迁成本、划拨用地产权制度导致的高昂的用地转性交易成本，以及社会对包括社会效益、文脉延续、社区维护等城市更新价值观的重新认识，使得城市更新通过既有设施的利用和改建而不是重建，成为可供选择的重要方式和发展趋势。

1.2 城市地下空间发展概述

1.2.1 国外地下空间发展历程

（1）古代地下空间的利用（18 世纪中叶以前）

洞穴 - 地下室 - 供水系统

人类对地下空间的利用最早可以追溯到远古时期人类对于天然洞穴的利用。公元前 3000 年左右，人类历史上首次出现城市。公元前 2000 年左右，在两河流域古巴比伦城中的幼发拉底河下修筑的砖石砌筑人行通道，是迄今可考的最早用于交通的地下隧道空间[15]。公元前 6 世纪左右，伊达拉里亚人在古罗马修建马克西姆下水道，是古代世界最为宏伟、历史最为悠久的地下市政工程，该下水道在现代罗马仍在使用中。此外，根据史料考证，我国战国时期的城市中已有陶制的排水沟渠，称"陶窦"，但现存已无实例。

（2）近代地下空间的利用（18 世纪中叶至 20 世纪中叶）

隧道 - 地下管网 - 地铁

近现代城市地下空间的开发利用，主要是为了解决市政设施的空间布局、地下交通、地铁发展的需要。一般以 18 世纪工业革命为起点。工业革命期间，西方城市规模剧增，对城市的各类公共服务设施和市政配套设施提出了巨大的挑战。19 世纪中叶，奥斯曼主持了巴黎改扩建规划，在巴黎的地底下建设了富有远见的市政设施系统，包括令后来无数市民引以为傲的下水道系统。1863 年 1 月 10 日，世界上第一辆地铁开始驶入伦敦的法灵顿（Farringdong）地铁站，地下空间发展跨入一个新的阶段。以地道建设为契机，城市地下空间开发利用逐渐发展起来。

（3）当代地下空间的发展（20 世纪中叶至今）

地下通道 - 地下街 - 地下综合体 - 地下城市

20 世纪中叶以后，以日本为代表的地下空间设计逐渐与城市公共服务设施、商业服务设施等进行功能和空间的有机结合。20 世纪 50 ~ 70 年代，城市地下空间开发利用建设进入一个高潮，在数量和规模上发展都非常快，如日本东京、大阪的地下商业街，德国慕尼黑商业中心再开发，加拿大蒙特利尔地下城、美国曼哈顿高密度地下空间利用、芝加哥商业中心等大规模地下空间的出现，都是在这一个时期。

1.2.2　我国地下空间的发展

中国的城市地下空间开发利用较欧美等发达国家起步晚，但目前我国已成为名副其实的地下空间开发利用大国。

我国早期在特殊的国内外形势下出于政治军事考虑，城市地下空间基本是以人防工程、地下工厂和地下铁道开发建设为主，这一时期有关地下空间的探索研究主要集中在防护结构上。这种状况一直持续到 20 世纪 80 年代以后，由于城市的快速发展，城市地下空间的开发利用才渐渐走上"平战结合"的道路，人防工程在平时发挥了一定的城市功能[15]。

"十三五"以来，中国新增地下空间建筑面积达到 8.44 亿 m²，其中，江苏省、山东省、浙江省和广东省超 6000 万 m²。2018 年，我国地下空间新增建筑面积约 2.72 亿 m²，其中，上海、天津、重庆、广州等城市近 3 年的年均增长超过 500 万 m²。截至 2018 年底，中国大陆地区（不含港、澳、台）共 32 个城市已开通城市轨道交通（不含轻轨、有轨电车），运营线路总长度 5065.25km。与此同时，我国共颁布有关城市地下空间的法律法规、规章、规范性文件共 413 件。部分地区和城市出台的法规政策不再局限于地下空间开发利用的原则性要求，而是从城市实际特点出发，制定针对性较强的可执行文件，表明我国地下空间开发利用正由粗放管理向精细化管理转变。新时期中国城市地下空间行业与市场已从"量的积累"到"质的规范"。

而在最新的当下，我国的地下空间建设无论是从实践还是理念都在不断自我超越，如智慧地下空间、地下物流系统等。再如真空垃圾收集系统作为"轻型"地下物流的代表，已成为中国地下基础设施高质量发展典范。

1.2.3　地下空间系统

（1）系统分类

童林旭将地下空间系统大致分为交通、公用、防灾 3 大系统[12]。

王文卿将地下空间系统分为交通运输设施、公共服务设施、市政基础设施、防灾设施、生产储藏设施、其他设施 6 大系统。

戴慎志将地下空间系统分为地下交通运输系统、地下公共服务设施系统、地下市政设施系统、地下防灾与能源系统 4 大系统[16]。

陈志龙将地下空间系统大致分为地下交通、地下商业服务、地下市政、地下公管公服、地下仓储、特输功能 6 大系统[17]。

（2）系统功能

1）地下交通系统：地下交通系统是指一系列交通设施在地下进行单独或整合规划建设所形成的地下交通体系。地下交通主系统要由四部分组成：地下轨道交通（地铁）系统、地下道路交通系统、地下静态交通系统、地下人行交通系统。目前，地下交通系统正向着立体化的趋势发展，城市各类交通枢纽通常以"零换乘"为理念，将轨道交通、地下车行交通、人行交通布置在不同的平面通过垂直交通予以联系，形成立体式的布局模式。

2）地下市政设施：地下市政公用设施主要分为三大类，包括地下市政管线、地下综合管廊和地下市政场站。

3）地下公共服务设施：地下公共服务设施主要分为五类，包括地下商业设施、地下行政办公设施、地下文化娱乐服务设施、地下科研教育服务设施、地下体育设施、地下医疗服务设施等。

4）地下物流仓储设施：地下物流仓储设施主要包括地下无人物流车、地下真空运输管道、地下仓储配送体系等。地下物流系统是一种全新概念的运输和供应系统，城市内部及城市间通过地下管道、隧道等运输固体货物，将要处理的物流基地或园区的货物通过地下物流系统配送到各个终端，"即时配送"是这个系统的核心特征。城市地下物流系统具有低成本、准时、可靠的特点，信息化、自动化、智能化和柔性化的程度高，可以很好的效缓解城市交通拥堵、改善城市生态环境，在提高城市物流效率方面具有巨大潜力[18]。

5）地下防灾设施：地下防灾设施包括人民防空工程、地下防涝工程、地下消防设施等[16]。人民防空工程是为保障战时人民防空指挥、通信、医疗、掩蔽等需要而建造的具有特定防护功能的地下建筑，包括结合地面建筑修建的平战结合地下室或单独建设的地下室。地下防涝工程指在深层地下空间修建的城市排水防涝系统，如日本东京政府投资2400亿日元，耗时14年建成的首都圈外围排水系统，整个排水系统的排水标准是"五至十年一遇"，系统总储水量达67万 m^3。目前，上海将在苏州河地下60m处修建15.3km长的"深隧"，管径8～10m，容量约100万 m^3，相当于400个标准游泳池的容量。

1.2.4 地下空间开发利用的优势与不足

（1）地下空间开发利用的优势

1）推动城市集中集约化发展

从全球来看，城市蔓延化发展是一种普遍现象，城市中心区土地资源紧张、环境恶化、交通拥堵、设施老旧等大城市病总是伴随着城市规模的增长而愈发严重。以东京、巴黎、伦敦为代表的城市依托地下道路、地下停车场、地下人行通道、地下商业、地下街等地下空间串联轨道交通站点周边区域，发展站城综合体、城市商业商务中心，甚至建设城市副中心，改变城市单一核心的发展模式，建设城市集中与分散相结合的发展模式，取得了较大的成功。

2）节省用地，扩大城市空间容量

现代城市建设对空间需求的不断增长与城市中心区土地资源稀缺的矛盾无时不在。地下空间开发利用对于节省地面用地，扩大城市空间容量无疑是一剂良药。日本东京新

处理和协调功能将使城市地下空间更加智慧化，并体现在设计、建造和运维各个环节[21]。智慧化的地下空间将是智慧城市的重要组成部分，有助于解决城市化进程中的问题，提升百姓幸福感，不断推动城市向高端发展。智慧化的地下空间将为公众提供多渠道、多方式的服务功能，例如，智慧地下停车将为公众提供在线查询预约、快速通行、停车向导、反向寻车、电子支付及自动停取车服务等，从而解决公众停车难的问题，方便大众出行。

（5）学科交叉化

城市地下空间科技创新与科研投入，既受制于其边缘学科特殊属性，如地下空间与交通、市政、人防等有着密不可分的交融；也受制于城市建设宏观政策影响，如城市轨道交通、综合管廊、地下物流等需要强有力的政策推动。同时，地下空间与城市规划学、风景园林学、生态学、地下建筑学等相关学科的交叉，也为地下空间开发相关技术的研发与科技创新带来丰硕的成果。

1.2.6 地下空间政策、规范发展

（1）国外地下空间的政策

西方及日本等发达国家大规模建设地下空间基本是从 19 世纪开始的，因此相关的配套法规和政策制定较早，且较为完善。由于地下空间开发利用地区差异性大，以及各类地下空间项目所面临的利益分配、牵涉领域和相关部门都不同，因此各国很少有关于地下空间规划或管理的单独法律法规，有关地下空间开发利用的规定往往分散在有关法律法规中。以 1804 年《法国民法典》、1947 年《英国城乡规划法》、1966 年《日本民法典》等为代表，大陆法系国家通过制定相关法律来界定地下空间的产权，通过法律对地下空间的物权进行保护，从而为推动地下空间的开发利用提供强有力的保障[22]。

20 世纪中叶后，以日本为代表的发达国家加速地下空间方面的立法，1963 年日本颁布了《有关修建共同沟的特别措施法》，2001 年颁布地下空间开发利用的综合性法律《日本地下深层空间使用法》。在地下空间开发建设激励方面，日本《土地区划整理法》中减步法关于土地出让金优惠的规定，以及通过形式多样的税收和金融优惠政策，确保了各层级地下空间的实施。而英美等国家也多在地下空间实施操作层面，通过政府部门制定细则规定，推动规划的实施。

（2）我国地下空间发展政策

我国规模化开发利用地下空间时间较短，20 世纪 90 年代以天津、上海、广州等为代表的城市才开始进入以地下轨道交通建设为主的地下空间开发建设，而地下综合体等大规模的规划建设则是 2000 年之后才铺展开。近年来，我国进入城市高质量发展阶段，城市地下空间建设进入全新时期，地下空间发展呈现多元化、复合化、网络化的趋势，城市地下空间的需求快速增长。但目前地下空间开发相配套的支持政策较为缺乏，导致城市地下空间利用效率不高，协调难度大。

2000 年后，中国各级城市均开始出台关于地下空间开发利用的相关管理办法与规定，主要聚焦于地下空间规划的编制、地下空间使用权的取得、地下空间的工程建设和使用、

地铁及综合管廊等专项设施建设等方面的内容。但目前国内尚未出台关于地下空间的专门法律，在地下分权、地下征收征用、产权登记、促进利用、环境保护、安全防灾等方面均未作出详细的规定 [23]。

目前虽然多数城市都出台了地下空间开发利用的管理办法，并涵括了从规划到实施管理的全过程内容，但在实际操作过程中，各行政职能部门认知上还存在偏差，自由裁量权过大，容易导致政策落地打折扣，对地下空间建设的支撑和鼓励作用得不到体现。

当前上海、深圳等城市的地下空间政策制定和实施的较好。上述城市通过制定从规划、出让、建设等各个方面的管理规定、条例、办法，对地下空间建设的各个环节、涉及的各个部门进行清晰的引导，保障所有部门的职能均在统一的框架下行使，对地下空间建设的各个环节均提供有力的支撑（表1-2、表1-3）[3]。

上海地下空间相关政策   表1-2

序号	涉及部门	地下空间相关规定
1	民防	《上海市民防条例》
		《上海市民防建设和使用管理办法》
2	规划	《城市地下空间开发利用管理规定》
		《上海市管线工程规划管理办法》
3	建交	《城市地下空间开发利用管理规定》
4	房地	《城市地下空间开发利用管理规定》
		《上海市城市地下空间建设用地审批和房地产登记试行规定》
5	市政	《上海市城市道路与地下管线施工管理暂行办法》
		《上海市城市道路与地下管线施工管理暂行办法的补充规定》
		《上海市深井管理办法》
		《上海市燃气管道设施保护办法》
		《上海市排水管理条例》
6	交通	《上海市轨道交通管理条例》
		《上海市轨道交通运营安全管理条例》
		《上海市停车场（库）管理办法》

注：本表根据何萍绘制的表格整理。

上海地下空间分层出让价格比例（%）   表1-3

物业类型	地下一层	地下二层	地下三层	地下四层
商业	40	20	12	8
办公	30	15	10	8
工业仓储	25	15	10	6
住宅（半地下）	35	—	—	—
停下场	12	10	8	5

注：本表根据何萍绘制的表格整理。

（3）我国地下空间标准体系制定现状

随着我国地下空间开发利用的快速发展，相关的国标、行标制定速度也相应加快，涵盖规划设计、建设、管理的标准体系基本建成。截至 2020 年 7 月，与地下空间相关的标准总计约 57 部（表 1-4）。

从专业类别上看，规划类、轨道交通类、建筑工程类、综合管廊类、人防类、仓储类地下空间的标准数量占城市地下空间标准总数的 90% 左右，这与目前我国大规模建设地下轨道交通、地下市政公用设施、地下道路的实际相符合。而地下商业及公共服务设施、地下工业及仓储物流设施、地下防灾设施等标准的数量相对较少。从过程类别上看，规划设计与施工建设阶段的标准较多，而运营管理相关的标准较少。因此，我国地下空间标准体系目前偏重于市政工程建设领域，而对地下公共服务设施、地下公共空间、地下街等提升城市品质相关的地下空间的相关标准关注较少。随着我国经济进入高质量发展阶段，城市对地下空间的品质要求必然越来越高，因此相关领域的法规政策和标准体系需要加快完善。

我国地下空间国家标准体系　　　　　　　　　　　　　表 1-4

类别	通用标准	专用标准		
		规划设计	建设	管理
一、综合	1.《城市地下空间设施分类与代码》GB/T 28590—2012； 2.《城市地下空间利用基本术语标准》JGJ/T 335—2014	8.《城市地下空间规划标准》GB/T 51358—2019； 9.《城市地下空间测绘规范》GB/T 51358—2019； 10.《城市地下病害体综合探测与风险评估技术标准》JGJ/T 437—2018； 11.《地下结构抗震设计标准》GB/T 51336—2018； 12.《地下工程防水设计规范》GB 50108—2008； 13.《建筑与市政工程地下水控制技术规范》JGJ 111—2016	34.《地下防水工程质量验收规范》GB 50208—2011； 35.《地下建筑工程逆作法技术规程》JGJ 165—2010； 36.《地下工程渗漏治理技术规程》JGJ/T 212—2010； 37.《地下工程盖挖法施工规程》JGJ/T 364—2016	47.《信息技术地下管线数据交换技术要求》GB/T 29806—2013； 48.《地下管线数据获取规程》GB/T 35644—2017
二、地下交通设施	3.《城市轨道交通地下工程建设风险管理规范》GB 50652—2011； 4.《城市轨道交通工程基本术语标准》GB/T 50833—2012；	14.《城市轨道交通线网规划规范》GB/T 505046—2009； 15.《地铁限界标准》CJJ/T 96—2018； 16.《城市地下道路工程设计规范》CJJ 221—2015； 17.《地铁设计规范》GB 50157—2013； 18.《地铁设计防火标准》GB 51298—2018； 19.《城市轨道交通结构抗震设计规范》GB 50909—2014	38.《地下铁道工程施工标准（两册）》GB/T 51310—2018； 39.《地下铁道工程施工质量验收标准（两册）》GB/T 50299—2018； 40.《地铁工程施工安全评价标准》GB 50715—2011	49.《地铁运营安全评价标准》GB/T 50438—2007； 50.《地铁与轻轨系统运营管理规范》CJJ/T 170—2011

类别	通用标准	专用标准		
		规划设计	建设	管理
二、地下交通设施	5.《城市轨道交通技术规范》GB 50490—2009； 6.《城市轨道交通工程项目建设标准》建标 104—2008	20.《城市轨道交通岩土工程勘察规范》GB 50307—2017； 21.《城市轨道交通给水排水系统技术标准》GB/T 21293—2018； 22.《浮置板轨道技术规范》CJJ/T 191—2012； 23.《地铁杂散电流腐蚀防护技术规程》CJJ 49—1992	41.《盾构法隧道施工与验收规范》GB 50446—2008； 42.《城市轨道交通工程测量规范》GB/T 50308—2017	51.《城市轨道交通工程档案整理标准》CJJ/T 180—2012； 52.《城市轨道交通工程监测技术规范》GB 50911—2013
三、地下市政公用设施	7.《城市综合管廊技术规范》GB 50838—2015	24.《建筑与市政工程地下室控制技术规范》JGJ 111—2016	43.《水利水电地下工程施工组织设计规范》； 44.《水工建筑物地下开挖工程施工规范》SL 378—2007	53.《化工园区公共管廊管理规程》GB/T 36762—2018； 54.《城镇综合管廊监控与报警系统工程技术标准》GB/T 51274—2017； 55.《城市地下综合管廊运行维护及安全技术标准》GB 51354—2019； 56.《城市地下管线探测技术规程》CJJ 61—2017； 57.《城市综合地下管线信息系统技术规范》CJJ/T 269—2017
四、地下商业及公共服务设施	—	—	—	—
五、地下工业及物流仓储设施	—	25.《地下储气库设计规范》SY/T 6848—2012； 26.《煤炭工业半地下储仓建筑结构设计规范》GB 50874—2013； 27.《地下及覆土火药炸药仓库设计安全规范》GB 50154—2009； 28.《地下水封石洞油库设计规范》GB 50455—2008； 29.《地下水封石洞油库水文地质试验规程》SH/T 3195—2017； 30.《高压气地下储气井》SY/T 6535—2002	45.《地下水封石洞油库施工及验收规范》GB 50996—2014	

续表

类别	通用标准	专用标准		
		规划设计	建设	管理
六、地下防灾设施	—	31.《城市居住区人民防空工程规划规范》GB 50808—2013； 32.《人民防空地下室设计规范》GB 50038—2005； 33.《人民防空工程设计防火规范》GB 50098—2009	46.《人民防空工程施工及验收规范》GB 50134—2004	—
七、城市地下其他功能	—	—	—	—

注：根据《我国城市地下空间标准制定现状及对策》整理，本表只包含国家标准、行业标准，统计截止时间为 2020 年 07 月 [24]。

1.3　城市更新与地下空间发展

1.3.1　城市更新与地下空间发展导向

我国当前城市发展已进入存量优化阶段，城市更新也进入利用存量土地与设施资源进行优质复合的再开发利用阶段。40 多年快速城镇化的城市扩展期，城市建设大量扩张，占用了大量的土地资源，包括优质农田、水域、林地等，随着国家对耕地资源保护、生态环境保护的战略性重视，严控生态红线与耕地红线，土地资源紧缺成为城市发展最紧要的约束条件。

（1）城市土地主体拓展开发利用，提高土地利用率

城市土地资源短缺，城市建设发展需要立体拓展开发利用，以提高土地利用效率、解决交通拥堵、环境恶化、设施不足等通病。

1）耕地资源短缺倒逼城市建设用地紧缩。

我国国土面积 960 万 km²，人口 14 亿多，虽然国土辽阔，但人均土地占有量少。960 万 km² 土地中，沙质荒漠、戈壁、寒漠、石骨裸露山地、永久性积雪和冰川占了 20.80%；耕地只有 14.9 亿亩，占比约 10.4%，且含各类低产地 5.4 亿亩（1 亩 ≈ 666.67m²），人均耕地面积只有世界人均的 1/4。人均占有土地资源偏低，使得我国人口与土地资源的矛盾十分突出 [25]。

2017 年 01 月 23 日，国务院发布的《中共中央国务院关于加强耕地保护和改进占补平衡的意见》中明确指出：耕地是我国最为宝贵的资源，关系十几亿人吃饭大事，必须保护好，绝不能有闪失。近年来，按照党中央、国务院决策部署，各地区各有关部门积极采取措施，强化主体责任，严格落实占补平衡制度，严守耕地红线，耕地保护工作取得

显著成效。当前，我国经济发展进入新常态，新型工业化、城镇化建设深入推进，耕地后备资源不断减少，实现耕地占补平衡、占优补优的难度日趋加大，激励约束机制尚不健全，耕地保护面临多重压力。

"意见"要求：坚持最严格的耕地保护制度和最严格的节约用地制度，像保护大熊猫一样保护耕地。牢牢守住耕地红线，确保实有耕地数量基本稳定、质量有提升。到2020年，全国耕地保有量不少于18.65亿亩，永久基本农田保护面积不少于15.46亿亩。严格控制建设占用耕地，加强土地规划管控和用途管制。充分发挥土地利用总体规划的整体管控作用，从严核定新增建设用地规模，优化建设用地布局，从严控制建设占用耕地特别是优质耕地。实行新增建设用地计划安排与土地节约集约利用水平、补充耕地能力挂钩，对建设用地存量规模较大、利用粗放、补充耕地能力不足的区域，适当调减新增建设用地计划。探索建立土地用途转用许可制，强化非农建设占用耕地的转用管控。

近期，自然资源部发布关于《中华人民共和国土地管理法实施条例（修订草案）》（征求意见稿）公开征求意见的公告。"修订草案"明确国土空间规划的效力和内容，规定国土空间规划应当统筹布局生态、农业、城镇等功能空间，划定落实生态保护红线、永久基本农田和城镇开发边界。其中涉及土地管理方面的主要包括国土空间格局、规划用地布局和用途管制要求等内容，明确建设用地规模、耕地保有量、永久基本农田保护面积和生态保护红线等要求。"修订草案"将实践中行之有效的耕地保护制度写入条例，一是建立耕地保护补偿制度，二是明确耕地保护责任主体[26]。

上海、深圳、北京等超大城市在新一轮总体规划中均明确提出了对建设用地发展的限制。上海市"2035总规"提出了严格控制城市规模，规划建设用地总规模负增长，到2035年，上海市常住人口控制在2500万人左右，建设用地总规模不超过3200km²。节约和集约利用土地，严格控制新增建设用地，加大存量用地挖潜力度，合理开发利用城市地下空间资源，提高土地利用效率。

在土地资源有限的情况下，特别是对耕地资源、生态环境资源的保护提到了国家战略层面，迫使城市建设改变无序扩张"摊大饼"模式，倒逼城市建设进入零增量和减量化发展阶段。

2）城镇化高度发展、人口聚集导致城市空间矛盾越加突出。

2009年，中国内地总人口（包括31个省、自治区、直辖市和中国人民解放军现役军人，不包括香港、澳门特别行政区和台湾省以及海外华侨人数）为133450万人，其中城镇人口为64512万人，城镇化率（城镇人口占总人口比重）48.34%。2018年年末，中国内地总人口139538万人，城镇常住人口83137万人，城镇化率为59.58%[27]。

2009年我国城镇人口为64512万人，2018年达83137万人，10年间城镇人口增加了18625万人。2009年我国城市建设用地面积为3.87万km²，2018年增至5.61万km²，城市人口密度从2009年的2147人/km²，到2018年增长至2546人/km²，人口密度较密集的东部沿海城市部分区域人口密度达到了6万人/km²[28]（图1-2、图1-3）。

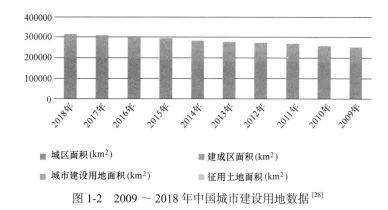

图 1-2　2009 ～ 2018 年中国城市建设用地数据 [28]

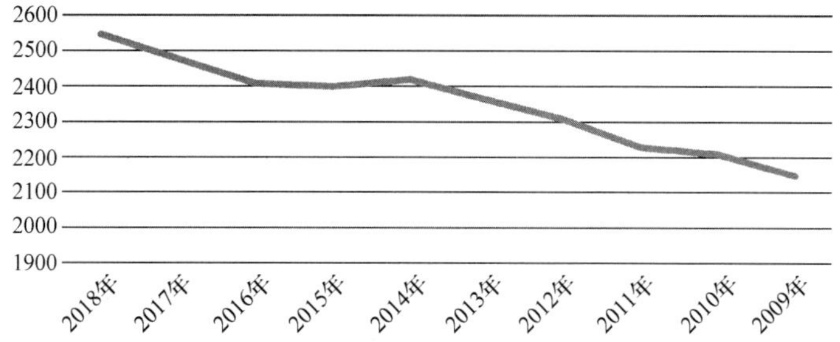

图 1-3　2009 ～ 2018 年我国城市人口密度 [28]

上海市截至 2018 年年底，全市常住人口密度约为 3800 人 / km²，人口密度居前的区域集中在外环路以内中心城区。其中，人口密度最大的街道每平方千米常住人口已达 55000 ～ 65000 人，如黄浦区的老西门街道、豫园街道，静安区的宝山路街道等 [29]。

香港九龙的面积为 47km²，人口约为 227 万人，每平方千米的人口密度接近 5 万人。东京总人口达 3700 万人，面积只有 2155km²。澳门人口密度最高的地区是花王堂区，在这个区域内，每平方千米大概有 10 万人左右。

城市人口与建设的高度集中带来了大量的交通、公共服务等需求，也产生了诸如交通拥堵、停车难等交通问题，地面建设侵占河流、绿地与预留生态用地而导致生态环境恶化，建筑与设施高度密集、违章搭建严重而导致防灾救灾困难等城市通病。特别在已建老城区内，土地资源紧缺导致原有城市公共空间与服务设施配套不足无法适应现代生活水准，城市高强度开发区域、交通枢纽区域、人口密集的居住区，空间资源紧缺与人民追求美好生活愿望之间的矛盾越加突出。

既有城区建设局限于土地资源的枯竭，逐步向存量发展、内涵式发展转变。城市空间的立体化开发利用成为必然选择，地下空间资源利用成为建成区挖掘空间资源、提高土地利用效率的重要途径。

（2）城市更新对地下空间发展的导向

1）近现代城市更新发展特点

近代城市更新起源于 19 世纪后期的西方城市的"城市美化运动"。工业革命使英国经济迅速发展，至 19 世纪 70 年代，英国的铁与煤产量均占到全球的三分之一以上，出口贸易占到全球的四分之一，城市化加速发展。到 1851 年，英格兰地区城镇化率已达50%。1800 年到 1831 年的短短 30 年间，伦敦人口从 100 万人上升到 175 万人，增加了75%。人口急剧增加，城市中心房屋密集、街道狭窄，高峰时间造成交通的严重拥堵。而崛起的中产阶层等为逃避城市中恶劣的生活环境、严重污染的空气、水以及高犯罪率，纷纷向空气和环境良好的远郊区迁徙。许多城市中心区环境一落千丈，成为环境恶化、高犯罪率的区域。此时，汽车的兴起使市内交通更为拥堵，使郊区化进一步加速[30]。

为了解决老城区道路狭窄、交通拥堵、环境杂乱的状况，1863 年伦敦修建了第一条地铁。第一条地铁线运行成功后，伦敦地铁建设从支线开始向环线发展。1900 年，横贯整个伦敦的中央线（CENTRAL LINE）建成，便宜的票价使得地铁作为公共交通大受欢迎，成为百姓出行的便利交通工具。

1853 年，巴黎行政长官豪斯曼（Haussman）提出在旧市区开辟大马路，拆除旧城，整治环境。今天巴黎老城的轴线，就是当年被称为"豪斯曼改造"所留下的。通过对老城区拆除大量的老建筑以获得宽敞的交通通道和公共空间的"城市美化运动"，从而吸引中产阶级的回归，可以说是现代城市更新的起源。

公共卫生运动、环境保护运动和城市美化运动贯穿于西方的城市化过程，基于已建城区存在的种种弊端，现代城市建设开始思考如何在一定的区域范围内各类复杂系统得以平衡。现代城市规划的开山鼻祖 - 霍华德（Ebenezer Howard）提出的"田园城市"和法国著名建筑师勒·柯布西埃提出的"光辉城市"理念，都提出了城市区域的规模控制，对交通、居住、绿地、工业等不同系统的理想布局研究。

现代城市更新从"二战"后的"城市重建"（urban renewal）到"城市再开发"（urban redevelopment）、"城市复兴"（urban renaissance）、"城市振兴"（urban revitalization）再到如今的"城市更新"（urban regeneration），每个阶段城市更新的侧重点都不同。"二战"后到 20 世纪 60 年代初，以大规模拆迁重建为主，包括美国与欧洲的拆除贫民窟、重建城市中心等计划。这种快速化大拆大建式的城市重建破坏了曾经的历史文化街区与历史建筑遗产，使得历史记忆空间遭受了毁灭性的破坏。到了 20 世纪 70 年代，提倡公共住房建设与邻里复兴，重点转向了社区经济复兴与居民参与。到 90 年代，全球后工业化时代，对原有的工业设施等进行更新利用。1990 年之后的综合复兴更注重人居环境的社区综合复兴，开始了对城市可持续更新的探索[31]。

我国城市更新也经历了重建、历史性保护利用、城市复兴与综合性更新的不同阶段。20 世纪 50 ~ 60 年代经历了推翻"旧社会"的破四旧运动，70 ~ 90 年代的大拆大建的旧改，期间出现了历史文化名城、文化街区的抢救性保护，如平遥古城、乌镇等保护性开发案例，2000 年左右出现了结合文化创意产业发展的历史街区、历史建筑的改造利用，如上海新天地、北京 798 艺术区等，再到现在的针灸式社区微更新，以及为城市品质提升的滨水空间更新、街道空间更新，如上海的黄浦江两岸与苏州河两岸贯通工程等。这些针对公共空间与设施更新进行的一系列城市更新举措，形成了更加宽泛、更加综合性的城市更新阶段。同时也衍生出了一系列理论与技术研究成果，如 2016 年由上海市国土与规划资源局牵头编制出版的《上海市街道设计导则》，借鉴了纽约、伦敦等国际性都市街道设计理念与实践探索，在上海市总规提出的打造"卓越的全球城市"目标下，提出了"安全、绿色、活力、智慧"四大街道设计目标，导则引起了国内学术界对街道设计理念的探讨热潮，引发了多地城市编制街道设计导则的热潮。从侧面也可以看出城市更新阶段正在向精细化、人性化与品质化的设计以及多专业综合的方向发展。

总结上述城市更新发展规律，城市更新是从最初以解决住房、交通问题等物质空间的改善，向经济、社会、文化、生态等综合维度发展。城市在社会、经济、人口达到一定规模后，原有的建设基础设施已经不能满足新时期城市发展的需求，亟须在现有空间内进行升级换代，包括原有低效的工业与住房用地、狭窄的交通通道、落后的市政基础设施、不完善的商业等公共服务设施以及欠缺的公园、绿地等生态空间。城市更新的重点是解决现有城区内存在的问题短板，而如何在有限空间内解决上述问题，是城市更新面临的新课题。

经过一个多世纪的"城市更新"对空间利用的效果来看，以高层建筑、超高层建筑和高架道路为标志的城市空间复合利用，虽然起到了一定的积极作用，但不能从根本上解决城市面临的空间资源短缺问题，且高架道路对城市环境、景观的割裂破坏作用引起了极大的社会反响。在实践中，人们逐渐认识到城市地下空间在扩大城市空间容量、提高城市环境品质存在的优势和潜力。国内外发达地区城市中心区地铁、地下道路、综合管廊、地下商业街及大规模地下综合体建设为城市更新建设带来了积极的引导作用。

在地上地下综合开发过程中，不得不说说 TOD 理念及发展。TOD 概念（transit-oriented development）由美国规划大师彼得·卡尔索尔普（Peter Calthorpe）在 1992 年提出，彼得·卡尔索尔普在其所著的《下一代美国大都市地区：生态、社区和美国之梦》一书中提出了以公共交通为导向的开发来反对郊区蔓延的发展模式，并为此提出了 TOD 策略的土地利用准则，如将商业、住宅、办公楼、公园和公共建筑设置在步行可达的公交站点的范围内；使公共空间成为建筑导向和邻里生活的焦点；鼓励沿着现有邻里交通走廊沿线实施填充式开发或者再开发[32]。香港就是利用 TOD 理念围绕站点进行社区 TOD 开发成功的典范。全香港约有 45% 的人口居住在距离地铁站 500m 的范围内，九龙、新九龙及香港岛更是高达 65%，围绕地铁站进行立体化综合开发，为市民提供便捷的地上地下交通无缝连通，大大提高了单位土地开发价值。围绕交通枢纽形成地上地下一体化综合开发的 TOD 项目在世界范围内的成功案例比比皆是，比如法国巴黎的拉德芳斯、日本东京新宿站等。

2）地下空间在现代城市发展中的主要功能

城市地下空间开发利用的现代化，以 1863 年英国伦敦建成的第一条地下铁路为起点。1865 年伦敦修建了一条邮政专用的轻型地铁，1875 年建设了下水道系统[33]。巴黎市于 1900 年 7 月 19 日开通了巴黎地铁首条路线——Maillot-Vincennes 线，至今，巴黎地铁总长度达 215km（133.6 英里），有 14 条主线、2 条支线，合计 380 个车站、87 个交会站，被称为全世界最密集、最方便的城市轨道交通系统之一，市区内几乎所有地区的乘客徒步 5min 均可到达最近的地铁站，如图 1-4 所示。

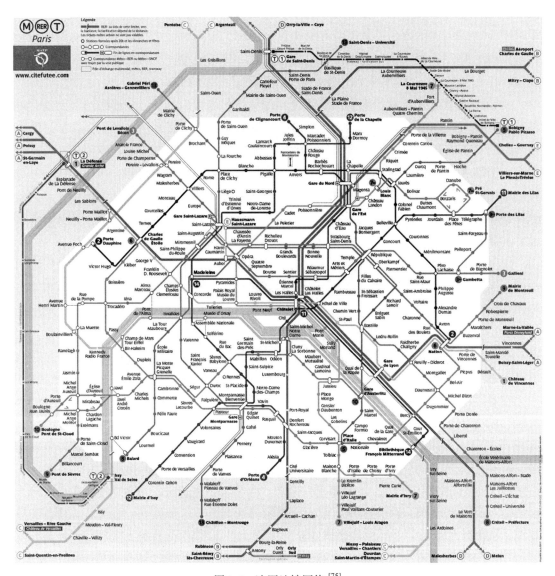

图 1-4　法国地铁网络 [75]

日本因人口密集度高、城市用地紧张，且出于战备、防灾等考虑，地下空间开发量大、利用深度大。第一条地铁于 1927 年在东京开通，长度只有 2.2km，连接了上野和浅草。随后于 1933 年，大阪开通了梅田到心斋桥的地铁，成为日本第二个开通地铁的城市。随着地铁建设的成功，日本从 1930 年开始结合地铁车站建设地下商业街，并不断发展，形成了发达的地下人行通道与商业街网络。20 世纪 60 年代以后，汽车交通的迅猛发展使得停车场变得十分短缺，地价上涨，能在地面建设停车场的空间越来越少。为了解决这个问题，地下购物中心和地下停车场一起规划、一起建设，同时也补偿了地上场地高额的土地费。

随着地下购物中心数量和规模的增大，安全问题成为关键。1980 年发生在一个购物中心的气体爆炸事故（15 人死亡、222 人受伤），促使日本政府制定了相关规范和标准，包括日本建筑标准法、城市规划法、道路法、消防法等，建立起地下空间灾害防护系统，比如，购物中心必须在地下一层、设计外形必须是简单的形状、商店总面积不能超过地下公用通道的面积、在饭馆之外禁止烟火、建立一套完整的紧急事故逃离教程等[34]。

日本从 1958 年开始建设共同沟（综合管廊），在东京市区 1100km 干线道路下修建的地下综合管廊总长约 126km。综合管廊收纳了电力、电信、给水、雨水、污水和燃气管道，以及交通信号、路灯电缆等。在中心城内，日本桥、银座、上北泽、三田等地都建有综合管廊。为了应对台风强降雨防涝问题，东京都政府修建了大型地下排水系统 - "首都圈外围排水道"，通过在各条河流设置 5 个直径 30m、深 60m 的立坑，将洪水导入内径约 10m 的人工地下河，再将水流汇集到长 177m、宽 78m 的巨型调压水槽中，由控制台将水排入江户川内，来避免城市内涝[35]（图 1-5）。

图 1-5　调压水槽内景[35]

加拿大由于气候寒冷，在蒙特利尔、多伦多等城市建设了全天候通行的地下城网络。1962 年，在蒙特利尔开始建设地下城，最早建设的是维尔·玛丽广场，在该广场下形成了第一条地下公共人行道，连接玛丽广场和中央火车站。蒙特利尔地铁于 1966 年建设完成后，开始加快地下城的建设速度。20 世纪 80 年代，在政府和诸多私营业主的共同努力下，对多数地下商场进行地下连通，形成了众多的地下商业走廊。到了 90 年代，中心城内多数大型办公楼、商业大楼和地铁连接起来，至此，形成了四通八达的地下城。多伦多的地下城处于市中心 "U" 形地铁线之间，地下建筑和地铁站联系起来，形成网格状地下系统。蒙特利尔地下城全长 29km，与 62 座综合建筑、1 万个公共停车位和 155 个地下过街通道相连，总建筑面积约为 360 万 m²，并接通了 10 个地铁站、2 个火车站、2 个长途汽车站、1700家公司、45家银行、7家著名宾馆、2所大学、2家商场、1600家商店、200家餐馆、34所影剧院，以及多个住宅小区和奥林匹克体育场，每天地下城通行量约有50万人次[36]。

美国在20世纪70年代建设了以节能为主的半覆土建筑，在学校、图书馆、办公室、实验中心、工业建筑中建设了多个地下建筑，为地面创造了开敞空间。如美国明尼阿波利斯市南部商业中心的地下公共图书馆、哈佛大学、加州大学伯克利分校，密执安大学、伊利诺伊大学等处的地下、半地下图书馆，较好地解决了与原馆的联系，并保存了校园的原有面貌。

20世纪80年代初，许多发达国家大城市地下空间利用重点开始转向大型城市基础设施建设，如美国纽约建设的大型地下供水工程和芝加哥的大型地下污水处理及排放系统。

我国香港地区由于山多平地少，土地资源极为稀缺，20世纪80年代开始建设供水隧道、地铁。90年代，香港政府开始修建地下污水处理场，私营发展商修建了地下垃圾转运站[37]。香港的地铁物业开发是非常成熟的，香港铁路有限公司（港铁公司）作为半官方（政府持有多半股份）的法定团体，负责在香港建造及经营集体运输铁路系统，通过对地铁站物业的高强度开发，形成了多个地上地下一体化的城市综合体。

我国内地从20世纪60年代起由于国防需要，开始大力开挖地下人防工程。90年代前后，随着高层建筑的兴建，因结构而建的地下室数量开始明显增加。一些重要公共场所的单点式地下空间开始兴建。比如，大连的"不夜城"，地下商业部分3层，停车部分5层，总面积达12万m^2。

近年来，国内许多大城市中心区结合地下空间开发利用，建设形成了多处标志性公共空间。上海人民广场经过多年建设，形成了包含3座地铁站、1座停车场、1座地下水库和1座地下变电站的大型地下综合体，并恢复了人民公园地下通道与南京路步行街直接相连。西安市的钟鼓楼地区，经立体化改造，开发地下空间4.4万m^2，地面形成钟鼓楼文化广场，地下成为商业中心，使得古都风貌保护与现代化商业很好地结合起来。济南市中心区经过立体化开发，建成了面积达17hm^{2}的"泉城广场"以及开发利用地下空间5万m^2[33]。

另外，在地下交通发展方面，很多城市也在大力推动地下道路发展。比如，上海中心城区于1971年6月第一条黄浦江越江隧道-打浦路隧道建成通车以来，为了更好地开发、连通浦东，至今为止已建设了外环隧道、翔殷路隧道、军工路隧道、大连路隧道、新建路隧道、延安东路隧道、人民路隧道、复兴东路隧道、西藏南路隧道、打浦路隧道、龙耀路隧道、上中路隧道、虹梅南路隧道共13条车行隧道和1条人行的外滩观光隧道，极大地方便了黄浦江两岸的交通往来，如图1-6所示。

从发达国家与城市在开发利用地下空间解决城市问题的发展规律来看，起初是利用地下空间开发建设城市交通设施与市政设施，随着地铁成功的开发建设，地铁大量的人流商机使得地下商业项目也随之兴起。

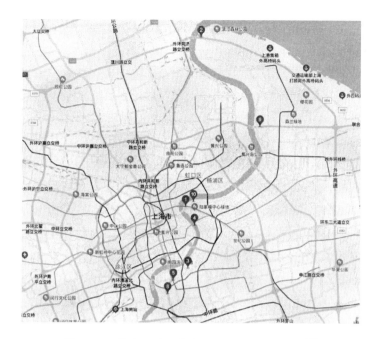

图1-6 上海中心城区黄浦江越江隧道位置示意[38]

3）城市更新政策与地下空间导向

2016年5月25日，住房城乡建设部发布的《城市地下空间开发利用"十三五"规划》指出了目前在地下空间开发利用方面存在的"系统性不足、规划制定落后于城市建设发展实践，大多数城市地下空间开发利用仍处于起步阶段"等问题，提出了"完善地下空间开发利用规划体系、协调地下空间规划与有关规划的关系"作为主要任务之一。

近年来，深圳、广州、上海、北京、天津等大城市随着经济的高速发展、轨道交通建设网络逐步完善，城市更新成为中心城区的重要工作，陆续出台了相应政策。

深圳城市建设开始受到土地和空间、能源和水资源、人口和劳动力以及环境承载力"四个难以为继"的制约。城市空间增长方式由过去的"增量扩张"转向"存量优化"，"城市更新"成为城市建设的主导模式[39]。2009年12月1日，《深圳市城市更新办法》施行，2016年11月12日进行修改。"办法"提出，对"城市的基础设施、公共服务设施亟需完善；环境恶劣或者存在重大安全隐患；现有土地用途、建筑物使用功能或者资源、能源利用明显不符合社会经济发展要求，影响城市规划实施等区域进行综合整治、功能改变或者拆除重建"。

2014年12月，广州机构改革方案公布，将广州市"三旧"改造工作办公室的职责、市有关部门统筹城乡人居环境改善的职责整合划入广州市城市更新局。2016年1月1日施行的《广州市城市更新办法》提出：城市更新应当增进社会公共利益，完善更新区域内公共设施，充分整合分散的土地资源，推动成片连片更新，注重区域统筹，确保城市更新中公建配套和市政基础设施同步规划、优先建设、同步使用，实现协调、可持续的有机更新，提升城市机能。《办法》指出：市政府成立城市更新领导机构。城市更新领导机构负责审议城市更新重大政策措施，审定城市更新规划、计划和城市更新资金使用安排，审定城市更新片区策划方案及更新项目实施方案。

广东省标准《城市地下空间开发利用规划与设计技术规程》DBJ/T 15-64—2009 提出："在各类公共活动中心及城市的重要景观地区，应尽可能结合绿地和高层建筑等建设地下市政设施，如地下或半地下变电站、污水泵站、防灾救灾设施等。在历史文化风貌保护区和重要景观区、未来的中心城区交通走廊和主要对外交通出入通道，应充分考虑地下立交和地下道路的规划并预留地下道路空间。地下轨道交通规划应以地铁车站为核心，以交通功能为主导，连通周边相关设施，完善地下人行系统及与地面的连通，形成与地上紧密协调的地下综合公共活动空间，改善地面交通环境。城市旧城区的商业中心，在其地面空间容量的扩大受到一定的限制时，应考虑开发部分地下空间资源，以弥补城市的空间容量不足。"

2015 年 5 月 15 日上海市人民政府发布的《上海市城市更新实施办法》，提出"城市更新的重点包括：完善城市功能，强化城市活力，促进创新发展；完善公共服务配套设施，提升社区服务水平；加强历史风貌保护，彰显人文底蕴，提升城市魅力；改善生态环境，加强绿色建筑和生态街区建设；完善慢行系统，方便市民生活和低碳出行；增加公共开放空间，促进市民交往；改善城市基础设施和城市安全，保障市民安居乐业。"2017 年 11 月 17 日，上海市规划和国土资源管理局印发《上海市城市更新规划土地实施细则》，推动《上海市城市更新实施办法》实施。"细则"提出：城市更新项目涉及控制性详细规划调整的，其各项规划控制指标的确定，应当符合地区发展导向和更新目标，以增加公共要素为前提，适用本细则明确的规划政策，包括用地性质、建筑容量、建筑高度、地块边界等方面。

2010 年 4 月 15 日施行的《上海市新建公园绿地地下空间开发相关控制指标规定》，对公园绿地地下空间开发指标作了规定，包括"新建公园绿地面积小于 0.3hm²（含 0.3hm²）的，禁止地下空间开发；新建公园绿地面积超过 0.3hm² 的，可开发地下空间占地面积不得大于绿地总面积的 30%，原则上用于建设公共停车场等项目；新建公园绿地地下空间用作公共停车场时，公共停车场占地面积按照 0.8 倍计入地下空间开发指标"。

《上海市控制性详细规划技术准则》（2016 年修订版）对地下空间开发提出："鼓励地下商业、文化等公共设施与地下公共步行系统、轨道交通站点及其他公共交通设施相连通。地下步行系统、轨道交通站点的出入口，宜结合公共建筑、下沉广场、地下商业空间出入口等设置。"

城市更新政策提出要完善城市功能、完善公共服务配套，在现有空间内增加公共开放空间，改善城市基础设施和地面交通环境，注重持续的有机更新，并可以根据实际需求对控规进行调整。已建城区内的地下空间改扩建与城市更新导向是一致的，应以城市公共服务设施与基础设施建设为重点，提高该区域的公共服务水平，提升该区域的交通、生态环境品质。

1.3.2 城市更新中地下空间改扩建的意义

（1）在存量城市建设用地内，增加空间容量，提高单位土地开发价值

城市地下空间可利用面积占到地面建设面积的 20%～50%。地下空间的科学合理、高效、集约利用对城市的健康有序发展具有重大的效益，规划好、管理好城市地下空间开发利用，特别是交通枢纽、城市中心区等重要区域的地下空间合理开发建设，对该区域发展具有不可估量的综合效益。目前工程技术水平已经完全可以达到开发深度 30～40m，按 2018 年城市建设用地 56075.9km² 计，至少能增加 6729108 万 m² 的建筑面积（按 30m 深度开挖 6 层计）。可以预计，在现有存量城市建设用地内，通过地下空间改扩建，能明显增加城区的空间容量，并对单位土地的集约高效利用与开发价值方面具有极大的提升效益。

2018 年我国地下空间新增建筑面积约 2.72 亿 m²，其中，上海、天津、重庆、广州等城市近 3 年的年均增长超过 500 万 m²[17]。地下空间工程造价一般比地上工程要多 3～5 倍，但和地面昂贵的土地费用来说，地下空间的土地出让费用一般是地面的 10%～30%，实际折算总造价成本相对并不算高。地下空间改扩建工程造价和每个工程实际情况相关，如地面无建构筑物，则地下工程造价相对较低，如地面有建（构）筑物或周边已有建（构）筑物，则地下工程要考虑保护原有建（构）筑物，相对地下工程造价会增加。地下改扩建工程造价要在整个工程的综合效益中进行平衡考虑，如上海徐家汇地铁站改扩建工程，利用了港汇广场原车库和超市空间进行改扩建，虽然工程造价增加，但避开了原来交通干道的封道影响，保障了徐家汇作为上海城市副中心的交通、商业、办公经济的正常运行，其工程投入在综合效益保障的对比下，明显是值得的。随着地下空间改扩建工程案例的增加、技术的成熟，地下空间改扩建工程也日益增多。

（2）结合轨道交通发展，推动城市基础设施投资与现代化发展

改革开放以来，我国投资的高速增长建立在土地、资源、劳动力等生产要素的低成本基础上，是典型的粗放式增长。近年来，国家对基础设施投资持续加大力度，2019 年基础设施投资增长 3.8%。截至 2018 年年底，中国大陆地区共 32 个城市已开通地铁，全国轨道交通运营里程从 2009 年的 999km 到 2018 年的 5295km，10 年增长了 4 倍运营里程。轨道交通客运量从 2009 年的 36.58 亿人次到 2018 年增长至 212.77 亿人次（图 1-7～图 1-8）。

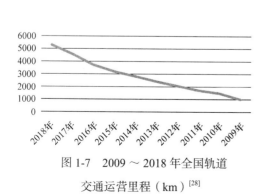

图 1-7　2009～2018 年全国轨道
交通运营里程（km）[28]

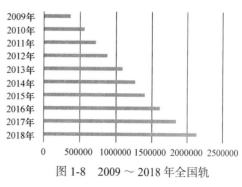

图 1-8　2009～2018 年全国轨
道交通客运量（万人次）[28]

地铁建设线路主要考虑设置在交通主通道，以建成区为主，从这个层面上来看，地铁建设即属于地下改扩建工程之一。地铁沿线的土地价值也随之增长，特别是地铁站周边 500 ~ 800m 以内，是地铁站的一级影响范围区域，属于地下空间开发连通价值最大的区域。如设在新城区，则往往结合 TOD 进行综合高强度开发；如设在老城区，则要考虑其接近主要的公共设施、公共空间或人流量聚集商业办公街区或居住社区，一般要考虑地下过街通道以及要考虑地铁站厅层与原有地下空间进行衔接。如结合广场、绿地等公共开放空间建设，往往会利用广场、绿地下建设地下商业街，利用地铁站的人流带动该区域的商业发展。

（3）解决现有城区地面交通拥堵、停车难等矛盾

目前，多数老城区内道路空间有限，部分路段交通拥堵情况比较常见，特别是在上下班高峰期与学校、医院等人、车流量汇集的特殊地段内拥堵情况更加明显。

美国波士顿中央干线工程（The Centrl Artery Project）是修建于 1954 年的高架高速公路，南北向穿越波士顿中心，穿城而过的高速公路割裂了城市，带来噪声和污染，高架阴影里是停车场、地下通道和流浪汉聚居的地方，是制造贫穷和社会偏见的工具。1987 年，"中央干线隧道工程 (Central Artery/Tunnel Project)"获得了联邦政府的财政支持，又经过漫长的否决与方案修改以及重新建设期，在超过预定工期 5 年后，"大隧道"于 2007 年底竣工，将高架公路顺利转入地下。在这项"大开挖"工程中，将过境交通移到地下，原有高架公路位置修建了 2.4km 的带状公园和绿地，改造出一条林荫大道 - 罗斯·肯尼迪绿道（Rose F. Kennedy Greenway）。项目实施后，交通状况得到了明显改善，机动车延误率降低了 62%，提高了东西城区的连通性与公共环境品质。

上海北横通道是上海中心城区东西向的主要干道，为缓解大流量交通拥堵状况，计划把原来的双向 8 车道拓宽到 10 车道，实际工程改为地面 6 车道、地下 4 车道，既减少了拆迁量，又把地面节余空间还给沿线的步行休闲空间（图 1-9）。

另外，老城区原来建设时期的停车配建量和现今汽车拥有量翻倍增加，对停车配建需求量之间存在着较大的量差，在老城区内的停车泊位呈现严重不足的情况，虽然采用了分时路内停车等措施，也是杯水车薪，难以解决停车难问题。

复旦大学枫林校区注册机动车数量约为 900 辆，而整个校园仅有 144 个停车位，停车位严重不足。由于枫林校区地处繁华的徐汇区，无法通过扩征土地实现校区的扩容。因此，在校区更新过程项目中，充分开发地下空间，实现校区空间的扩容和硬件的升级换代。新规划的枫林校区地下空间总建筑面积为 7.3 万 m²。其中机动车停车面积为 5.4 万 m²，约容纳机动车 1400 辆。自行车停车面积 1800m²，地下学生街及社团活动空间约 1.4 万 m²。实现了对于城市中心区地下空间价值的最大化挖掘 [41]。

城市更新项目通过在既有设施下建设地下道路、地下停车场等来解决部分路段交通拥堵、区域停车难的问题。

（4）保护地面生态环境与历史文化环境

城市更新的目标之一是提高城市品质。如将城市部分基础设施转移到地下空间，地

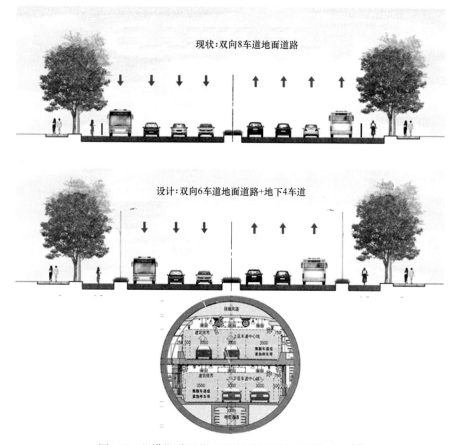

图 1-9 北横街道现状地面车道与设计车道数对比 [40]

上和地下空间的土地利用结合，地面仍可以保留自然生态环境，如公园绿地，就能把自然景观引入到城市里，把人类活动与汽车分隔开，使人们在一个自然的环境中得到放松。将自然环境深深地渗透到地上城市环境的核心区 [34]。

在历史文化城区或街区，对建筑尺度、风貌等均有一定保护要求，利用地下空间改扩建为该区域配套的博物馆、停车、商业等服务设施，既完善了历史文化区域服务配套，又不会破坏原有历史文化遗产与人文环境，如卢浮宫前的地下博物馆。

2018 年，上海市开展了架空线入地改造工程，将城市街道上空蜘蛛网式的电力电缆、通信电缆埋入地下，把路灯杆、交通信号杆、指路牌、监控探头等地面市政杆线进行合杆设置。计划于 2018～2020 年的三年时间完成 470km 的架空线入地工程。架空线入地工程利用原来人行道等地下空间对管线、管沟、杆件基础等设施进行重新布局，改变了原有杂乱的市政杆线林立的状况，提升了城市街道空间景观，也提高了电力、通信电缆设施的安全性。

在城市更新阶段，地下空间改扩建的意义还在于：

1）完善老城区地下防灾体系，保障该片区在发生自然、战争等灾害时的安全，具有提高城市防灾与国防能力的战略意义。

2）为地下市政、地下物流等城市基础设施提供重要的通道，促进基础设施智慧化、现代化发展。

3）可增加补充区域公共服务设施，在保障原有地面绿地、广场等功能下，提升区域环境品质与公共服务品质。

1.3.3 城市更新中地下空间改扩建的特点

地下空间改扩建特点可以归纳为"变"与"不变"，"变"体现在功能的转换、空间的拓展；"不变"体现在既有空间、结构的利用。可以说"变"与"不变"一直贯穿于整个地下空间改扩建工程中，从规划、建筑到设计、施工都可以感觉到这一特性。

（1）规划、建筑中的"变"与"不变"

同其他工程建设一样，规划也是地下空间改扩建的"指挥棒"，从现状中发现矛盾，从矛盾中分析需求，从需求出发提出改变。如停车空间不足引发了矛盾，迫使城市向地下要空间，尤其是在市中心、历史保护建筑、老旧小区等地面停车位极其紧张，地下空间设施配套严重不足区域，立体停车的需求迫切，由此推动地下停车场的建设。总的来说，促进地下空间改变的矛盾还有：交通拥堵，市政设施升级，人防设施升级，生态环境保护，文化遗产保护要求，公共空间与设施短缺等。这些变化可以归结为原有地下工程的功能转换和对原地下（地面）空间进行空间的拓展利用。

从功能转换来说，可以分为两类：第一类是不同领域的地下空间之间进行功能转换。如地下管廊、人防工程、住宅地下室改建成公共服务场所，地下停车场改建成地铁车站，地下仓储改建成公共活动空间等。第二类是同领域的地下功能之间的调整，如原有的地下停车库改为商场等。从空间拓展来看，又可以分为在既有地面建筑下新增地下空间，在既有地下空间基础上水平向平面扩展地下空间，在既有地下空间基础上垂直向增层扩展地下空间，在既有地下空间之间的相互连通四类。功能的转换和空间的拓展都体现了地下空间改扩建中"变"的特质。

既有建筑地下空间改扩建的功能转换和空间拓展都是基于既有建筑展开，因此保持既有建筑的风貌就是改扩建中最大的"不变"特质。尤其是对于一些历史文化遗存，其本身就是艺术文化展示的重要组成部分，其自身价值及所在地段要求在改扩建时必须尽可能保持建筑原貌，以利于城市文脉在环境中的延续，于是，建筑师很自然地把眼光放到地下。

（2）设计、施工中的"变"与"不变"

既有建筑地下空间改扩建的功能转换和空间拓展必然会引起空间结构的变化，这一点无需赘言。然而对于设计来说，更重要的是要抓住其中"不变"的特点，也就是如何对既有空间和结构的利用。同时，对既有空间和结构的有效利用，也是评判一个改扩建项目能否落地开展的重要因素。既有建筑的地基承载力及变形特性、既有结构的承载能力、抗震性能、耐久性等这些都是关系到项目是否适合改扩建的重要因素。如若既有地下建筑的耐久性已不足15年，那么该地下建筑也就丧失了改扩建的价值，建议推倒重建。

还有，就是根据功能需求对既有结构进行改造后（比如开门洞），能否依然满足承载力、抗震等要求。

另一方面，对于施工来说，"变"是更为重要的特点。相较于传统的施工方法，改扩建工程有自己独特的施工技术，如托换、顶升、平移等。同时在原位进行地下空间施工时，大多需在低净空下完成，由此也逐渐发展出了低净空托换技术、低净空围护及加固技术、低净空土方开挖技术等。

第2章
城市更新中的地下空间改扩建规划

2.1　城市更新中地下空间改扩建需求分析

城市地下空间开发利用"十三五"规划中提出：合理开发利用城市地下空间，是优化城市空间结构，增强地下空间之间以及地下空间与地面建设之间有机联系，促进地下空间与城市整体协调发展，缓解城市土地资源紧张的有效措施，对于推动城市由外延扩张式向内涵提升式转变，改善城市环境，建设宜居城市，提高城市综合承载能力具有重要意义。

在城市建设发展中，向地下发展，向地下要空间成为城市空间拓展的重要发展方向。在地下空间交通系统开发利用中，应当科学、合理、有序地进行，促进城市的发展更新，落实城市可持续发展具有重要作用。因此，应全面了解各个阶层城市居民的真实需求，尽可能协调与平衡各种关系，在此基础上制定科学的城市地下空间开发方案，以充分发挥地下空间在促进城市发展、健全城市功能方面的积极作用。

2.1.1　城市更新中地下空间改扩建需求

（1）停车空间不足矛盾 - 增加停车设施

近年来，随着人民生活水平的不断改善和城市机动化水平的不断提高，汽车保有量也随之增加，汽车已逐渐成为人们生活中必不可少的使用品，我国机动车保有量呈快速增加趋势。统计数据显示，全国机动车保有量 2008 年为 6467 万辆，2010 年为 9086 万辆，2014 年为 2.64 亿辆，2018 年猛增到 3.27 亿辆，2019 年为 3.48 亿辆，近 5 来年来，汽车保有量年平均增量已达到了 1600 万辆，有 35 个城市的汽车保有量已超百万辆，其中，北京、成都、深圳、天津、上海、苏州、重庆、广州、杭州、郑州 10 个城市的汽车保有量已超过 200 万辆。截至目前，全国平均每百户家庭拥有 25 辆私家车，其中，北京已达到了 63 辆，广州、成都等大城市每百户家庭拥有超过 40 辆。机动车保有量的急剧增长，给城市土地资源、空间资源、城市环境、规划建设带来了严峻的挑战，未来城市交通建设只有通过有效整合城市空间资源，开发利用地下空间资源，优化城市空间结构，合理配置城市基础设施，才能降低城市运营成本，减少城市土地浪费，提升城市空间环境品质。

统计数据显示，截至2019年6月，全国机动车保有量达3.4亿辆，而停车位缺口高达6500万个，车位利用率仅44%，行路难、停车难已成为国内各大城市所面临的共同问题。导致这一问题的原因主要有以下几方面：1）历史配套设计不足，由于国内以前的城市建设中停车配套标准较低，无法满足目前机动车快速增长的需要，历史欠账较多，造成现状地块存在较大的配套停车缺口；2）车位供需失衡，由于停车设施供应增长速度跟不上机动车增长速度，造成停车缺口不断增加；3）公共交通系统不完善，国内大多数城市还未建成完善的公交系统，服务水平不高，公共交通在网点覆盖率、准点率、便利性、舒适性等方面都有欠缺，势必导致人们对小汽车出行的依赖性增强，进而加重了交通拥堵；4）车位使用效率不高，根据《2019中国智慧停车行业大数据报告》，虽然我国停车位缺口高达6500万个，但车位的空置率也高达56%，存在严重的夜车资源浪费现象；5）制度规章不健全，与停车相关的法律法规不够健全，管理体制亟待改革，管理手段急需更新。要想解决"停车难"问题，需要从宏观调控、增加供给、智慧停车、健全管理等方面共同努力才行[43]。

停车空间不足，通过向地下要空间，建设地下停车场是一种解决"停车难"问题的有效途径，按照我国目前3.48亿辆的小汽车保有量，若不考虑车型因素，按每辆车35m²的停车面积，需要12180km²的城市用地，相当于9.5个北京城市建成区的面积总和，而目前城市建设发展来看，静态交通用地由于在城市规划和建设中因为受到忽视而显得更为紧张。所以，向地下要空间势在必行。地下停车也有如下诸多优势：

1）地下停车设施基本不需要占用城市地面用地。

2）地下停车设施位置选择比较灵活，比较容易满足停车需求量大地区的需求。

3）大型地下停车设施作为城市立体化再开发的内容之一，使城市能在有限的土地上获得更高的环境容量，可以留出更多的开敞空间用地绿化，有利于提高城市环境质量。

4）在严寒地区，地下停车可以节省能源，并且可以遮阳避雨，在防护上也有着优越性。

5）地下停车空间相对于地上停车楼，由于地下建筑面积不计入容积率，也可以增加开发商建设地下空间的积极性。

（2）交通拥堵矛盾 - 交通效率提高，立体分离，连通要求

当今世界各国都在加紧步伐发展经济建设，其中城市建设是经济建设的基础之一，而随着城市建设和发展，各种城市病问题不断暴露出来，其中之一就是交通拥堵。交通拥堵已成为特大型、超大型城市交通的普遍问题，城市交通通畅与否，直接影响到城市的快速发展和居民的生活秩序，如何解决这种日益严重的交通拥堵已成为许多城市迫切需要解决的问题。为解决这一问题，世界各国采取的普遍解决方法就是大力发展公共交通，如公交、拓宽城市道路并且使用高架桥以及限制小汽车出行，然而这些方式还不能满足一些特大型、超大型城市的交通需求。为了解决特大型、超大型城市的交通难题，

人们开始把目光转向地下，希望从地下开辟地下道路以缓解地面公路的拥堵状况，从而解决城市的整体交通困难问题。纵观国内外交通系统较为成熟的大都市区，地下道路作为城市道路系统的重要组成部分，业已成为缓解城市交通问题的重要手段，作为地面道路系统的延伸与补充，地下道路系统也将随着城市的不断发展发挥越来越重要的作用。

地下道路和地面道路都属于城市道路，地下道路其实是地面道路的延伸。由于处在地下空间，在需要交汇的地方可以很方便地形成立体交通，不需要设置交通信号灯，地下道路和地面建设没有直接的联系，它可以根据交通的需求来布置出入口和停车场或者转入到其他地下空间（图2-1）。

(a)   (b)

图 2-1　某城市下立交效果图 [42]

通过城市地下道路的建设，可以有效的节约城市地面土地资源，减少拆迁，提高区域环境质量，有效分离过境交通，缓解地面交通压力，均衡路网流量，提高区域交通通行能力。关于地下道路的主要优点有如下几点：

1）综合利用地下空间资源

开发利用城市地下空间，是解决目前城市用地紧张、交通拥挤的重要途径之一。城市地下道路除了出入口、排风井以外，基本不占地面空间，通过城市道路地下化，尽量在地面给人们留下一个良好的居住环境。

2）整合和优化交通资源

城市中心区域由于停车位供给不足而导致的停车难、乱停车的现象普遍存在，而大量的路内停车又占用了宝贵的通行空间，同时又因为停车位紧张、临时车位管理不完善而导致大量因寻找车位而产生的盲目交通，对道路本已受限通行能力产生了严重的影响。通过地下道路的建设，可以有效地减少道路交通瓶颈节点，提高道路通行效率，实现地上交通与地下交通协调发展。同时，使地下道路和地下停车库便捷连通，还能实现地下停车资源之间的互联互通，进而提高停车周转率，有效的缓解城市交通拥堵以及停车难的问题。

3）提升城市品质

为了解决城市地面交通拥堵问题，国内许多大城市都建设了高架道路，但城市高架道路不仅会带来噪声污染和空气污染，还对城市空间结构形成了割裂，同时对人们的生理和心理造成了难以修复的裂痕。城市地下道路相较于高架道路，不仅可以杜绝噪声污染和视觉影响，且基本不占用城市地面土地资源，也不存在对城市视线的影响以及对城市空间的割裂，而车辆的噪声和尾气污染通过技术手段可以得到集中处理，对环境的破坏可以降到最低。因此，采用地下道路形式可以有效提升城市环境品质。

（3）重要交通设施建设需求 - 轨道交通车站改扩建

随着社会经济的快速发展，我国城镇化率逐步提高，人们生活水平也随之提高，人们对于出行便利性的要求也越来越高。同时，随着人们环保意识的增强，对绿色、环保出行也有了新的要求，而城市轨道交通作为缓解城市道路交通拥堵、减少汽车尾气排放及噪声污染等问题一种快捷便利的公共出行方式，受到了人们的欢迎，也极大地满足了居民的出行需求。在国家政策的推动下，我国城市轨道交通迎来了巨大的发展，近年来城市轨道交通呈现出稳步增长的态势，截至 2019 年年底，全国拥有轨道交通运营线路（不含有轨电车）的城市达到 38 个，城市轨道交通运营线路总里程达到 6426.84km，轨道交通运营城市之多和线路之长都位居世界首位，我国业已成为世界城市轨道交通大国（图 2-2）。

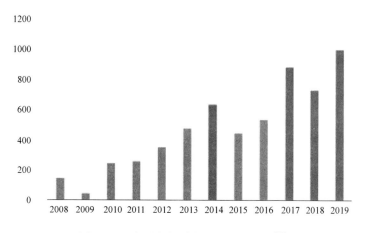

图 2-2　历年城市轨道交通里程增加量 [43]

然而在城市轨道交通的建设过程中，由于先前客流预测偏小或者地方财力有限，导致存在轨道交通站点建设规模偏小，需要扩建，或者需要根据未来客流的增加而分期建设的情况，甚至存在轨道交通需要穿越城市既有的地下空间，需要结合既有城市地下空间建设轨道交通站点的情况。上海轨道交通徐家汇枢纽的建设，便是利用既有建筑地下空间功能改造的典型案例。

在徐家汇枢纽区域，1 号线、9 号线和 11 号线三条轨道交通线环绕港汇广场，形成以港汇广场为中心的总体平面布局，11 号线车站位于恭城路西侧，9 号线车站位于港汇广场中央大道下，9 号线与 11 号线在相交节点实现站台间直接换乘（图 2-3）。

图 2-3　上海轨道交通徐家汇枢纽[38]

9 号线车站利用港汇商场与港汇花园之间车行道下的地下室，改造作为地下二层车站，线路平面与港汇地下室柱网布置协调，不需托换结构立柱。原港汇广场地下一层层高 5.2m，改为车站的站厅层，原地下二层、三层停车库层高分别为 3.8m、3.9m，通过拆除下二层楼板，竖向打通地下二、三层合并改为站台层，层高 7.7m。11 号线车站设于恭城路西侧的地块内，按线路下穿建筑物下桩基的需要确定车站埋深，并统筹考虑轨道交通车站、地下空间一体化的功能布局要求，采用地下五层车站，其中地下一层为站厅层，供人流集散，设公共区、商业区，与周边地下一层空间共同形成集散、换乘大厅；地下二层、三层设置停车库，与港汇广场及周边地下室连成一体；地下四层为轨道交通设备层；地下五层为站台层。为形成三线的付费区换乘大厅，需在 1 号线西侧商场向下加层，扩大 1 号线站厅层。利用既有地下商场结构作为天然盖板，通过对结构体系进行转换、施作盖挖法支承桩后，在盖板的保护下进行暗挖施工（图 2-4）。

通过相应的技术手段，利用港汇广场原有的地下空间通过相应的结构改造、功能转换，将原建筑地下商场及停车场成功改造为轨道交通车站空间，由于是利用既有的地下空间改造，整个枢纽的施工极大地减少了对徐家汇地区主要道路交通、地下管线的影响。

（4）市政设施升级 - 综合管廊

城市市政管线是城市的生命线工程，市政管线的正常工作保证了城市"血液"的正常流动及城市的正常运转。但传统的直埋管线方式由于无法满足一般管线的检修、置换工作，且管线在地下无任何保护措施，经常发生自来水爆管以及施工挖断电缆、水管的事故，引发严重后果、造成重大经济损失，并且地下环境对直埋的管线腐蚀性强，也大大缩短管线的使用寿命。综合管廊的建设可以很好地解决这些问题，管廊内管线检修、更换等日常维护方便，避免因事故造成重大损失；管线进入管廊后不接触土壤和地下水，因此避免了土壤对管线的腐蚀，延长了管线的使用寿命（图 2-5）。

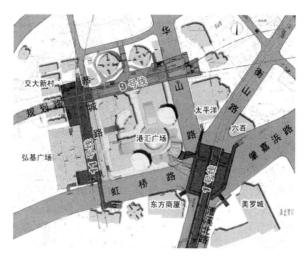

图 2-4　徐家汇枢纽各轨交车站平面布置图

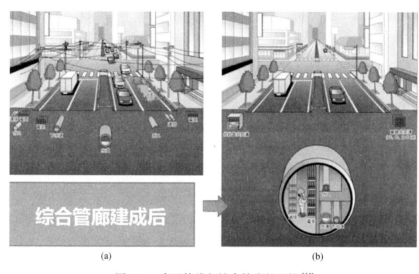

图 2-5　直埋管线与综合管廊的比较 [44]

地下综合管廊，是指将不同用途的管线集中设置，并布置专门的检修口、吊装口、检修人员及监测与灾害防护系统的集约化管网隧道结构。综合管廊内主要收纳城市给水、中水、污水、电力、电信、燃气、热力等各类市政管线，综合管廊解决了城市发展过程中各类管线的维修、扩容造成的"拉链路"和空中"蜘蛛网"的问题，对提升城市形象，保障城市生命线工作的正常运转起到了积极的作用（图 2-6）。

2016 年 2 月，《中共中央、国务院关于进一步加强城市规划建设管理工作的若干意见》中指出，老城区在更新改造时，要结合地铁建设、河道治理、道路整治、旧城更新、棚户区改造等，逐步推进地下综合管廊建设。综合管廊与传统的直埋方式相比，具有如下优点：

1）改善了城市环境。通过综合管廊的建设，可以有效地消除城市上空的电力、电信

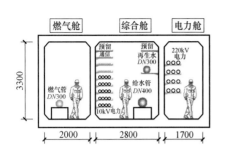
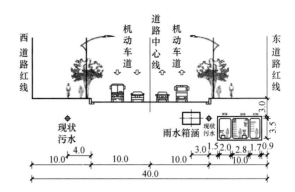

图 2-6 某城市综合管廊断面及三维定线图

线路"蜘蛛网"及地面上竖立的电线杆、高压塔等，消除架空线与绿化的矛盾，减少路面、人行道上各种管线的检查井，改善了城市环境。

2）有效地减少各种工程管线维修费用。各种管线的敷设、替换、维修都可以直接在管廊内进行，由于管廊的设计使用寿命为100年，从全生命周期来看，采用综合管廊敷设形式的管线所需要的费用要低于采用直埋敷设方式导致的路面多次开挖和工程管线维修的费用。

3）确保道路交通的顺畅。综合管廊的建设可以避免由于敷设和维修地下管线频繁挖掘道路而对交通和居民出行造成的影响和干扰，确保道路交通通畅。

4）有效利用城市地下空间。各类市政管线集约布置在综合管廊内，实现了管线的"立体式布置"，替代了传统的"平面错开式布置"，管线布置紧凑合理，减少了地下管线对道路以下及两侧的占用面积，节约了城市用地。

5）确保城市"生命线"的安全、减少后期维护费用。综合管廊对于城市的作用就犹如"血液"对人体的作用，是城市的"生命线"。"生命线"由综合管廊保护起来，不接触土壤和地下水，避免了土壤和地下水对管线的腐蚀，增强了其耐久性，同时综合管廊内设有巡视、检修空间，维护管理人员可定期进入综合管廊进行巡视、检查、维修管理，确保各类管线的安全。

6）增强城市的防震抗灾能力。即使受到强烈台风、雨雪、地震等灾害，城市各种生命线设施由于设置在综合管廊内，因而也就可以避免过去由于电线杆折断、倾倒、电线折断而造成的二次灾害。

（5）人防设施升级 - 功能转换

地下人防工程的平战功能转换，是指人防工程能为城市经济和防灾服务，战前通过必要的转换措施，能满足战时防空的要求。地下建筑在战时承担着一定抵御各种武器袭击的功能，因此地下人防建筑要比普通地下建筑增加5% ～ 20%的投资。这部分投资在平时难以产生效益，同时一些防护设施也会给平时的使用造成一定程度的不便，为此，使工程同时具有平时和战时两种功能有着重大意义。

人防工程平时用途一般是作为地下停车场、地下商场、地下仓库，而战时根据其设计要求可转化为地下指挥所、人员掩蔽所、地下物资库、地下医疗救护站等。针对人防平时、战时用途的差异，战争来临之际，需要对人防工程进行平战转换，即进行一定量的结构调整强化、设备安装完善，确保人防工程的战时使用效能。人防工程平时、战时用途的不同，部分战时设备没有安装完全，需要平战转换，也是人防工程建设管理的经济效益、社会效益和战备效益的必然选择。

福建省厦门市由于其特殊的地理位置，作为曾经的海防前线，在台海对峙时修建了大量的地下人防工程，同时在人防工程的平战转换中也走在了前列。在 20 世纪"深挖洞、广积粮"战略思想的指引下，厦门市修建了一批以坑道、地道为主的人防战备工程，主要分布于鼓浪屿和厦门的老城区，由于后来人防功能的逐渐弱化，导致年久失修甚至废弃，有的已经出现了开裂、下沉、塌陷等情况，存在一定的安全隐患，鸿山人防隧道和鼓浪屿鼓声路 5 号人防工程就是其中典型的案例。后经成功改造后，鸿山人防隧道如今已变成了既整洁又美观的人防宣传教育长廊，既方便了市民的出行，也成为当地居民休闲娱乐的场所，而鼓浪屿鼓声路 5 号人防工程变成了鼓浪屿英雄山贝壳博物馆（图 2-7、图 2-8）。

图 2-7　鸿山人防隧道人防宣传教育长廊[45]　　　　图 2-8　鼓浪屿贝壳博物馆[46]

数十年前，中国上下修建防空洞，目的是防范外部威胁。如今，这些废弃不用的防空洞被人们重新利用起来，有的被改造成酒窖，也有的成为饭馆、仓库，甚至有的还成了儿童乐园。如今在和平年代里，随着旅游热的兴起，岛上的防空洞也都焕发新生，经过整修改造过的人防设施，平时供游客参观游览，战时可作紧急避难，不仅吸引了众多慕名而来的游客，也成了不少岛上老人回忆峥嵘岁月的地方。

（6）生态环境保护 - 地面设施入地

由于国内城市化水平的不断提高，外来人口的不断涌入，城市用地空间也越来越紧张，而将城市的一些对环境有影响的基础设施移入地下，保护生态环境就成了未来的发展趋势，我国目前正处于市政设施地下化的试点时期。市政设施地下化方面，国内一些城市已经开始了一些尝试。以南昌市为例，南昌市提出，将以城市道路、轨道交通、广场、绿地下的空间综合利用为核心，围绕城市地下市政设施布局，对各种市政设施进行合理布局和优化配置，逐步形成现代化、安全、高效的市政基础设施体系。

城市中心区市政管线要基本实现地下化，市政场站充分、合理利用地下空间资源，节约地面空间资源，为城市的可持续发展提供支撑和保障。随着城市建设用地的紧缺、经济水平的发展和人类对于环境要求越来越高，市政设施地下化是一种必然的趋势。市政设施下地可以提高土地利用率、改善城市景观、优化城市环境、降低噪声污染。南昌市提出在建设用地紧张、环境要求较高的地区，变电站、垃圾转运站、加压泵站、公厕等市政场站设施尽量利用地下空间，同时还规划将部分变电站（如 220kV 阳明东变电站）建设为地下变电站，并结合老城区改造将垃圾转运站下地。据了解，市政场站地下化不仅减少对视觉美观上的影响，而且可以减少土地占用，充分利用城市土地资源。南昌市将旧城中心区、红谷滩中心区、朝阳新城和西客运站地区作为市政设施地下化建设引导区。在引导区可将 10kV 开关站、110kV 变电站、垃圾转运站、污水泵站、燃气调压站等设施设置于地下，以解决用地紧张和改善环境的目的。南昌市还提出，中心城区内不应新建高压架空输电线路，城市重点建设地区（如红谷滩中心区、旧城区、历史文化保护街区）、城市景观要求高的地区、重要的交通节点是市政基础设施地下空间利用的重点地区，所有管线均需要在地下敷设。此外，中心城区内现有的电信、有线电视架空线将逐步改造入地。

市政公用设施地下化是地下空间开发利用的主要功能之一，地下化后的市政公用设施在提高基础设施的安全性、稳定性及后期可维护性等方面具有较大优势，是市政公用设施发展的必然趋势。在上海、北京、深圳、广州等一些大城市，市政公用设施的地下化已经有所发展，如大型的地下变电站、地下污水处理场、地下综合管廊等（图 2-9、图 2-10）。

图 2-9　上海世博 500kV 地下变电站[47]　　　　图 2-10　福州市地下垃圾转运站[48]

城市地下空间设施的开发应紧密结合城市地面设施规划进行建设。城市的建设发展为发挥地下空间对城市总体建设的优化作用提供了较大的余地，使城市能在建设之初就合理地上下一体化发展，将土地利用、资源耗费、环境影响、交通组织通过上下一体化建设而达到最优的状态。随着城市和社会经济的发展，城市规划在决定一项设施是否地下化建设时所需考虑的因素是多方面的。即使在建设条件和施工技术可行时，只有当市政公用设施地下化之后所预期的"效益"比地面建设更为明显时，地下化建设模式才会体现具体的可实施性。然而此处的"效益"，不仅包括地下化所节省出来的土地产生的直接经济收益，作为公用市政工程，地下化建设会带来更多的社会及环境效益，如地下化之后对城市交通的贡献、对环境改善的收益、防灾安全收益，以及采用创新的工程技术所带来的影响效应。同时市政工程作为城市的生命线工程，主要由政府投资建设，应当在规划设计中适当超前，充分吸收土地资源集约利用、低碳化可持续化发展的先进规划建设理念，提高工程的综合效益。

（7）文化遗产保护要求

在城市的历史文化街区、历史建筑的保护范围内开发地下空间时，尤其要注意对历史文化街区及历史建筑的保护，一般情况下会划定地下空间禁止建设区域，但有时又会利用地下空间对现有功能进行完善和提升。华裔建筑大师贝聿铭设计的法国卢浮宫扩建工程就是基于文化遗产的地下空间改扩建典型案例，由于早期的博物馆主要是贵族和社会名流的交流之地，后来才逐渐演变为普通民众的活动场所，由于博物馆内藏品的增加、功能的扩展、参观者数量的增长，大部分早期博物馆已不堪重负，无法提供良好的收藏、展出及参观条件，多数早期博物馆都进行了改扩建，有的甚至几度扩建，如纽约大都会博物馆、巴黎卢浮宫等。

在对早期博物馆建筑的改扩建中，地下空间的开发利用则受到了前所未有的重视。这是因为，早期博物馆中相当一部分位于所在城市甚至国家着力保护的历史文化地段，有的博物馆建筑本身就是历史文化遗存，是艺术文化展示的重要组成部分，其自身价值及所在地段要求，在改扩建时必须尽可能保持原有建筑原貌，避免新建建筑对原有的城市风貌及城市肌理造成破坏，以利于城市文脉在环境中的延续，于是建筑师很自然地把目光投入到了地下。

贝聿铭主持的卢浮宫扩建工程是开发利用地下穿间解决城市中心区改造的成功典范，对卢浮宫一个全面的、系统的提升。在卢浮宫扩建工程中，建筑师将 7 万 m^2 的地下空间设计成展厅、剧场、餐厅、商场、文物仓库等，成功地解决了原来公共空间缺乏和交通流线不畅的问题。不但让博物馆的地面出入口成为景点，并对整个地下交通进行了整体考虑，多种路线交织在地下，让行人、小汽车、旅游巴士等都可以进入卢浮宫的地下，方案之初，关于是在地面扩建还是开发地下空间的抉择上，贝聿铭认为"增建新的结构会对卢浮宫造成破坏，将所需求空间地下化是唯一解决之道"。改造后的建筑只有位于拿破仑广场中心的入口和采光罩露出地面，形成一组玻璃金字塔。透明的玻璃金字塔对视线没有遮挡，无论是在室内、室外，透过玻璃金字塔卢浮宫依然清晰可见。卢浮宫的扩建工程，通过地下空间的开发利用，在不破坏原有城市风貌、格局的基础上，通过地下空间的开发利用，成功解决了原有博物馆空间不足及交通不畅的问题（图 2-11、图 2-12）。

图 2-11　卢浮宫改造前照片[49]

图 2-12　卢浮宫改造后照片[50]

2.1.2　地下空间改扩建的功能与规模需求

（1）功能需求

建筑功能即建筑的使用要求，是决定建筑形式的基本因素。功能是建筑产生的第一要素，却又是变化最频繁、生命周期最短的要素。古代受生产力水平的限制，建筑功能比较单一，建筑更新也非常缓慢。近现代以来，随着科技进步和社会发展，新功能不断出现，时间间隔也逐渐缩短，使得原有建筑规模和空间形态都不能满足新的建筑功能要求。因此，在利用旧建筑的过程中，我们需要探索更加合理、更能满足人们活动需要的、新的功能布局方式。由于建筑原有使用功能失去意义，或原有的建筑空间不能满足新的功能需求而引发的建筑改扩建是建筑的再利用中的重要推动因素。

建筑作为一种物质因素的传承，反映着其所在特定时代和特定民族地区的特点，是历史文化的载体。包括原有建筑空间的涵义和历史发展所要求反映的时代精神这两方面的内容。城市的人文环境是各个历史时期建筑文化的积淀，少了某一时期的建筑特色，城市风貌也会出现断裂。因此，建筑承担了这种城市文化延续的重任。文化因素在建筑中以静态呈现，但这种呈现凝聚着历史发展的动态轨迹，是建筑更新改造的基础。

根据上述分析，可以将地下空间改扩建的功能需求根据存在的问题及矛盾，分为以下几类：

1）用地低效与建设用地不足之间的矛盾

在我国城市化进程中，特别是城市化发展早期阶段，由于当时的生产力水平、建造技术以及城市发展认知水平的限制，导致当时的城市发展主要为粗放式的外延扩张型发展方式，进而导致了大量城市建设用地低强度、低效的开发与城市建设用地不足的矛盾，低效用地不仅没有发挥好有限的土地资源效应，还阻碍和制约了地域经济快速发展，影响着城市规划建设发展。为解决这一矛盾，许多城市开展起了旧城改造、旧城更新运动，其中一种更新策略便是通过地下空间的开发利用，解决用地低效所带来的一系列问题，将一些需要地下化，主要有地下停车设施、地下市政管廊和地下商业设施等。

2）道路狭窄与交通空间不足的矛盾

城市化进程中，早期的城市规划由于未能有效预见到经济社会的发展，导致小汽车保有量的快速增加。小汽车保有量的快速增加，一方面导致了老旧小区以及城市中心区停车空间不足，另一方面也导致了一些狭窄道路与交通空间不足的矛盾。为了解决这一矛盾，一方面可以通过鼓励公共交通的方式，减少小汽车的出行量；另一方面就是向地下要空间，通过地下道路的建设，缓解地上交通空间不足的问题。

3）车辆增长与停车位不足的矛盾

近年来，随着小汽车保有量的不断攀升，国内许多城市都出现了"停车难"的问题，尤其是在城市中心区、大型商业中心、医院等人流比较集中的区域，以及一些老旧小区内，由于地面空间用地不足，在这些区域主要通过向地上或地下要空间，见缝插针式的布设一些地下停车位，如垂直盾构式的地下停车设施。

4）历史文化保护与发展的矛盾

随着近年来旅游产业的飞速发展，一些历史文化街区及历史地段也面临着两难的抉择。一方面要对历史文化街区、历史地段进行保护，不能进行过度的开发建设；另一方面为了地方经济的发展，面对大量的游人旅客，旅游配套设施的不足必将导致客流下降。而此时，通过发展地下来解决一些场馆展览空间不足、配套停车位不足成为唯一的选择，通过地下展览设施、地下商业设施、地下仓储设施以及地下停车设施的建设，在既不破坏地面街区风貌的基础上，又能有效地解决配套设施不足的难题。

5）公共服务配套不足

在地下公共服务设施不能满足要求的情况下，在有条件的情况下，通过地下空间的开发利用，作为地下服务设施的补充也是一种好的选择。地下公共服务设施主要包括：地下文化设施（图书馆、档案馆、展览馆等）、地下科研设施（研发、设施、实验室等设施）、地下体育设施（体育场馆和体育锻炼设施等）和地下卫生设施（医疗、保健、卫生、防疫和急救等设施）。

6）生态环境资源破坏

一些地上设施由于自身的特定属性，对周边环境会产生一些不良影响，比如噪声、大气、电磁等污染，而将这些设施地下化，可以有效地降低对生态环境的破坏，这类设施主要为地下设施场站，如污水处理厂、再生水厂、泵站、变电站、通信机房、垃圾转动站等。

（2）规模需求

从城市层面来看，地下空间开发利用的规模需求，主要取决于城市发展规模、空间布局、社会经济发展水平、自然地理条件、人们的活动方式、信息科学技术水平及法律法规和政策等多种因素，而地下空间改扩建的需求主要为目前地下空间规模的需求量与原地下空间规模存量之间的差值，地下空间改扩建实际上就是通过相应的技术手段对原地下空间进行挖潜扩容，以满足不断增加的需要。

如何计算地下空间改扩建的需要量，现状的地下空间规模可以根据统计得到，而目前的需求量则需要进行预测计算。参照《城市地下空间规划标准》（GB 51358—2019）中关于地下空间需求的规定，结合行业目前的发展，将地下空间的需求可以分为国土空间规划和详细规划两个层次，两个层次关于地下空间需求的内容及方法也有所区别。

其中，国土空间规划层面的城市地下空间需要分析，要结合规划期内城市地下空间利用的目标，主要是对城市地下空间利用范围、总体规模、分区结构、主导功能等进行分析和预测，依据规划区的地下空间资源评估，综合规划人口、用地条件、用地条件、社会和经济发展水平等要素确定。详细规划层面则是对所在片区城市地下空间的利用规模、功能配比、利用深度及层数等进行分析和预测，其主要依据片区的规划定位、土地利用、地下交通设施、市政公共设施、生态环境与文化遗产保护要求等要素进行预测。

针对地下空间开发规模的需求预测，在国土空间规划层面，主要是通过一些指标和数据的拟合，得出城市地下空间需求的总量，目的是对一定时期内城市地下空间开发建设的投资水平估算。因此，国土空间规划层面的开发规模预测应根据重点性原则，估算几类主要的地下设施的规模需求，包括：地下商业设施、地下交通设施（轨道交通、地下道路、地下停车等）、地下市政设施及地下人防设施等。在城市详细规划层面的需求规模预测，首先是根据地块的开发强度，包括容积率、建筑密度等控制要素进而估算地面建设量，再相应地计算出地下空间的配套需求量。再根据用地之间的交通联系强度和地下设施的联系需求，预测地下连通道及地下综合管廊的需求量。

1）国土空间规划层面的规模需求预测

不同的城市，其城市职能、发展模式和规模各不相同，地下空间的需求类型和需求量也有很大的差异，针对不同的设计层次和深度，其获取的数据精度也存在一些差异，所适用的需求预测方式也不尽相同。国土空间规划层面的规模需求预测方法有如下几种。

① 功能需求预测法。

城市地下空间根据其使用功能，可按照功能类型进行划分。功能需求预测就是依据地下空间的几种主要使用功能，来预测分析整个城市的地下空间需求量。

功能需求预测法的主要步骤为：a. 按照地下空间的主要使用功能，将地下空间分为几个大类；b. 在大类的基础上进行功能的细分；c. 根据不同功能的需求原则，对各类功能的需求量进行预测；d. 对各类功能需求的预测量进行汇总统计，得到总的地下空间需求量。

【案例】 广东省某城市地下空间总体规划在进行需求预测时，将地下空间的需求量分为现状存量和未来增量两大类，其中未来增量又分为 7 个中类，包括：居住区、城市公共设施、城市广场及绿地、工业用地、仓储物流用地、城市基础设施、地下交通设施，然后根据各项不同的特点，选取相应系数和指标，分别计算出各类地下空间的需求量，最后汇总为地下空间总的需求量。

居住区：居住区地下空间开发规模"按居住区新增建筑量估算需求量"计算，得出 2015～2030 年总需求量。

计算公式为：居住区地下空间开发规模 = 新增人口数量 ÷ 平均每户人口数量 × 居住建筑停车配建指标 × 单位小汽车地下停车面积 × 停车入地率

（250-153）÷ 3.5 × 35 × 0.7 × 0.65 ＝ 441.3 万 m^2。

城市公共设施：公共设施地下空间开发规模 = 建设用地规模 $\times Z \times R \times L$

式中，Z 为公共设施用地比例；R 为地面建筑容积率；L 为地下建筑与地上建筑规模比例。

（272.59-168.3）× 100 ×（1501+2341）/21162 × 1.0 × 15% ＝ 284 万 m^2。

城市绿地及广场：按开发利用地下空间 10% 计，到 2030 年绿地及广场地下空间开发规模为 35.6 万 m^2。

工业用地：按厂房面积的 5% 计，到 2030 年工业用地地下空间开发规模为 32.7 万 m^2。

仓储物流用地：按用地面积的 10% 计，到 2030 年仓储及物流用地地下空间开发规模为 22.7 万 m^2。

城市基础设施：地下综合管廊需要开发地下空间约 38.2 万 m^2。

地下交通设施：本规划暂不计。

预测得出：广东省某城市地下空间开发规模约为 1055 万 m^2。

② 人均需求预测法。

人均需求预测法，主要是根据城市规划范围内和规划期限内城市的人口数量进行预测计算。人均需求预测法一般是从两个指标开始进行分析预测，一个是人均规划用地指标，另一个是地下空间开发人均指标。此类方法一般是结合国内外发展水平差不多的城市作为案例，通过对案例的分析计算取得人均指标，再套用规划城市计算得出未来的地下空间需求量。此方法的关键在于所预先选取的案例是否合适，数据是否准确。国内外主要城市地下空间人均面积见表 2-1。

国内外主要城市地下空间人均面积表

表 2-1

城市	人均地下空间面积（m^2）
东京	12
巴黎	11
蒙特利尔	11
北京	9.5
上海	8.5
天津中心城区	7.9
青岛	4.5
厦门	4.5
威海	4
珠海	4
淮安	2.8
扬州	2.6
嘉兴	3.5

【案例】 以广东省某城市为例，采用人均面积法，根据地下空间开发案例总结，城市人均地下空间开发量，地级市约为 3 ~ 4m²/ 人，省级市约为 7 ~ 10m²/ 人。该市作为地级市，可参照国内城市青岛市、珠海市、威海市的人均地下空间面积类比，取值 3 ~ 4m²/ 人。

根据总体规划，2020 年中心城区人口为 200 万人，地下空间面积为 600 万~ 800 万 m²。到 2030 年底，若中心城区人口规模为 250 万人，地下空间面积为 750 万~ 1000 万 m²。

③ 建设强度预测法。

在城市规划区内部，因为各个分区功能的不同，地面规划的强度也不尽相同，建设强度需求量预测方法是通过地面规划强度来计算城市地下空间的需求量，即上位规划和建设要素影响和制约着地下空间开发的规模与强度，将用地区位、地面容积率、规划容量等规划指标归纳为主要影响因素，并在此基础上，将城市规划范围内的建设用地划分为若干地下空间开发层次进行需求规模的预测，汇总后得出城市总体地下空间需求量（图 2-13）。

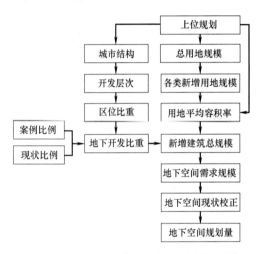

图 2-13 地下空间建设强度预测法流程[51]

【案例】 以广东省某城市为例，2015 年该市城市建设用地规模为 168.3km²，2030 年城市建设用地规模为 272.59km²。其中，根据目前该市城镇建设的经验以及未来发展预测，中心城区的建设用地平均容积率取 0.8，按照目前一般中心城区的建设经验，再结合该市的实际情况，住宅地下空间建筑面积占地上建筑面积的 10% ~ 15%；公共建筑地下空间建筑面积占地上建筑面积的 25% ~ 40%；工业建筑地下空间建筑面积约占地上建筑的面积的 5%。对上述主要城市用地进行加权平均，并结合该市规划区内城市发展预测，对新建地下空间占地上建设规模的百分比进行估算，取值 9% ~ 12%。

计算公式：新增建设用地 × 平均容积率 × 地下占地上建筑面积比例

地下空间开发规模 =（272.59-168.3）×100×0.8×（9% ~ 12%）（m²）

现状已开发地下空间规模约 200 万 m²。

得出地下空间开发规模为：950 万~ 1200 万 m²。

2）城市详细规划层面的规模需求预测

城市详细规划层面的规模需求预测，主要是依据地面用地的性质，确定地下空间的开发功能；再结合地面用地开发强度，计算出地面建筑的规模，进而结合地上地下的面积比例，或者各城市不同区域的停车面积配建指标，计算出各地块下的地下空间开发需求，而对于道路下的地下空间需要，主要是根据用地之间的交通联系强度和地下设施的联系需求，预测地下连通道及地下综合管廊的需求量。

【案例】 以天津南站为例，根据分析，该片区地下空间的主要功能为地下停车。由于部分地块紧邻天津轨道交通3号线的一些站点（高架站），结合天津市地下空间规划导则的相关规定，在轨交站点500m的范围内，停车配建按照标准配建的80%配建。地下空间的需求规模见表2-2。

天津南站科技商务区地下空间开发规模需求预测计算表 表2-2

用地编号	用地性质	用地面积（m²）	建筑面积（m²）	容积率	停车位（个）	地下停车面积（m²）
01-03	R2	70693	141380	2	1696.56	59379.6
01-08	R2	40551	81100	2	973.2	34062
01-11	R2	128375	256750	2	3081	107835
01-13	R2	31750	63500	2	762	26670
01-15	R22	4002	3600	0.9	14.4	504
01-16	A5	20037	30050	1.5	270.45	9465.75
01-17	A33	54720	54720	1	492.48	17236.8
01-20	S42	4376	—	—	—	—
01-21	R2	34330	61794	1.8	741.528	25953.48
01-22	R2	33471	43510	1.3	522.12	18274.2
01-23	R22	6028	5420	0.9	21.68	758.8
01-26	A6	6996	8390	1.2	41.95	1468.25
01-28	R2	48100	62530	1.3	750.36	26262.6
01-29	B1	34198	30770	0.9	215.39	7538.65
01-33	R2	72405	94120	1.3	1129.44	39530.4
01-34	R22	4000	3600	0.9	14.4	504
02-02	R2	32624	65248	2	782.976	27404.16
02-04	R2	46893	93786	2	1125.432	39390.12
02-07	R2	60568	121136	2	1453.632	50877.12
02-09	R2	137770	179101	1.3	2149.212	75222.42
04-03	B1	19863	69521	3.5	486.647	17032.645
04-11	B1	25513	89296	3.5	625.072	21877.52
04-20	B1	29854	59708	2	417.956	14628.46
04-21	B1	17596	70384	4	492.688	17244.08
04-39	B1	17596	70384	4	492.688	17244.08
04-40	B1	36642	73284	2	512.988	17954.58
04-47	B9	22748	68244	3	477.708	16719.78
06-03	B1	19576	58728	3	411.096	14388.36

通过上述对地下空间的国土空间规划层面和控规层面的开发规模的预测方法的解析，可以发现，地下空间改扩建一般属于地下空间修规的层面，即微观层面，而详规层面分地块的需要预测实际上与它更为接近，而国土空间规划层面则是属于宏观层面，它注意的是更大范围内的总的需要规模平衡与协调，所以在预测地下空间改扩建的规模时，可结合控规层的方法进行计算预测。

2.2 地下空间改扩建工程类型与特征

2.2.1 地下空间改扩建工程类型

（1）按有无地上建筑划分

地下空间改扩建开发建设按照有无地上建筑划分，可以分为两类：无地上建筑的地下空间开发和有地上建筑的地下空间改扩建。

无地上建筑的地下空间开发主要为城市绿地、广场下的地下空间开发。广场是城市中人们进行各种公共活动的、有一定规模和较好围合的户外步行空间，广场为人们提供休憩、娱乐、交往的公共场，并且展现了城市的历史文化风貌，是"城市的客厅"。绿地是城市中植物生长的空间，绿地在创造宜人环境、优美景观的同时，还有利于改善城市气候和维护城市的生态平衡，是生态系统的重要组成部分。广场和绿地相互融合，成为城市开敞空间系统中的重要组成部分，共同承担生态、景观、公共活动等功能需求。

由于城市发展是一个集聚的过程，大量的人口、物质、信息等汇集在一起，为了在有限的城市土地上处理好各种矛盾，就有必要提高土地的使用效率，增加空间容量，提高城市流的交换效率，提高流动密度，实现更好的综合效益。但是广场、绿地虽然有较好的环境效益和社会效益，但由于功能相对单一，不具备实现经济效益，这对于土地价值高、开发强度大、种种城市矛盾集中的城市中心区来讲，保留乃至开辟新的广场、绿地代价巨大，这也是城市绿地、广场越来越少的原因。可以说，城市集约化程度的提高，给广场、绿地的建设提出了更高的要求。

而开发地下空间是城市发展的趋势之一，它能拓展城市空间容量、解决城市问题、实现良好的经济效益，这也为解决广场、绿地所面临的问题提出了新的思路。在广场、绿地内的立体化开发，不仅可完善自身功能，提高环境质量，还能综合解决城市发展中的矛盾，拓展自身的空间，实现良好的社会效益、环境效益和经济效益。

在国外发达国家，通过广场、绿地下的地下空间综合开发解决城市矛盾，实现较好的经济效益不乏成功的实例。如巴黎的列阿莱广场，就是在巴黎历史文化古迹集中的地区，拆除了原来的交通拥挤，并与历史风貌保护格格不入的食品交易市场，开辟出了一个以绿地为主的步行广场，同时将交通、商业、文娱、体育等多种功能安排在广场的地下空间中，总建筑面积超过 20 万 m^2。通过这一开发，有效地解决了保护传统和现代化改造的难题，改变了原有的单一功能，充分发挥了地上空间在扩大空间容量，提高环境质量方面的积极作用。贝聿铭主持的卢浮宫改建工程，也是将全部扩建功能容纳于较小的玻璃金字塔入口下，成功的保护了古典建筑围合的广场空间，同时也满足了博物馆扩建的迫切需求。在国内，随着我国城市建设的发展和经济实力的提高，近年来也出现了不少开发利用广场、绿地下地下空间的成功案例，如西安钟鼓楼广场、上海人民广场等（图 2-14）。

图 2-14　上海人民广场地铁站地下换乘大厅[52]

开发利用广场、绿地下的地下空间有诸多优势，具体如下：

1）扩大城市空间容量，创造良好的社会效益和经济效益。开发广场、绿地下地下空间，建成的商业、文化、娱乐、停车、市政基础设施，不仅可以满足城市发展的需要，促进广场和周边区域的发展，也能创造良好的经济效益。在城市土地开发强度大、价值高、矛盾集中的地区，这种综合效益更加明显。

2）完善广场、绿地的功能，塑造良好的空间环境。广场是城市展示其风采的窗口，也是市民和旅游者休闲观光的地方，是"城市的客厅"。广场应为人们提供宜人的环境和完善的服务功能。一般开敞的空间特性及较高的景观要求，使得在地面上很难修建必要的服务设施，而通过地下空间开发后，将这些设施转入地下，是一种行之有效的解决方案。一般来讲，广场地下的商业、文化、娱乐等设施在解决地面基本的配套服务功能之外，还可满足人们餐饮、购物、休闲、娱乐的需求，丰富广场上人们的活动内容，适应人们多方面的需求。同时，地下设施的下沉式入口，采光厅内也是广场的活跃元素，经过精心设计，可以成为广场空间与景观处理的亮点。地下的商业、文化、娱乐设备可以与地面广场相互促进，形成具有吸引力的城市公共活动空间，提升广场、绿地的价值。

3）形成连续的步行空间。通过地面广场、绿地与地下步行空间连为一体，两种各具特色的步行空间相互补充，使地下空间成为地面步行空间的延伸。

在地上建筑下改扩建地下空间，这种类型的地下空间开发是城市有机更新的一种重要形式，随着我国城市人口增长和城市化进程的加速发展，大规模的城市建设在国内的城市中持续进行。在城市建设进程中，一方面要推动城市建筑的发展，另一方面也要建筑用地集约利用，提高建筑空间的使用率，减少城市用地压力，着眼于长远的可持续土地开发利用。对既有建筑地下空间的改扩建，可以充分利用城市设施，节省拆迁、征地费用，而且施工周期较短。同时，将抗震加固和改造技术结合起来，不同程度上改善了结构受力条件，增加了既有建筑的面积，增强了房屋抗震能力，提升了结构使用功能，延长了建筑物的使用年限，经济效果显著。

目前，许多发达国家的城市地下空间利用领域已经达到较高的规模和水平，并在发展中形成了独特的技术特征。我国地下空间开发起步较晚，但随着国家经济的快速发展，城市建设逐渐规模化，地下空间的开发利用将成为未来既有建筑改扩建的重要发展方向。

如上海轨道交通徐家汇站的地下空间改建，是既有建筑下改扩建地下空间的经典成功案例。港汇广场是由香港港兴企业有限公司与上海徐家汇商城集团股份有限公司于1993年7月合资建造，位于上海徐家汇商业闹市区，东临华山路，南侧为虹桥路，占地面积50788m²，总建筑面积400000m²。地下三层，地上最高50层，高度224m，裙房7层。整个建筑群有2栋住宅，2栋办公室，1栋商务楼和裙房，以及相应的配套设施。

港汇广场总平面布置（图2-15）中标段⑰～⑲轴之间为拟改造后的地铁9号线徐家

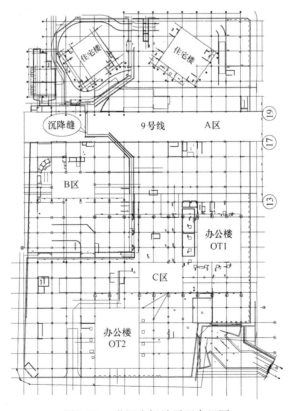

图 2-15　港汇广场总平面布置图

汇站车站，车站北侧紧邻两栋住宅楼，南侧为港汇广场，两栋高 50 层办公楼位于广场南端。为方便起见，以地下室中的红色沉降缝为界，将沉降缝右侧结构称为 A 区，左侧结构称为 B 区，两栋高层办公楼周围裙房称为 C 区。9 号线主要穿过 A 区和 B 区。

9 号线车站利用港汇广场商务区与居住区之间地面道路下的既有三层地下室改造而成，线路平面与港汇地下室柱网布置协调，无需托换结构立柱。原港汇广场地下一层层高 5.2m，改为车站的站厅层；原地下二层、三层停车库层高分别为 3.8m、3.9m，通过拆除下二层楼板，竖向打通地下二、三层合并改为站台层，层高 7.7m（图 2-16、图 2-17）。

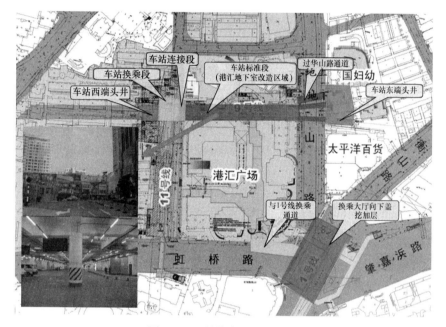

图 2-16　9 号线车站总平面图

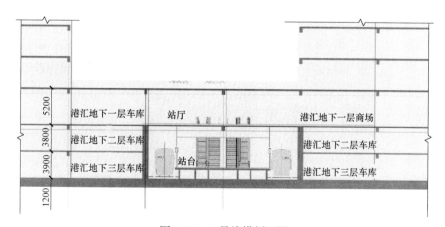

图 2-17　9 号线横剖面图

港汇广场地下室共有三层，其中地下一层为人行、商业、设备用房、东侧的住宅楼地下车库；地下二层为车库及设备用房；地下三层为全部为车库。

轨道交通徐家汇枢纽占用港汇广场地下一至三层的空间，嵌入已成型的港汇广场，其中地下一层占用港汇广场住宅区车库、商业、物流卸货区、北块车行出入口；地下二层占用职工临时餐厅、车库；地下二层占用车库。原有整体性很强的建筑功能被打破，既有港汇广场地下室功能需进行外科手术般的布局调整，重新建立起新的功能布局（图2-18～图2-20）。

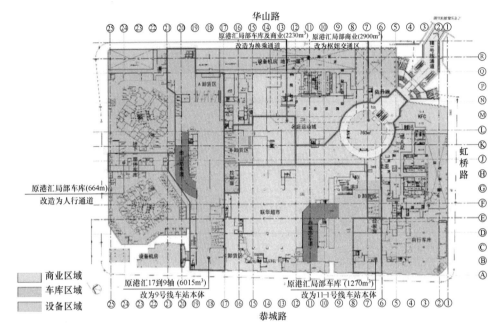

图 2-18　港汇广场现状地下一层平面图

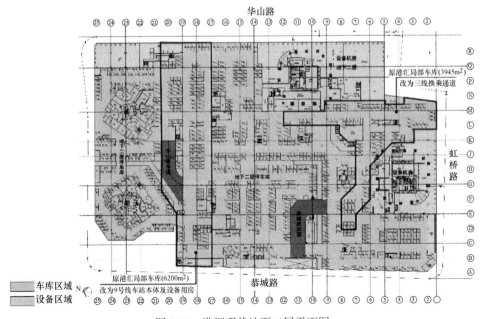

图 2-19　港汇现状地下二层平面图

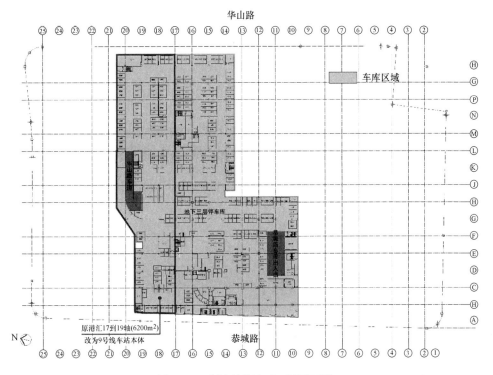

华山路

车库区域

地下三层停车库

原港汇17到19轴(6200m²)
改为9号线车站本体

恭城路

N

图2-20　港汇现状地下三层平面图

改造主要原则：

1）保证港汇广场正常运行需求的车辆停放及出入口设置。

2）保证港汇广场完整流畅的物流体系。

3）保证商业价值空间的部分补偿。

4）保证港汇的交通功能。

对既有港汇广场地下室功能的影响和改造方案：

① 车库出入口及车库改造。

鉴于改建的地铁9号线车站将港汇商场区和公寓区地下室一分为二，废除原华山路地下车库出入口，将分别对商场区、公寓区地下车库出入口进行改建。

港汇商场区地下停车库出入口解决方案：保留原恭城路地面出入口，拟通过11号线建设时在车站内设车库夹层，沟通港汇地下停车库与大宇地块内补偿地下停车库，在大宇地块规划二路或虹桥路边补偿一个地面出入口。

港汇公寓区地下车库出入口补偿方案：保留原公寓区内两个地面出入口，西侧出入口转向，增开规划一路小区出入口。地下一层与地下二层间增设坡道予以连通。

枢纽建设占用港汇停车库按"同功能、等面积"的原则进行改建，创新型利用新建11号线站本体二、三层空间设置停车库，标高与原港汇广场地下二、三层沟通，保证停车位数量及使用功能。

② 物流体系的卸货区改建。

港汇广场地下一层设有 A、B、C、D 4 个卸货区，共计卸货车位 21 个（其中 A 卸货区 5 车位、B 卸货区 6 车位、C 卸货区 6 车位、D 卸货区 4 车位），分别由 S1～S11 货梯完成竖向货运要求。

9 号线车站本体占用 A、B、C 卸货区的泊位，同时 11-1 付费区换乘通道局部占用 D 卸货区（损失卸货泊位 2 个）。

改建方案：拟在 11 号线车站本体与港汇广场地下室的夹土空间（即恭城路道路下）地下一层新建集中式卸货区，补偿卸货基本功能，同时考虑到货运通道不宜与换乘通道交叉，建议港汇物流的 A 区增设地面卸货区。

③ 交通组织的调整。

受嵌入港汇地下室的地铁 9 号线车站的分隔，地下车库分为商务区和住宅区两个区域。商务区地下车库保留现恭城路出入口，并在恭城路西侧待开发地块内增设一个出入口；住宅区地下车库利用现设计的两个出入口，地下一、二层间增设坡道进行沟通。

a. 商务区停车系统：

恭城路出入口地面到地下一层坡道为货车和小汽车共用，货车进入地下一层后右拐进入恭城路下补偿卸货区，小汽车沿坡道进入地下二、三层的小汽车停车区。小汽车也可通过恭城路西侧待开发地块内的补偿出入口进入地下二、三层车库。通过车站及恭城路下地下二、三层的车库沟通港汇商务区停车库与地块内的补偿车库，使港汇与恭城路西侧待开发的地下车库有条件实现资源共享。

b. 公寓区停车系统：

由于改造的 9 号线将原有的地下车库通道隔断，公寓区需要形成独立的车行体系，同时地下步行系统中所设的衔接北侧新路可达区域的地下通道，将地下一层一分为二，需通过地下二层连通。为解决公寓区地下车库的车辆出入，改造方案如下：保留区内东侧出入口，西侧出入口转向；增加地下一、二层间的连通坡道，通过两栋公寓楼地下二层车库间的连通道使地下一、二层车库成为一体。

④ 改造方案。

综合上述的功能调整，对港汇广场地下室各系统功能进行局部改造是可行的。对各系统影响及改造见表 2-3。

对各系统影响及改造   表 2-3

位置		港汇现状	永久功能	功能转换方案
地下一层 （B1 层）	车库	A、B、C 物流卸货区	枢纽 交通区	恭城路地下一层补偿
		D 物流卸货区		保留部分卸货区
		住宅区地下车库		大宇地块补偿（停车面积）
		北块车行出入口		规划一路增设 1 个车行出入口
	管理区	垃圾房		恭城路地下一层补偿
地下二层 （B2 层）		职工临时餐厅		港汇内部功能调整
		车库		大宇地块补偿（停车面积）
地下三层 （B3 层）		车库		大宇地块补偿（停车面积）

港汇既有地下室的功能在嵌入轨道交通徐家汇枢纽后，仍可保证港汇广场有机整体的有效运转。

（2）按不同区域划分

按照不同区域划分，可将地下空间改扩建分为历史文化街区、老旧社区、交通枢纽区域等几种类型。

1）历史文化街区

由于历史文化街区大多数都处于城市核心地带，面对经济发展所带来的用地压力，及用地商务价值飞速增长的诱惑，为了防止过度商业开发对街区格局、风貌造成不可逆转的破坏，近年来各地政府都针对历史文化街区制定了保护规划。

不可逆性是城市的新陈代谢过程之中的首要特性，城市在剧烈的结构变化之中，能否尊重城市历史发展脉络，促进城市积极演进，是至关重要的。历史建筑及其周边区域的保护和城市发展之间存的矛盾主要表现为：

① 历史建筑及街区保护与城市发展的矛盾。

历史街区大多位于城市核心区域，此类地区有着巨大的用地压力，越来越多的城市决策者在经济利益的驱使下，打着发展的旗号，以保护之名对历史建筑造成了不可逆转的破坏。

② 历史建筑外部空间与周边环境的矛盾。

历史建筑不能孤立的存在，它与其周边的物质与非物质环境相互影响，相互依存，构成了完整的历史建筑空间环境序列，发展过程中如果不对周边环境有效的控制，导致二者不能相互协调，就给城市空间环境留下隐患。

③ 新的生活模式与传统建筑空间的矛盾。

时代的发展使人们的生活习惯也发生了前所未有的改变，历史街区内，由于各种建设条件的限制，基础设施改造无法进行，长久的制约了历史建筑的有机更新和发展，严重影响了居住品质。

基于对于场所精神和城市新陈代谢规律的合理认知，为了有机传承历史街区所蕴含的场所精神，防止城市更新过程中的消极变化，一般认为地下空间的合理利用在解决城市历史建筑、街区保护与发展的矛盾时，与单纯的对地面结构性演变的控制有着较大的有优势，主要体现在以下几个方面：

① 利于城市的有机更新，促进经济发展。

几乎所有的传统地上空间土地利用类型都适用于地下城市空间。对于某些用地，使用地下空间则更具有优势。地下城市垂直向下扩张，有效地提高城市土地利用效率，减少空调和采暖的能耗，增加了城市可持续发展的空间。

② 利于历史建筑的持续发展，延续物质文化。

地下空间利用，解放了城市中心地带的用地压力，同时也给城市历史建筑提供了新的维度，对原有地上建筑形成补充。这些无疑都给历史文化的传承和延续提供了有效的支撑。

③ 利于街区空间环境提升，延续非物质文化。

建筑的本质是为人类生存生活服务的。历史建筑在经历了漫长的岁月洗礼之后，或多或少的会出现与新的生活方式不匹配的情况，会直接导致空间适应能力下降。合理地利用地下空间，可以有效解决这一矛盾，留住能够传承、讲述历史的原住居民，使非物质文化能够延续。

④ 提高历史街区的综合防灾能力。

设计合理的城市地下环境更为安全，它能够抵御各种极端灾害的侵袭，防火性能也较地面建筑有较大的提升，这些优势对于历史遗存的保护无疑更为有利。另外，对于设备管线也不会因为温度的波动而造成破坏，影响历史建筑的安全。从而提高了城市中心地区的安全性。

贝聿铭主持的卢浮宫扩建工程是历史文化街区地下空间改扩建的经典案例。卢浮宫博物馆的扩建工程尊重了场地的既有建筑场所精神，利用新的技术对场地进行有积极意义的扩建，很好地维护了场地的精神传承，空间处理严谨恢弘，又不失趣味性，宜人的尺度、清晰空间流线，为老建筑焕发新的生机作出了不可磨灭的贡献。

2）老旧小区

老旧小区由于建设年代久远、配套不足，目前存在的最主要的问题便是停车位严重不足，各地正在推行城镇老旧小区改造来解决停车难的问题。老旧小区多是2000年以前建成的，由于当时未能考虑到未来汽车保有量的快速增长；而一些建于20世纪80～90年代的小区停车位配建也严重不足。为了解决老旧小区"停车难"的老大难问题，住建部先后出台了相关政策，鼓励有条件地区配建公共活动场地、停车场。目前，多个省、市的老旧小区改造方案，明确把扩容挖潜增加停车位作为小区改造的重点问题。

以上海为例，在上海的大量老旧小区中，由于配套设施不完善，小区停车位严重不足，停车日益紧张，侵占绿化、侵占道路、乱停乱放情况严重，甚至出现了行人与车争路，车与小区公共绿化、公共锻炼设施争地的现象，直接影响居民生活质量，已成为上海这一特大城市可持续发展亟待解决的问题。这也使得城市地下空间开发利用同步加快发展成为必然，通过加大城市地下空间开发利用，在有条件的老旧小区试点规划、建设地下停车库，将能在老旧小区实行人车分离，还路于民，还绿于民。目前地下停车场（库）开发存在的问题主要是：土地资源紧缺，停车设施供地难；建设施工环境复杂，施工难度大；开发规划有待完善，综合性、系统性和协调性不足；产权制度不完善，投资主体产权不明晰。

随着地下空间开发技术的不断进步，针对老旧小区地面用地不足，出现了圆形筒状地下智能停车库等新技术，目前在老旧小区建设地下停车库的技术已经可行，下一步要在政策规划上加以完善。建议加强地下空间开发综合规划。地下停车库规划要纳入整个城市的规划中，应结合城市的现状及发展，综合考虑各种因素，满足不同规模的停车需要。地下停车库规划要与地下街、地铁车站、人防工程等地下设施相结合。建议把老旧居民小区地下停车场（库）的建设纳入规划中，提到议事日程上来。对在建、已批未建或规划的大型公建项目严格按规定配建停车库，在新的居住区要充分利用广场、绿地地下空间建设地下停车场，对有条件的老旧小区建设地下停车库进行试点尝试。同时，建立健全地下空间开发协调、管理机构和体系，应注重和鼓励地下空间开发利用，重视地下空间规划编制，通过政策和规划加以开发引导，借鉴发达国家的经验，在政府各层面明确负责地下空间开发利用的专门机构，负责统筹协调地下空间开发利用的重大事项。另外，还要加快完善地下空间专门管理部门设置，建立综合协调制度，构建协调利益关系的准则、方法和程序，明确管理职责，坚持公益优先，形成市场推动、专家咨询、部门监管、政府决策的管理体系。

3）交通枢纽区域

城市综合交通枢纽作为人们出行中各种交通方式的转换点，是人流最为集中的区域。在开发利用综合交通枢纽地下空间，提高出行效率的同时，也改善了区域交通环境，提升地区的整体品质。因此，开发利用综合交通枢纽地下空间具有多重优势。

① 缓解了城市用地紧张。

地下空间是人类潜在的和丰富的自然资源。开发利用交通枢纽导向下的地下空间，是缓解城市空间拥挤、交通堵塞、环境恶化等城市问题和城市症结的良策。合理和科学地运用地下空间能够实现城市的可持续发展，达到城市扩展空间资源、扩大承载能力、延续城市历史文脉、实现城市生态化、现代化的高要求。

② 缓解地面交通压力，提高区域可达性。

高效率的城市交通系统应具备快速到达、人车分流以及运载容量大等特点。但在土地利用已经趋于饱和的现状下，地面交通是无法实现的。通过地下交通枢纽的建设，可以形成集公交、停车场及配套服务功能为一体的交通枢纽综合体，减少车辆对地面道路资源的占用。同时，通过对其出入口的合理设置，可有效地改善区域地面交通整体运行状况。

③ 提高交通换乘率。

交通枢纽导向下的地下空间开发利用，加强了交通枢纽与大容量地下轨道交通车站的联系。快速到达的特性，提高了枢纽的客流集散能力，同时也为人们出行实现零换乘提供了物质基础，可促进区域公共交通整体性服务水平。

④ 消除对城市的割裂，提高城市区域的完整性。

随着城市功能不断的扩张，地面交通易造成对城市风貌的割裂、古城历史文脉的破坏，不利于城市基础设施的整合和有效利用。结合城市原有的道路交通和轨道交通，将客运站地下化，建设综合交通枢纽，有利于整合城市整体发展，改善地面环境，提高城市综合效益。

⑤ 整合区域地下空间资源，带动区域经济的发展。

通过地下交通枢纽的建设，将其与周边区域的地下空间开发有机结合起来，整合区域地下空间资源，有利于发挥地下空间的综合效益，提高土地的使用效率。形成以地下交通枢纽为核心的空间体系，带动区域经济的发展。

日本的新宿车站无疑是地下交通枢纽改扩建成功案例，新宿 (Shinjuku) 素有东京副都心之称，现已成为东京的重要商业和办公中心。由于 CBD 区域用地紧张，地下街从单纯的商业性质演变成具有多种城市功能。东京新宿车站地下空间就是其中的典型，其交通、商业和其他设施共同组成功能相互依存的城市综合体。与新宿车站一起的新宿中心，是汇集了 JR 线、地铁、私营铁路共十数条电车的日本最大的枢纽站，每天乘客多达 80 万人次，站内出入口极多，与地下商业设施合为一体，犹如一座巨大的迷宫。其在改造规划中的站城一体的设计理念，充分利用了新宿车站交通枢纽优势，创造富有价值的商业空间，方便人流与商业的联系，构建了有机的交通与商业综合体；同时，地下与地上功能的有机复合，提供集合商业、艺术、文化娱乐一体化的购物天堂，创造一个多元功能、充满活力的城市空间；倡导人行优先的顺畅步行体系，挖掘了地下空间的功能潜力，对区域机动交通进行了渠化组织。同时，地下空间与自然环境的有机融合，巧妙的引入阳光和绿色，提升了地下空间的环境质量（图 2-21、图 2-22）。

图 2-21　日本新宿车站实景照片[52]（一）　　　图 2-22　日本新宿车站实景照片[53]（二）

2.2.2　地下空间改扩建工程特征

目前，地下空间改扩建工程特征主要分为：对原有地下工程的功能转换提升、对原地下（地面）空间进行空间的拓展利用、交通枢纽或轨道交通车站换乘需求空间、地下空间之间的连通、地下工程平移五大类。

（1）地下工程再利用

通过对原来地下工程进行重新改扩建利用，达到新工程的使用要求。

1）上海轨道交通徐家汇枢纽改扩建工程—功能转换提升、轨道交通站换乘

徐家汇是上海最早启动建设的城市副中心，是重要的市级商业中心和交通枢纽。轨道交通徐家汇枢纽是当时上海市轨道交通网络中唯一的一个三条市域线交汇的大型换乘枢纽。其中的 9 号线车站利用既有地下室改建而成，11 号线车站设于拟建改造地块中，两条新建轨道交通车站都避开了主要交通道路，很好的解决了车站实施对徐家汇商业中心区域交通、商业和环境的影响[54]。

①车站及（港汇广场）地下室平面功能分区。

建筑综合体（港汇广场）地下室共有三层，其中地下一层主要由两部分功能组成：

公共开放区域及设备辅助区域。公共开放区域设有一些超市、商铺及与轨道交通 1 号线连接的公共走廊及为商业办公、住宅配套的地下车库；设备辅助区域主要为商办主楼配套的卸货区、垃圾房及一些设备用房。整个地下一层的层高为 5.2 ～ 5.8m（图 2-23）。

(a)　　　　　　　　　　　　　(b)

图 2-23　港汇广场商业实景

地下二层、三层主要为港汇广场商办楼及住宅楼使用的地下车库，层高分别为 3.8m 及 3.9m（图 2-24）。

图 2-24　港汇广场与地铁 1 号线连通口

根据 9 号线及 11 号线的站位设计，对港汇地下室的各层功能布局与轨道交通枢纽功能进行统一规划，合理布局。

②设置合理的车站功能。

9 号线的站厅沿商办楼与住宅楼间的道路平行虹桥路设置，11 号线站厅沿恭城路设在待开发地块。在港汇广场地下二层设 3 条 12 ～ 20m 宽的公共步行通道分别通向 1 号线、

9 号线及 11 号线的站厅。三条步行通道形成"Y"形，汇聚于港汇的主入口处，形成人流集散的枢纽。

改善换乘节点处的空间效果，保证地下一、二两层的付费区与非付费区的集散大厅达到视觉空间上的贯通，在三条通道的汇聚处拟设圆形中庭，丰富空间效果。

地下二、三层港汇广场的地下车库，因 9 号线车站站台层的设置，将商办与住宅的地下车库分为南北两部分。利用 11 号线与港汇广场地下室围合部分为地下车库，可作为对港汇损失的停车功能的补偿。

加宽、改造 1 号线与港汇广场的连通口。在 1 号线站厅层设两条 17m 宽通道与港汇连接，地下一层设非付费区连接通道接入港汇广场，地下二层设付费区连接通道接入港汇广场。

利用地下一层贯通的公共集散大厅，合理使用设备资源及面积，对 9 号线及 11 号线主要设备及管理用房进行综合布置。在 9 号线及 11 号线 L 形相交的转角厅设综合设备管理用房，两线共享资源设置，合并设置消防泵房、弱电综合机房、站长室、车控室、收款室、警务、公网等房间，于 11 号站本体集中设置两站共用的集中冷车站，实现资源共享（图 2-25 ～图 2-27）。

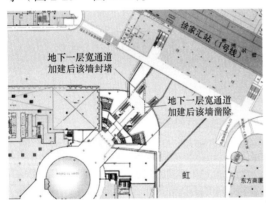
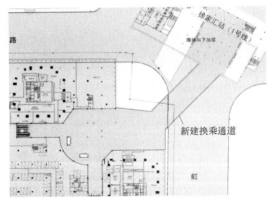

图 2-25　1 号线与港汇广场连接通道（地下一层）　图 2-26　1 号线与港汇广场连接通道（地下二层）

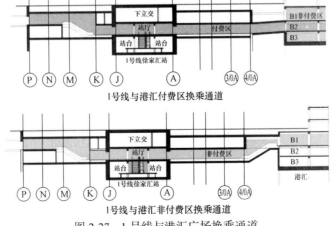

图 2-27　1 号线与港汇广场换乘通道

③建筑物功能正常运转。

利用建筑物（港汇广场）地下一层公共人行区域，设置 9 号线及 11 号线的站厅、公共连通走廊及商铺，原港汇广场的设备用房及地下车库保留。并利用 11 号线站主体与港汇地下室之间的围合空间补偿港汇地下一层停车及卸货功能，在嵌入地铁功能后，仍能保证建筑物的正常商办、住宅功能。

2）人防工程改综合管廊

上海徐汇区肇嘉浜路（天平路 - 大木桥路）中央绿化带下方是 20 世纪 70 年代建设长约 3.5km 的防空洞，曾是当时上海规模最大的两条人防通道之一。通过改造成为综合管廊，容纳了电力、电信等多种管线（图 2-28、图 2-29）。

图 2-28　改造前 [55]　　　　　　　　　　　图 2-29　改造后 [55]

上述两个案例中，对原有地下工程进行再利用，通过结构改换、加固等方式，满足所转换新功能的需求。对原有地下工程利用，首先要满足新功能使用的安全要求，需要先测试原有地下工程的结构安全性，并有足够的措施能保障改建与再利用期间的结构安全。

在改扩建地下空间工程中，还要注意层高是否满足新功能的需求，连通位置与出入口设置要结合地面空间、原有轨道交通站以及新建工程选址进行综合考虑。在徐家汇交通枢纽工程中，原建筑物地下一层层高为 5.2 ～ 5.8m，地下二层层高为 3.8 ～ 3.9m，两层层高加起来约为 9m，正好和地铁站厅层层高相符，巧妙地把地下两层改为一层，达到了新建轨道站的层高需求。地下人行通道也利用了两层的空间设置，分别通向 3 个地铁站的站厅，人流汇集的区域设置于港汇广场的主入口处。这样的设计保证了新功能的使用，也保证了交通疏散的要求。

3）中国国家博物馆改扩建工程 - 基础空间改为管道空间

中国国家博物馆改扩建工程充分利用原有地下基础空间改造成为管道空间。老馆原建筑地下部分是条形基础及局部筏板基础。因原建筑的地下基础部分在原先建设之时没有完全回填，地下部分在条形基础及地梁的围合下，形成大大小小的基础空间。改扩建工程对基础空间进行重新利用，以弥补大量机电设备主管线空间不足的矛盾。老馆地下空间改造后与新馆地下室之间，设置钢筋混凝土地下管廊作为连接设施。新建管廊与新馆地下室主体建筑为同一结构体，从地下室外墙侧壁向外延伸[55]（图 2-30）。

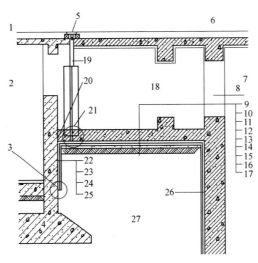

图 2-30　老馆中部基础与新馆地下管廊交接设计[56]

（2）拓展地下空间

通过拓展，利用原有道路等地下空间，把大量的过境交通转移到地下，地面空间可以进行重新优化利用，这是城市更新中利用地下空间进行改扩建的一种常见方式。

利用广场、绿地等公共性用地地下，拓展地下空间也是地下空间改扩建的常见方式。如巴黎卢浮宫广场地下开发利用，在保护历史文化建筑情况下，很好的拓展了公共空间。上海中山公园、静安寺广场、人民广场等都在广场、绿地下地下空间进行了大面积开发利用。

1）中山公园一号门地下工程 - 绿地下地下空间利用

中山公园区域是上海市中心城区的主要商圈之一，中山公园一号门紧邻地铁 2、3、4 号线中山公园站与龙之梦购物中心、玫瑰坊商业街等繁华商业街区。由于中山公园位于地铁站尽端区域，且长宁路交通繁忙，因此该路段过街不便。中山公园人流量非常大，周边又是老居住社区为主，停车位非常短缺。

为此，在一号门区域开挖地下三层，地下一层主要为配套文化活动展示，并与现状小马路地下商业之间进行连通。地下二层、三层为机动车停车库，能停放 450 多辆机动车，缓解了来公园及周边区域的停车难矛盾。

地下工程预留了 2.5m 的覆土厚度，以保障上方绿化特别是乔木的种植。并采用管幕法等施工技术，保障实施过程无泥浆渗入土壤，也保护了该区域的土壤环境。

在该方案中，还把相邻的原人防工程进行连通与改造。拆除现有地下一层人防，人防区域放到增加的地下二层、三层空间。原人防工程与车库连通道设置在地下一层，通过增加楼梯，连通到新建地下一层人防区域（图 2-31～图 2-34）。

图 2-31　拟建位置图

图 2-32　鸟瞰效果图

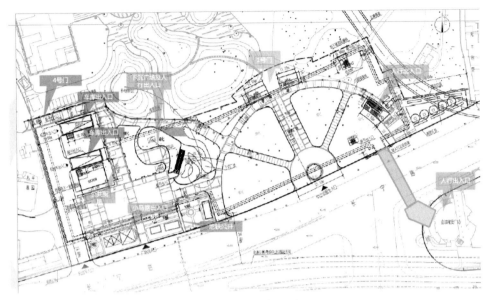

图 2-33　平面布置图

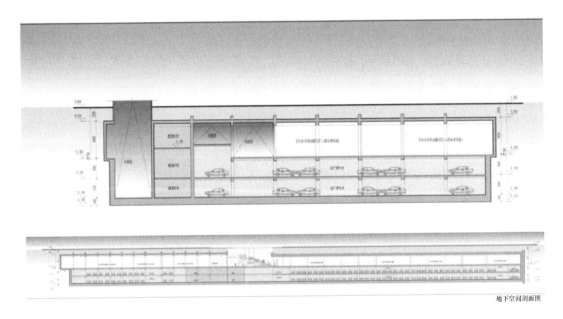

图 2-34　剖面图

2）上海外滩地下工程 - 地上交通地下化

上海外滩是上海城市的名片，外滩黄浦江沿线有 33 幢历史保护建筑，既是中心城区南北向的交通走廊，又是著名的旅游热门景点，每天的人流量和车流量都非常大，外滩地面道路承担了南北高架以东地区过苏州河交通量的一半，其中 70% ～ 80% 都是过境车流，大量川流不息的车流与过路到滨水岸边的游客之间形成了非常大的相互干扰。2008年，启动外滩地区交通综合改造工程，拆除了延安路高架到外滩时拐弯的下匝道，新建外滩通道，从地下分流过境交通。改造后，将大量过境车流分流至地下，外滩地面道路规模由原来的双向 11 车道，缩减为双向 4 车道，地下建双层双向小车专用通道。改造后，把地面空间释放出来给行人和景观，大大缓解了人车干扰严重的交通问题，并且提升了外滩公共空间品质。

外滩通道的隧道外径达到 13.95m，由北向南先后下穿南京路人行地道和上跨地铁 2 号线区间，再向南穿越延安路隧道，在建成运行的大直径盾构隧道上方进行开挖。在新开河路南侧，外滩通道跨过人民路隧道。十六铺地区的地下一层布置外滩通道，地下二层是行人联络通道和配套商业服务设施，地下三层是小车停车场。自然光可从天窗透入地下二层开发空间，外滩通道则以侧向开敞方式解决通风和排烟问题（图 2-35 ～图 2-37）。

图 2-35　外滩改造前 [57]

图 2-36　外滩改造后地下通道 [57]

图 2-37　外滩滨水区城市设计方案效果图 [58]

3）美国波士顿中央干道地下化改造 - 地上交通地下化

美国波士顿中央干道地下化改造工程是世界上闻名的城市更新项目。波士顿是美国东北部英格兰地区最大的港口城市，波士顿中央干道原始 6 车道的高架道路，建成于 1959 年，到 20 世纪 90 年代中后期，成为美国最拥挤的城市交通线。中央大道高架路穿越中心城区，成为中心城与波士顿北区及相邻滨水区的一道割裂线，对相邻区域的经济活动也产生了不利影响。

地下化改造工程在现有 6 车道高架路的地下修建 8~10 条隧道，北接查尔斯河上的大桥（Leonard P. Zzkim Bunker Hill Bridge），南段连接 93 号洲际公路。

地下高速路建成后拆除原来的高架路，对地面空间进行再开发利用，兴建了 300 多英亩（1 英亩 ≈ 4046.86m²）绿地和开放空间，修复了滨水空间与波士顿北区之间的联系。通过对高架路地面和地下空间的利用，达到了改善交通、改善城市环境从而带动片区的活力 [59]。

4）巴黎卢浮宫 - 广场地下空间利用

法国巴黎的卢浮宫原是法国最大的王宫建筑群之一，公元 1768 年改为皇家博物馆，1793 年正式对外开放。20 世纪 80 年代，时任总统密特朗助力实施"大卢浮宫计划"，由华裔建筑师贝聿铭主持设计了著名的玻璃金字塔，建在原 U 形建筑前的广场上，地下为博物馆的入口大厅。改造后的广场地下空间连通到卢浮宫原博物馆，通过"金字塔"地下入口大厅，有了足够的博物馆服务空间，包括：接待大厅、售票处、小卖部、更衣室、办公室、休息室等，并优化了原来的参观路线，将各分馆展览空间紧密而高效地连接起来（图 2-38、图 2-39）。

图 2-38　卢浮宫玻璃金字塔　　　　　　　图 2-39　卢浮宫玻璃金字塔地下大厅

5）上海静安公园 - 绿地下空间利用

上海静安公园位于繁华的南京西路上，华山路东侧、延安中路北侧，其对面即为静安古寺。1998 年，静安区政府以地铁 2 号线、延安路高架建设为契机，对静安公园实施改建。改建包含了地铁静安寺站及其下沉式广场，地铁站是上海地铁 2 号线、7 号线及 14 号线的换乘站。通过下沉广场将地铁站出入口、地下商业与地下停车、人流很好的组织起来。下沉广场也成为社区公共活动的场所（图 2-40）。

（3）地下空间之间进行连通

原有地下空间之间加设地下通道进行连通，或新建地下空间与相邻地下空间之间加设地下通道进行连通。城市中心区增设地铁站后，原地下空间需要与地铁站进行互联互通，或者在商业中心区或商务办公区之间，增设地下人行连通道与地下车行连通道，以便于各地块之间的地下空间互联互通。

1）宁波中山路地下街 - 与原地下空间连通

宁波中山路是宁波市东西向重要的交通干道以及商业街区。2014 年地铁 1 号线开通后，在轨道交通东门口站至鼓楼站区间，利用地铁隧道上方，建设了长约 460m，共有 14 个出入口的双层地下商业街。地下街与周边的天一广场等重要的商业体进行连通（图 2-41、图 2-42）。

图 2-40　静安公园下沉广场

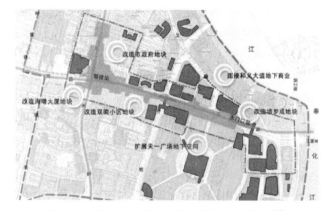

图 2-41　宁波中山路地下街与周边地下空间[60]

图 2-42　宁波中山路地下街与原天一广场连通道

2）巴黎里昂火车站 - 历史建筑下方空间与地铁站连通

巴黎里昂火车站是法国最大的铁路交通枢纽之一，年运送旅客数量超过 8300 万人次。里昂站是法国第一条高速铁路东南线的起点站，地铁 1 号线、14 号线、巴黎郊区快铁 A 线、D 线以及郊区铁路 R 线也经过了巴黎里昂站的地下。一号大厅一侧的蓝色火车餐厅（Le Train Bleu）是法国历史文物。大厅内设置了通往地铁站的出入口以及地下连通道（图 2-43～图 2-46）。

图 2-43　巴黎里昂火车站 1 号大厅
通往地铁站地下出入口

图 2-44　1 号大厅一侧的蓝色火车餐厅

图 2-45　巴黎地铁站台内景（1）

图 2-46　巴黎地铁站台内景（2）

值得注意的是，历史文化街区的地下空间内饰均呼应了当地历史文化元素，形成了别具一格的地下空间文化景观。

（4）地下工程平移

地下工程平移是为避让市政建设、重要设施或避开危险因素，而把原有工程包含地下空间与部分结构进行平面位置的转移。工程平移能保障原有地面、地下空间的完整，保护原工程重要的历史文化、建筑元素等信息，在社会、文化、经济、安全等综合因素评估下，可采取工程平移的方式。

上海玉佛禅寺大雄宝殿平移、顶升施工的顺利完成是移位领域一项重大技术突破，是国内首例木结构文物建筑带佛像整体平移、顶升工程。

福建厦门后溪长途汽车站主站房完成 90° 旋转，主站房建筑面积 2.28 万 m^2、总重量 3.018 万 t，采用了交替步履式顶推平移技术。为了给福厦高铁腾出建设地块，决定以平移的方式将主站房整体"搬家"，可有效避免因拆建产生的建筑垃圾和建材浪费，并可大幅降尘、降噪，实现生态环境友好。主站房平移后，将继续新建地下室、发车平台、室外景观和道路等工程，建成后将全面提升厦门后溪长途汽车站的服务能力[61]（图 2-47、图 2-48）。

图 2-47　福建厦门后溪长途汽车站主站房平移前[61]　图 2-48　福建厦门后溪长途汽车站主站房平移后[61]

2.3　地下空间改扩建的规划原则

城市土地资源的稀缺，以及交通拥堵、环境污染等城市综合征，促使地下空间的开发利用越来越得以重视，特别是在城市中心、交通枢纽、高强度开发的商业商务区等区域，需要大力开发利用地下空间以使单位土地资源价值最大化，并有效改善城市综合征。由于地下工程建设量与难度大、造价高，并具有很强的不可逆性，充分论证、协调，避免工程浪费，显得尤为重要。

地下空间改扩建应符合如下原则：

（1）保障地铁、枢纽、高架道路、市政管廊等城市重要基础设施的建设和运维

避免地下空间改扩建工程影响这些重要基础设施的安全、建设与使用。地下空间改扩建工程要区分是否是城市重要基础设施，如非城市重要基础设施，则应符合国家、地方政策以及相关规范，进行避让。如地下改扩建工程属于重要基础设施，则要采取科学可靠的手段，对其影响范围内的其他基础设施进行保护，并结合难易程度进行避让。

（2）保障城市重点区域交通、市政设施、经济活动正常运行

地下空间改扩建工程的选址、规模、建设方案要科学合理，要考虑建设时期对该区域的交通、市政管线与设施的运行，以及区域内商业、办公等经济活动的正常运行。如不得已影响时，也要充分论证，确保影响范围与时段最小化。

（3）保障建设实施方案集约经济性

地下工程建设、管理与维护成本都是比较大的，且地下工程具有不可逆性。因此，地下空间改扩建工程要经过多方案比选，确保其建设规模合理、技术手段科学、工程综合节约以及建设维护经济。

（4）优先保障城市基础设施、公共空间服务设施或者其他城市公共利益项目

鼓励地下基础设施、地下公共空间以及其他公益性地下改扩建工程项目，鼓励项目节能减排，促进低碳绿色更新。

（5）保障周边设施安全与正常使用

地下改扩建工程要充分考虑对周边既有设施或规划设施的结构安全影响，要充分做好工程建设安全性评价。地下改扩建工程建设完成后，也要保障周边设施的正常使用。

（6）注重对城市生态资源、文化资源等特色资源保护

地下改扩建工程建设特别要对该区域生态资源与文化环境的保护，不得破坏历史文化环境，鼓励通过地下空间改扩建来拓展更多的绿地等生态空间。

（7）注重对地上地下一体化设计与利用

地下改扩建工程不是独立的，要充分结合地面、地上建设情况，形成立体化、综合化、一体化开发利用。

2.4 地下空间改扩建的规划阶段任务

从 1997 年建设部颁布的《城市地下空间开发利用管理规定》，到此后的《城乡规划法》，国家都明确将地下空间纳入城市规划的要求。《物权法》中对地下空间建设使用权的管控，政府对地下空间规划和管理愈加的重视。目前，我国特大城市地下空间开发总体规模和速度已居世界同类城市前列，尤其是地下交通设施建设、城市大型地下综合体建设取得了巨大的成就。但既有地下空间存在地上地下空间关联差、开发不集约、某些新城地下空间规模偏大等问题，从而造成了地下空间资源浪费和低效使用。此外，地下空间和城市规划脱节，缺少有效的规划控制，难以发挥整体协同的控制效果。因此，既有地下空间改扩建的规划和编制已成为缓解城市存量土地紧张和交通拥堵两大发展瓶颈的有效途径。

根据《中共中央国务院关于建立国土空间规划体系并监督实施的若干意见》（中发〔2019〕18 号）要求，国土空间规划体系分为"五级三类"，即分为总体规划、详细规划、相关专项规划三类和国家、省、市、县、乡镇五级。地下空间规划作为相关专项规划，在其批准后纳入国土空间规划"一张图"。地下空间规划在国土空间规划的体系下，与"总体规划"相对应的为"地下空间总体规划"；与详细规划相对应的"地下空间控制性详细规划"和"地下空间城市设计"。地下空间改扩建也应当在此规划体系下进行规划和管理，但规划重点任务和规划要点在每个阶段都更关注对既有地下空间的重新利用。地下空间改扩建总体规划阶段一般应用于既有地下空间已经有较大规模开发的大城市，规划重点是为了对地下空间土地的再利用，对公共设施、基础设施等作出更为合理的安排，

以便于后续详细规划进一步衔接。主要包括为对既有地下空间的资源评估、地下空间规划的发展思路、地下空间的容量需求、地下空间的布局形态和功能分布，以及近期地下空间改扩建的重点控制和引导措施。地下空间详细规划阶段是为了解决已有明确开发意向和实施主体的规划控制。地下空间改扩建控制性详细规划阶段一般应用于城市局部地段改造或城市中心区域开发，更注重对城市地下空间目前面临的矛盾通过要素管控的形式进行解决，从而正确引导开发行为，实现土地价值提升。其控制要求可直接指导地下空间城市设计或地下建筑设计。主要包括规划范围和目标划定，既有地下空间再利用的可行性、规模和总体布局，地下空间交通、公共设施、防灾等各系统规划，地下空间的开发时序和投资效益分析。地下空间城市设计是实现控制性详细规划从二维到三维控制的关键，是对地下空间内部环境作出整体构思和安排，并就地下建筑和工程实施设计作出详细指导。地下空间改扩建城市设计，主要包括对重要地段（如有地下商业设施、大型地下市政基础设施、地下停车设施），结合所在地区的上位规划，对地下空间进行内部形态的组织和设计，提出详细规划的控制性和引导性要素，并指导地下建筑和工程实施设计。

2.4.1 地下空间总体规划阶段

在新一轮的国土空间体系下，地下空间总体规划重点需要基于全域、全要素的管控思维，整合相关的基础信息数据，开展地下空间的适宜性评价，划定地下空间的生态红线，明确地下空间的总体发展格局和规模，明确地下空间各类功能设施系统的空间布局与相互关系。地下空间开发利用总体规划阶段的规划期限和范围，应该与城市总体规划的期限范围相一致。

（1）地下空间的资源调查和评估

地下空间的资源调查和评估，是针对既有地下空间资源在平面和竖向分布上进行空间分布特征、数量、种类和适宜性调查，并针对地下空间的优势、劣势等条件进行科学分析，最终得到可供有效利用的地下空间资源。在资源调查评估过程中，需遵守城市现状的建设成果，并与城市的未来发展规划相适应。

地下空间的资源调查和评估首先是要建立评估要素，应重点关注自然环境、社会经济、建设条件的影响。

其中，自然环境条件包括地形地貌、工程地质、生态绿地、水文等要素。可以根据自然条件对地下空间资源开发的适宜程度，分为适宜、基本适宜以及不适宜开发三种层次；社会经济条件包括人口、土地资源、交通、历史文化等要素条件。通过这些要素可以评估地下空间的潜在开发价值；地下空间的改扩建都是在既有地下空间的基础上进行建设，因此对现状地下空间的评估极为重要。既有地下空间包括了特殊地下空间（地下埋葬物、文物、保护建筑等），共同管沟、地下轨道、下穿隧道、地下商业街等线形空间，以及地下轨道交通站点、地下人防、地下停车、地下商业等点状的线形空间。这些既有地下空间需纳入地下空间统筹考虑，评估其建设条件。一般情况下，特殊地下空间

（地下埋葬物、文物、保护建筑等）以及其影响范围应予以保留，避免地下空间的开发利用。地下市政、交通设施类等线形空间需要设置一定的保护范围，在保护范围内不推荐对地下空间进行开发利用。地下轨道交通站点、地下商业等点状地下空间，可整体开发利用。

在实际评估过程中，可以根据不同城市、项目不同特点选择不同要素指标，在此基础上，通过选定评估分析模型、确定评价因子的权重，建立相应的资源评估体系。采用层次分析法、因子分析法、影响要素逐项排除法、多因素综合评判法等评估方法，利用GIS技术，通过不同要素的分析，能够将地下空间资源进行工程适宜性分级，从而提出相应的管控要求。

1）适宜改扩建区域：规划区内各种地下空间改扩建较为容易的区域，土地价值最高的区域。例如，城市拟拆迁改造区域、城市核心商业商务区、交通枢纽核心区等。

2）限制改扩建区域：满足特定条件，或限制特定功能，或限制规模开发利用的地下空间资源。例如，已建区需要结合旧城改造项目实施，或者在广场、操场、公园绿地地下进行适量开发，结合人防，并能为周边地块服务，具体根据城市的不同需求确定。涉及旧城改造的应引导进行公益性地下空间、人防等防灾设施、地下交通设施、地下市政设施以及地下停车共享的地下空间开发，在商业等公共服务设施缺乏区域可引导设置适量的地下商业等公共服务设施。

3）禁止改扩建区域：基于自然条件或生态发展要求，在一定时期内不得开发的地下空间资源。例如，对城市生态环境有重要影响的区域、文物风貌保护区、有严重地质灾害的区域、水源保护地等。

（2）地下空间重点改扩建区域

地下空间改扩建重点是要解决土地紧缺问题、交通问题、环境问题，因此改扩建的重点区域一般为城市公共活动集聚区、高强度开发区。例如，城市中心和发展轴、交通枢纽、商业商务集中区域、医院体育馆等重要公共建筑、商业街、公园广场、主要轨道交通车站等区域。

如，福建省泉州市地下空间开发利用规划，选取中心城区的商业中心和旧城改造区域作为重点改扩建的区域进行研究。

中心东片区的丰泽广场及周边区域为地下综合体开发模式，主要特点是市级商业中心区域，结合新建商业广场项目进行综合开发。规划设置地下人行过街通道，将大部分人行交通从地面分离至地下，缓解地面交通压力；设置地下综合商业休闲广场，连接其他地块内部商业，整体设计，通盘考虑；设置地下停车场，将现状的地面停车转移到地下，并为远期停车需求做好预留，将地面交还居民和绿化景观，提高城市品质；为远期发展适当预留空间，以便于后续进行灵活性开发建设。

古城区的县后街区域为旧城改造区域，点式连片改造开发模式，主要特点是古城保护性开发建设，周边分布其他多种资源，公园、酒店、优良的教育和医疗资源，这些资源大大提高了地块的价值，但同时也增加了项目周边的交通压力。但是地下空间利用率低下，且地下空间建设凌乱，多为自发建设，没有体系，缺乏统一规划。地下空间的开发建设能有效解决区内交通混乱、空间容量饱和等古城区常见问题，同时更充分地发掘文化内涵，进一步改善地面居住环境；妥善处理好古城保护和城市发展的矛盾。

规划坚持地下开发同旧城改造结合，抢救保护为主的原则，对文化建筑注重整体保护，地下文物区应严格限制地下空间再开发；地块内有一定量的古树、古井等，对这类文物除了进行地面保护和必要的退让外，地下空间的建设中也应充分考虑保护避让。地下一层设置地下道路和地下停车场，疏解交通流，缓解地上交通压力，解决地面道路面积不足问题；同时设置适当商业，补充地面商业，最大化保留地上建筑原有风貌，保持原有的建筑密度，分离部分人流到地下，为地面减负，并集聚人气。地下二层主要为地下停车，并适当地将地下停车相互连通，区域停车共享（图 2-49）。

图 2-49　泉州市古城区的县后街区域地下空间布局图

（3）地下空间重点改扩建功能

既有空间的改扩建，不仅是为了扩大城市容量，也是在一定程度上解决城市在发展过程中所产生的一系列交通、环境等问题。地下空间的功能布局需符合城市总体规划的要求，一般包括地下交通设施、公共服务设施功能等，形成具有良好连通性、整体性的综合地下空间。地下开发功能为地上建设功能的延续与补充，原则上不能突破用地性质。

1）地下交通设施

人行设施：过街通道、地下街道、地下中庭、下沉广场等。

车行设施：地下停车系统、地下公交枢纽、地下交通换乘系统、地下道路、过（山）江隧道等。

轨道设施：地铁车站、地铁线路等。

2）地下公共服务设施

地下商业服务设施：地下超市、地下商业街、地下餐饮、地下商务办公等。

地下文化娱乐设施：地下博物馆、图书馆、地下音乐厅、地下影剧院、地下展览馆等。

地下体育休闲设施：地下小型体育场馆、地下游泳池、地下健身室等。

地下行政办公：地下行政办公、地下指挥中心、地下管理用房等。

地下医疗服务：地下医疗救护中心、地下血库等。

地下教育科研：地下实验室、地下图书室、地下阶梯教室、地下影音室等。

3）地下市政设施

包括地下管线、共同管沟、地下变配电所、地下水泵房、地下能源站、地下雨水滞留设施、地下垃圾处理设施等。

4）地下工业生产设施

包括地下工业厂房、地下仓库、地下精密仪器用房等。

5）地下仓储设施

包括地下冷库、地下特殊品仓库、地下装卸车位和场地等。

地下各设施系统应统筹规划、一体化布置，妥善协调不同时期建设矛盾，考虑工程建设的可能性。建议地下空间开发模式以网格式为主，鼓励地下互联互通；鼓励地下停车、地下市政等设施共用、联合开发。

（4）重要基础设施的规划控制

地下重要基础设施与城镇化进程、经济增长密切相关，有利于提升城市整体公共服务设施水平，并增加社会的可持续发展力。由于地下重要基础设施的建设工程量巨大，工期耗时长，短期不可能建完或开工建设，因此在城市地下空间规划改扩建过程中需要为这些基础设施的开发建设预留和控制地下空间，统筹考虑。

1）重要基础设施规划原则

地下重要基础设施包括地下轨道交通设施、地下综合管廊、地下车行通道、地下人行过街设施等。各类基础设施规划应遵循以下原则：

① 地下各类基础设施规划控制范围内，原则上禁止非基础设施类的建设，在规划保护范围内限制建设影响城市基础设施安全的其他建（构）筑物。

② 有冲突的基础设施之间，应遵循简易避让难的、先建预留后建的、后建保障先建的原则。

③ 地下空间综合开发区域鼓励地下各层设施共建共享。

2）地下轨道交通设施控制

在轨道交通设施的建设过程中，在规划控制保护地界内，应限制新建各种大型建筑、地下构筑物，或穿越轨道交通建筑结构下方。必要时，须制定必要的预留和保护措施，确保轨道交通结构稳定和运营安全，经工程实施方案研究论证，征得轨道交通主管部门同意后，可依法办理有关许可手续。

在城市建成区，当新建轨道交通处于道路狭窄地区时，在规划控制保护地界内，其工程结构施工应注意对相邻建筑的安全影响，并应采取必要的拆迁或安全保护措施。

在规划线路地段，应以城市道路规划红线中线为基线，控制保护地界；当规划有两条轨道交通线路平行通过，或线路偏离道路以外地段，该保护地界应经专项研究确定。

3）地下综合管廊规划控制

综合管廊的平面位置确定，主要考虑道路横断面布置、规划管位的合理安排以及管廊附属设施的合理布置。在地下空间的改扩建过程中，如与既有综合管廊产生矛盾，应避开管廊，并根据明挖或非开挖施工法等不同方法保持最小控制范围。如综合管廊为新建，地下空间则需要将其纳入统筹考虑。

此外，综合管廊应与地下车行通道、地下人行通道、地下轨道交通及其他相关建设项目协调。

2.4.2　地下空间控规阶段

地下空间的控制性详细规划阶段，是以地下空间总体规划、地面控制性详细规划为依据，主要针对地下空间（包括公共属性和非公共属性）提出规定性或者引导性的控制要求。重点是确定地下空间的规划布局，明确开发边界，明确开发功能及建设规模，明确各地块退界、出入口布局、竖向标高、连通道布局及预留、安全等控制要求。一般情况下，可纳入地区控制性详细规划，作为地下空间自觉保护与开发利用的规划管理及设计、建设的依据。地下空间的控制性详细规划主要通过指标、图则和文本相互交叉形成完整的规划控制体系。在整个体系中，最基本的指标是作为管理的依据，图则是对这些指标进行定位和直观显示，文本是对一系列控制要素指标和实施细则的细化说明。

控制性详细规划多应用于经济基础较好、城市发展水平较高的区域，通常以城市局部地段的改建或者是核心区的开发为主要对象，以解决日益严重的土地利用和城市发展的矛盾。控规阶段是城市地下空间规划和管理、规划和实施的重要依据，更注重于对城市地下空间形体和功能的控制和指导，具有较强的针对性。其编制的目的是控制土地出让的依据，从而更有效地引导规划行为，实现土地开发的综合效益最大化。

（1）地下空间控规与上位规划的衔接

地下空间的建设需要考虑与国土空间规划、地面控制性详细规划、地下空间总体规划、地下空间专项规划的衔接，重点是深入分析整体区域的开发和建设背景，把控整体区域的规划和开发要求。

（2）地下空间现状调查研究

在控规阶段，地下空间的改扩建区域需要更重视对现状的理解和认识。通过对现状地形地貌、城市土地利用现状、城市现状地下空间类型及规模、现状地下市政基础设施、城市道路和公共交通的掌握，了解现状地下空间存在的一系列问题，后续有针对性地解决问题。

（3）地下空间规划目标的确定

确定整体区域的规划原则、目标和研究重点，并提出地下空间整体开发建设的规模、强度和深度要求。

（4）地下空间的技术体系和管控要素

由于地下工程建设具有不可逆性，在控规阶段地下空间更需要根据地面控规、改扩建的要求，安排好地下空间的用途，同时，做好控制和预留，提供能够提高土地效能的控制指标。控制要素整体采用刚弹结合的方式。地下空间的管控体系归纳起来可分为地下土地使用、地下建筑、地下交通、地下环境与设施、地下市政、地下防灾设施6大板块内容（图2-50）。

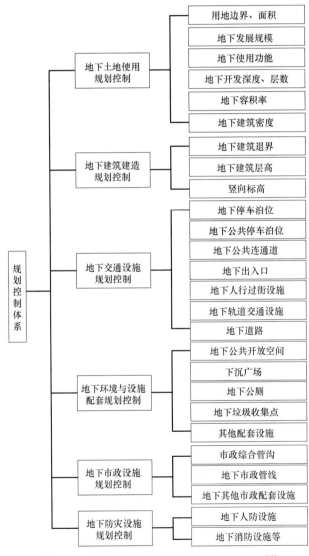

图2-50 地下空间控制性详细规划控制体系[62]

基于既有地下空间的改扩建阶段，重点需要关注以下要素：地下用地的边界、地下使用功能是否改变、地下开发的深度和层数、与既有建筑的标高关系以及连通关系、与既有基础设施的退界控制、地下空间的停车泊位数是否满足、地下出入口的控制。

1）地块划分

一般既有建筑的地下空间，鉴于建设权属的复杂性，要兼顾地面用地的产权，或用地单一性的要求，可按照地面的地块划分，在公共地块下的地下空间应独立划分。

2）用地性质

地下空间的用地性质是地面的补充，同时竖向上可进行不同层次的用地功能拓展，因此不同层次不尽相同。具体可根据《城市用地分类与规划建设用地标准》（GB 50137—2011）的分类标准确定。既有地下空间用地性质取决于改扩建之后地下空间规划的使用功能是否发生变化。地块整体定位的提升、地下重大基础设施、重大公共服务设施的增加等直接影响到地下空间使用性质的变化。

3）容量控制

根据地面整体区域的开发强度，结合地下空间的功能布局，推算出地下空间整体的需要增加的开发量（包括商业、停车等功能），以及总体竖向开发层数。

4）竖向控制

目前国际上地下空间开发主要以浅层为主（0～30m），重点开发20m以内的地下空间。竖向层高一般分为几种形式：地下以商业为主，竖向净高需保持在6.5～7.5m，以保持行人使用的舒适性；如以停车为主，净高控制在4m左右；如果为机械式停车，净高控制在4.5～5.0m。地下空间的改扩建需要考虑与周边建筑的连通，如改扩建之后的地下商业、地下停车尽量与周边建筑地下同类型功能的标高保持一致性，以增加土地的集约性。

5）建筑物退界

单体建筑的地下部分一般不超过红线，某些特殊情况下可能与红线重合。在公共空间和地块建筑的连接处，要求地下建筑物后退红线至少5m。在改扩建过程中，地下空间需要与周边的重大基础设施、既有的建筑物确保一定的安全防护距离。

6）地下出入口

地下空间改扩建过程中，需要与地下交通设施、公共服务设施等出入口做好衔接和距离控制。其中地下交通设施重点在于地下空间与车行、人行出入口的位置衔接，公共服务设施重点在地下商业出入口、连通道方位、人行出入口的控制。

例如，作为高度城市化的深圳上步片区，即华强北片区，土地已基本开发殆尽。上步商圈一直是城市规划编制、管理和建设的重点。虽然有多个规划均涉及地下空间利用，但仅提出了地下空间开发的大原则及利用示意，如何统筹地下空间开发及地下空间控制指标的具体要求并未明确。因此，为更好地指导城市地下空间的开发和建设，上步片区地下空间控规首先结合存量规划来识别未来改造的潜力地块，利用"排除法"识别出更新单元中改造可能性低的用地，包括在建地块、各类公共基础设施用地、地块建筑质量好或是层数在12层以上的地块、地块容积率4.5以上等，进而反向确定改造潜力地块，进而结合地面开发强度预测地下空间开发规模。地下空间的复合开发依托于轨道站点，以圈层的方式设置地下商业空间，布局原则为以轨道站点100m、200m作为分界线，可分别布置一层半（100m 以内地区）、一层（100 ～ 200m 内地区）、半层（200m 以外地区）的地下商业。通过管控预留好适宜层高的设置、人行通道连接口的预留、地下市政管线的避让布置，确保公共设施在地下空间实施中有效落实。设置地下人行过道及地下车库连通道，缓解区域交通压力；结合地下商业确定地块内及地块间的人行通道的走向、宽度及净高；对更新单元内地下车行道及更新单元间双向车库通道的宽度及净高提出具体要求，解决片区停车难的问题，并有效利用各地块的地下停车库。厘清现状地下市政管线的位置及埋深，根据未来规划地面地下的开发量增配各类市政设施并对给水、雨水、污水、电力、通信、燃气等市政管网提出具体改善建议。

7）法定图则

主管部门进行法定图则编制和修改时，应当依据国土空间总体规划和全市地下空间开发利用规划，详细规定图则片区内指定地块或片区的各项控制指标和管理要求，明确规划强制性内容和引导性内容，为规划实施和管理提供依据（图 2-51）。

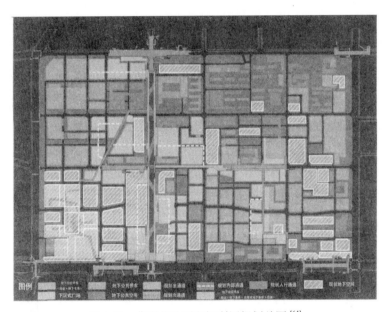

图 2-51　华强北地下空间利用规划总图[64]

2.4.3　地下空间城市设计阶段

地下空间城市设计是在遵循地下空间总体规划、控制性详细规划等上位规划对地下空间的开发要求的基础上，兼顾地区的城市设计方案，对地下空间的功能布局、活动特征、景观环境进行深入研究，对各个地块的地下空间的内部环境作出整体的构思和安排。地下空间城市设计以集约、高效为总体目标，注重思路的前瞻性、创新型和指导性，不仅是协调地下空间与地面空间的关系，同时还需协调地下空间各专项功能设施的相互关系，并提出地下空间设计引导性的方案和各项控制指标。

城市设计是对地下建筑和工程实施作出详细的指导，重点研究的是城市空间环境的营造，以实现控规从二维到三维的控制。地下空间城市设计是对地面控规的补充，同时，地下空间城市设计也是城市设计的重要组成部分，应鼓励地下、地上的一体化的外部空间形态、环境设计。在一定程度上，不仅能够完善地下空间的规划体系，同时也对地下空间的进一步开发具有更强的指导意义，促使我国地下空间能够发挥更大的优势。相比于地面城市设计，地下城市设计更应注重以下几个方面。

（1）地下空间发展的功能、布局和形态

地下空间主要功能是地下空间形态的有机构成，即形成了地下空间的布局，是城市地下空间各个组成部分，按照不同功能和发展序列有机组合的结果。地下空间的功能、布局和形态是相互影响、相辅相成的关系。一方面，功能变化会导致布局发生变化，另一方面布局的变化会重新影响新的功能和形态与之配合。

根据地下空间的功能和特点，首先应遵循以人为本、前瞻性的原则。对于城市的功能，地下空间不能盲目的引入，还需根据适宜进入地下空间的功能进行筛选。同时，通过新技术的应用，能够进一步缩小与地面建筑环境的差别。

地下空间的功能可分为简单功能、混合功能和综合功能。简单功能一般在楼宇建筑的地下室单独开发，功能单一，对相互间的联通不做强制要求。混合功能是为了鼓励各个不同功能（如商业＋停车）的综合利用，鼓励相互间的互联互通。综合功能相比于混合功能，更是增加了与交通枢纽、公共通道网络的衔接，功能更加紧密的综合。

城市地下空间布局和形态需遵从可持续发展、系统综合的原则。根据地下空间的特点，可分为点状、线状和面状开发三种形态。其中点式开发（独立开发）适用于居住、教育等用地，功能相对独立，方便管理。线式开发（综合开发）适用于商业街区等线性城市公共空间地下区域。面式开发（整体开发）适用于城市公共广场、商务办公区等，提高资源利用率，避免同质功能重复建设（图 2-52）。

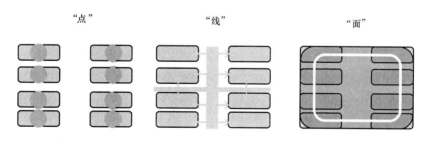

图 2-52　地下空间点、线、面布局

例如，在上海真如地下空间的开发建设过程中，采用整体开发的形式，遵循"站城一体化开发，全新 TOD 发展"的理念。地块地下建筑最外跨建设地下车行公共通道，构建快捷高效的交通体系，分离过境交通。副中心规划范围内地下空间被多重设施分割为零碎且不连通的区域。规划通过地下人行系统，结合轨交站点及综合体节点设置公共活动空间，完善步行系统，方便不同交通方式之间转换，并在地下主要通道周边布置合适的功能，促进土地资源的集约利用，最大限度地发挥土地开发的效益，加强副中心的整体性（图 2-53）。

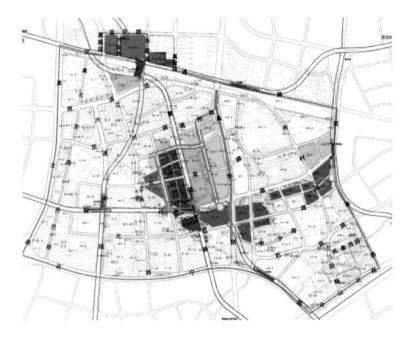

图 2-53　真如地下空间开发

（2）地下空间的公共活动系统设计

地下空间不仅为了解决交通问题而设计，同时也需要成为市民活动交流、休憩的场所。地下空间的公共活动系统具有连续性和流动性的特点，并通过节点的公共空间进行空间辨识和活动需求。这些公共空间可以是下沉式广场（庭院）、地下中庭、地下出入口。下沉式广场（庭院）已成为公共活动的重要组成部分，通过垂直绿化、特色座椅等设计，为人们提供休息的空间设施，满足人们交通、玩赏、驻足的需要。而地下中庭通过引入自然光的方式，能够增强地下空间的可识别性。地下空间的出入口是连接地上和地下的重要节点，由于入口是地下空间最重要的可见边界，因此需要在形式上强调出其显著的特色性、地域性和标识性。公共空间的开发和规模受到地下步行人流量的影响，人流量越高的空间开发强度越高，功能以参与性和价值较高的商业娱乐为主。而人流量较低的地方则以配套设施为主。

（3）地下空间景观设计

地下景观设计能够辅助地下空间层次性，改善地下空间的品质，应具备安全性、舒适性、艺术性和人性化的原则。主要是针对地下空间的植物配置、公共艺术、墙体地面、顶棚和灯光照明等要素进行设计。植物配置重点是要考虑乔木、灌木、花卉等的搭配，以起到划分、界定和丰富空间的作用。公共艺术是针对地下功能性的设施进行艺术性的设计，使设施具备美学特征，以达到精细化的设计要求。墙体地面需要在材质、色彩和风格上进行美学设计，并通过不同的形态、特征创造出不同层面的空间环境。顶棚可结合天井或者采光井，引入自然光，实现地下空间方向的引导。灯光的明度、色彩，对地下空间环境的营造起到了至关重要的作用。此外，地下空间城市设计与当地历史文化的呼应，在节点中提取当地的历史文化要素进行设计，促使地下空间有更强的归属感。

2.4.4　老城区更新项目规划

不同于城市新区，在城市的快速发展过程中，老城区普遍出现一系列问题。首先，是严重的土地利用和城市发展之间的矛盾。老城区用地已不允许扩张，而城市人口的不断增加导致城市用地愈加紧张。其次，是交通拥堵和停车问题。随着小汽车保有量的不断增加，老城区的道路用地已满足不了日益增长的交通需求。由于道路狭窄，交通流量大，高峰期拥堵严重。而停车难的问题进一步加重了老城区的交通问题。因此，向地下要空间成为解决城市发展问题的必然趋势。

以地下空间综合利用原则发展的方法，能够提升城市的更新地区二次开发的总价值，具有较高的价值和意义：1）通过地下空间拓展城市容量，能够缓解地面原有空间容量不足的问题。拓展规模，提升空间品质，借助地下空间开发的大热潮进入新一轮的城市发展，充分发挥城市中心地带的土地再开发的利益要求；2）利用地下空间更新市政基础设施。利用地下空间配建充足的地下停车位，可有效缓解地面停车不足的问题。利用地下空间建设地下隧道，可有效缓解城市交通拥堵的问题。利用地下空间更新市政管线、架空线入地，可以解决市政管线老化、排水不足等问题；3）拥有历史街区或文物的老城区，能够通过地下空间的更新改造，更好的保护历史建筑。

（1）重大基础设施地下化

通过对既有市政基础设施的地下化，促使基础设施向地下转移，从而腾出大量的地面空间重新利用，以带动区域发展。德国"斯图加特21"工程是将高铁枢纽地下化的典型案例。德国斯图加特市是德国南方工业重镇，是联系东西欧和南北欧的重要铁路枢纽，斯图加特中央火车站则位于市区的中心。现有的中央火车站共有 5 条铁路轨道供城际及国际列车出入，并兼具城市轻轨站的功能。随着城市发展，中央火车站的规模已不能满足需要，其尽端式的布局也使斯图加特难以与正在建设中的欧洲东西向高速铁路干线相连接。

改造完成后，铁路下埋，主体是四层的地下建筑，置换出新城区共$80hm^2$可建用地，将为 11000 人提供居住空间并创造 24000 个工作岗位。在金融、居住、购物和文化上给市中心以有益的补充。在轨道交通方面，将中央车站改造为穿越式布局，在城市地下空间大规模扩建中央火车站、建设市内铁路隧道，扩容铁路和轻轨运力，缩短途经斯图加特的国内和国际列车通行时间，投资额约 28 亿欧元。在城市设计方面，由于铁路基础设施向地下空间转移，原来被铁轨所占据的 $109\ hm^2$ 地面空间被重新开发，重新建成一个耗资 40 亿欧元、集居住、商务、办公和文化休闲功能为一体的城市中心，带动城市复兴。

（2）停车设施地下化

加拿大蒙特利尔市是国际地下空间开发利用的先进城市之一，蒙特利尔地下城有 3 条轴线，即西轴、东轴和北轴。国际会展中心处于整个东轴的最南端，扩建工程目的在于将国际会展中心及 Centre CDP Capital 的地下停车场相连，并且在广场 Place Jean-Paul-Riopelle 下扩建地下空间，以增加停车泊位，实现资源共享。

由于此扩建项目中牵涉到的业主较多，无论是在招标投标、投资、建设、运营等各阶段中均牵涉到各家的利益和责任，因此采用了 BOOT（建设—拥有—经营—转让）的连投资带承包的方式。项目成立了 SPCM（Société du Palais des Congrès de Montréal，蒙特利尔国际会展中心协会）作为所有业主的代表，向政府推荐并委托 QIM（Quartier International de Montréal）蒙特利尔国际区域组织招标投标。项目建成之后，SPCM 作为车库建设区域的业主代表，将转让土地给 SITQ。经营期限满后，SPCM 再将各个区域划分归还给原业主。

国际会展中心区域地下空间改扩建项目新增地下停车泊位 1000 个，并且实现了地铁线路、地下人行通道、地下停车、会展及商务中心地下空间的相互连通，大大提高了停车场的使用率和"P +R"的换乘效率。这一项目的成功实施也为蒙特利尔市地下城西轴和东轴的连通提供了有利条件，是整个地下城的有机组成部分。本项目通过各方的合作，有效地管理和避免了复杂项目发展过程中可能出现的风险。该项目投入运营三年后就开始盈利，提前完成了中长期（七年以后）的资金回收计划。

（3）综合功能的地下化

大中城市的老城区一般是城市重要的商业、金融、文化中心，拥有密集的城市人口和核心商圈，地面空间的开发已经趋于饱和，因此借助旧城更新的契机集约化发展地下空间，形成地下综合体是必然趋势。

例如，法国巴黎的列·阿莱广场（Les Halls）是旧城地下综合开发的典型案例。广场地处巴黎老城的核心部位，曾经是巴黎最大的食品交易和批发市场。在新一轮的改扩建中，为了实现区域土地的集约化发展，进行地下空间的立体化开发，把一个地面上简单的贸易市场改造成竖向的多功能公共活动中心，深度达到地下 28m。地面主要以公共活动、绿地为主，地下综合体分为四层，地下一层主要功能以文化体育设施、停车为主，地下二层主要为商业设施和步行道路，地下三、四层主要为市政基础设施和停车库。下沉广场贯穿了地下一、二、三层，由环绕着一圈四层高的钢结构玻璃罩拱廊，把商场部分的地下空间、地面空间与外界联系起来。广场具备丰富的业态，有 10 个电影院、一个剧院、一个蜡像馆和大量美食馆、家具馆、时装店等其他商业。通过广场还能够与地铁站和地下车库相连。通过广场绿地、文化体育、商业、交通枢纽、停车等功能的综合化，扩大的地区空间容量，提升了地区生态环境，整合了地区空间资源。

（4）历史保护区域内的改扩建

在一些具有一定历史文化价值的老城区，存在容量饱和、交通拥堵、城市衰落等问题，由于历史保护区域内，有一些特殊的规划设计要求，地下空间面临的问题往往更加复杂。在历史保护区域内的地下空间改扩建，首先要遵循历史文化保护原则：针对成片更新改造的建筑，可全部利用地下空间；针对少量保护修缮类的建筑，可根据具体情况针对性地利用地下空间；针对文物性建筑用地，主要利用其广场、主干道作为地下空间开发的重点。

例如，天津老城厢鼓楼街区，从原来的天津城市发源地开始衰落。在城市中心区复兴计划中，首先确保历史建筑的原真性，在地块边缘划出一个下沉广场作为公共广场，作为历史建筑与城市之间的边缘地带，使城市从公共空间到地块内部有了流畅的过渡。基于原来的城市肌理，通过下沉广场的设计，将人流引入地下，使得地下空间与上部老建筑之间形成了视觉互动的关系，不仅解决了地下空间的采光面积，同时也增加了地下商业的接触面积。

在西安钟鼓楼老城区地下空间的开发中，由于钟楼和鼓楼一直是西安历史文脉的标志，同时又是地区的商业中心。因此，在地下空间的开发中，遵循保护性开发的原则，将大量的商业下移，地下一层设置了 10m 宽、270m 长的下沉式文化商贸街，改善了地面城市环境。同时，设置 600 余 m² 的下沉广场连接西大街和北大街的多条过街通道，解决了广场北道路隔离的问题，而下沉广场面向钟楼的大台阶成为城市居民喜闻乐见的场所。

总之，地下空间改扩建在总体规划、详细规划以及旧城改造等阶段有不同的侧重点，总体规划阶段与国土空间总体规划同步编制，经批准后纳入国土空间总体规划，注重资源评估和改扩建容量的需求；详细规划阶段注重系统要素管控，并明确其规划管控的强制性内容、进行法定图则编制和修改，明确地下空间功能的提升以及形态组织设计；老城更新项目需明确地下空间开发具体要求，重点关注对原有设施的改造和整合贯通。

2.5 城市更新中地下空间改扩建工程规划审批特点

地下工程分单建与结建，原来的审批方式一般按"一书两证"办理，即选址意见书、建设用地规划许可证和建设工程规划许可证。结建地下工程依附于地表建（构）筑物，同步办理"一书两证"手续；单建地下工程单独办理"一书两证"或"一书一证"，如综合管廊、地下道路、轨道交通工程等市政工程只需办理"一书一证"。

由于地下工程存在的复杂性与不可逆等特点，特别是地下改扩建工程涉及已建工程等特殊情况，因此在审批之前、审批中以及验收阶段均需建立健全完善的地下空间法律体系与管理办法。

2013 年，《上海市城市地下空间建设用地审批和房地产登记规定》提出：（一）供地方式上，地下空间开发建设的用地，可以采用出让等有偿使用方式，也可以采用划拨方式。具体建设项目的供地方式，参照适用国家和本市土地管理的一般规定。（二）用地审批上，结建地下工程随地面建筑一并办理用地审批手续。单建地下工程用地采用划拨方式的，建设单位取得建设工程规划许可证后，应当向土地管理部门申请取得《地下建设用地使用权划拨决定书》。单建地下工程用地采用出让方式的，建设单位应当按照有关规定，签订土地使用权出让合同，缴纳土地出让价款。（三）建设工程规划审批上，规划管理部门在核发建设工程规划许可证时，应当明确地下建（构）筑物水平投影最大占地范围、起止深度和建筑面积。（四）土地使用权范围，建设单位应当在经批准的建设用地范围内，依法实施建设。竣工后，该地下建（构）筑物的外围实际所及的地下空间范围为其地下土地使用权范围。

2016年，宁波市出台了《宁波市地下空间开发利用管理办法》，提出要规范地下空间规划审批，凡是涉及开发利用地下空间的，要求建设单位依法向规划部门申请"一书两证一核实"，即选址意见书、建设用地规划许可证、建设工程规划许可证和规划竣工核实。同时，明确提出地下空间审批要素，在选址意见书或规划条件阶段，明确使用性质、建设规模、竖向利用深度和水平利用范围、配套设施及连通通道建设等内容；在工程规划许可阶段，明确分层地下空间坐标、竖向高程、总建筑面积、使用性质以及相对应建筑面积等内容；以审批保障地下空间系统性、统筹性，在选址意见书或者规划条件阶段，要求明确地下空间出入口位置、连通通道建设等要求，强调地下空间之间的互联互通，促进地下空间的统筹利用；审批环节，依据上位规划，明确轨道交通工程与周边地下空间整体开发的建设要求，强化轨道工程与沿线地块、道路、市政设施等建设活动的衔接，推动地下空间利用的系统性、整体性。在该《办法》的基础上，宁波市又印发了《关于地下空间规划审批相关要求的通知》（以下简称《通知》），初步实现宁波市地下空间规划"精细化管理、规范化审批"。《通知》将地下空间分为结建、单建、块状、线性四种类型，明确了不同类型不同阶段的审批操作办法。比如，规范选址意见证书中建设项目拟选位置、拟用地面积、建设规模的填写要求，并明确附图制作要求。规划条件：一是要求明确开发利用功能；二是要求明确地下空间利用范围；三是要求明确自身地块之间连通、自身与相邻地块连通以及附建公共连通通道等要求；四是要求明确与地面工程关联的要求；五是要求明确安全、绿化、管线敷设等内容要求；六是要求交通复杂工程明确地下交通组织方式。用地许可证环节，规范用地位置、用地性质、用地面积填写方式及附件制作要求。同时，要求明确水平利用范围的用地红线、竖向利用深度。建设许可证环节，一是要求主要技术经济指标，明确地下空间的总建筑面积和各类功能对应的建筑面积；二是要求明确地下空间水平利用范围、建筑退界和地下室范围（外轮廓）；三是要求明确地下空间连通通道、预留通道接口等坐标及竖向高程和地下空间机动车出入口位置。同时，统一规范建设工程规划许可证建设位置、建设规模及附件填写和制作要求。

2019年，《南宁市地上地下空间建设用地使用权审批与确权登记办法（征求意见稿）》中提出，地上地下空间建设用地使用权的审批与确权登记由市人民政府负责办理，市自然资源局具体承办。市发改、工信、住建、环保、人防等有关部门，按照各自职能分工，做好地上地下空间建设用地使用权相关管理工作。该办法提出，地上地下空间建设用地使用权实行有偿使用制度。地上地下空间建设用地使用权出让价格，按照分层利用、区别用途的原则，按以下方式确定：（一）用途为商业、办公、娱乐、金融、住宅、仓储等地下工程，对工程所在地块按照所在区域地表建设用地使用权相对应用途基准地价内涵条件（包括平均容积率、使用年限、地价表现形式、土地开发程度，但不包含估价基准日）进行市场价格评估，从地表开始，其地下一层按照上述地表评估楼面地价的30%确定，但属于开敞式（下沉式）或地铁延伸地下空间的，开敞式（下沉式）广场及地铁出入通道按照上述地表评估楼面地价的 50% 确定。地下二层，按地下一层标准减半确定，并以此类推。（二）地上地下空间建设用地使用权出让价格应根据具体规划设计条件确定的内容进行市场价格评估。（三）地上地下空间建设用地使用权出让价格不得低于新增建设用地的土地有偿使用费、房屋征收和征地（拆迁）补偿费用以及按照国家规定应当缴纳的有关税费之和。

2019 年，《深圳市地下空间开发利用管理办法（征求意见稿）》提出：（一）在规划体系上，国土空间总体规划、全市地下空间开发利用规划、分区规划、重点地区地下空间开发利用规划、法定图则以及其他专项规划可以对地下空间的开发利用作出安排。经依法批准的重点地区地下空间开发利用规划、法定图则以及涉及地下空间安排的其他专项规划是地下空间开发建设的直接依据。（二）在规划要求上，编制地下空间规划，应当优先安排人民防空、安全保障、市政工程、应急防灾、公共消防、地下交通、环境保护等城市基础设施和公共服务设施，并划定综合管廊、轨道交通、油气管线等特殊工程的控制范围。（三）用地管理方面，地下空间建设项目符合市政府划拨相关规定的，可以采用划拨方式取得建设用地使用权。可采用协议方式出让的情况包含：地上建设用地使用权人申请开发其建设用地范围内的地下空间；需要穿越市政道路、公共绿地、公共广场等公共用地的地下公共连通空间，或者连接两宗已设定产权地块的地下公共连通空间；附着于地下交通设施等公益性项目且受客观条件制约，不具备独立开发条件的经营性地下空间；社会投资，产权归经市政府确定的投资主体的地下综合管廊设施用地；社会投资，产权归经市政府确定的投资主体的地下区域交通用地、城市道路用地和轨道交通用地。（四）城市更新和土地整备项目，出让地下公共连通空间的，可以一并审批城市更新项目和地下公共连通空间的建设用地使用权。地上建设用地使用权人申请开发其建设用地范围内的地下空间的建设用地规划许可按照已建建筑物、构筑物改扩建的规定办理。

部分城市相继出台了关于地下空间开发利用的管理规定，明确了对地下空间的有偿使用与确权要求，基于国内现有规划编制体系与土地出让等环节，参照常规工程建设规划审批流程对地下工程规划审批进行了细化，为国内城市优化建设地下工程规划审批制度与管理体制提供了非常好的样本。

地下改扩建工程除了按常规工程建设项目进行规划审批外，还要注意如下方面。

1）需要符合各地城市更新政策，调整完善相应规划。

地下空间改扩建工程在已建城区一般为重要的市政、交通基础设施或改善民生的公共服务、停车等设施。除了符合其他建设工程规划报批外，还需符合各地城市更新政策，对改扩建工程进行充分的论证、公示与审议，得到部门、专家与公众的认可。

地下空间改扩建工程在城市更新区域主要是解决现有矛盾、提升现有品质，在实施内容、涉及范围等方面往往会突破原有控规，因此，需要结合改扩建方案或城市设计提出合理的控规调整方案，提请相关部门审批。《广州市城市更新办法》第二十五条规定：城市更新片区策划方案应当按照有关技术规范制定，并应当按程序进行公示、征求意见和组织专家论证。城市更新片区策划方案由市城市更新部门提交市城市更新领导机构审议；第二十六条规定：城市更新片区策划方案经市城市更新领导机构审定后，涉及调整控制性详细规划的，由市城市更新部门或区政府依据城市更新片区策划方案编制控制性详细规划调整论证报告，提出规划方案意见，申请调整控制性详细规划，报市规划委员会办公室，提交市规划委员会审议并经市政府批准。

2）需要统筹建设计划，避免重复建设投资。

城市更新区域地下空间改扩建工程涉及地面、上部建（构）筑物或周边建设范围，工程建设难度大、建设周期长、影响周边交通、市政管线等因素多。因此，地下空间改扩建工程应纳入到城市更新年度计划，与其他项目同步实施建设与运营，以避免重复建设投资的浪费。年度计划包括片区计划、项目实施计划和资金使用计划，计划中应包含地上地下建设实施等内容。地下改扩建项目如属于财政投资项目的，还应纳入同级财政年度预算。城市更新年度计划可以结合推进更新项目实施情况报市城市更新领导机构进行定期调整。当年计划未能完成的，可在下一个年度继续实施。

3）重大项目专项协调。

地下改扩建项目规划由相应级别的政府组织，相应部门或相关单位实施。如涉及地铁等重大的地下空间改扩建项目实施方案应经专家论证、征求意见、公众参与、部门协调、相应级别政府决策等程序后，形成项目实施方案草案及其相关说明，由相应级别政府上报市城市更新部门（如未设则委任相应部门）协调、审核。市城市更新部门牵头会同市城市更新领导机构成员单位，召开项目协调会议对项目实施方案进行审议，提出审议意见。协调会议应当重点审议项目实施方案中的融资地价、改造方式、供地方式以及建设时序等重要内容。

4）明确地下使用权主体、供地方式、地价等方面法规制度。

地下空间改扩建工程涉及不同的产权、物权等复杂因素。如在公园绿地或广场下开发建设地下商业或地下车库，地面以上与地面以下可能会涉及不同的产权主体，包括今后不同的开发建设主体、运营管理主体、使用权主体等。由于建设用地使用权的空间范围与土地上的建筑物、构筑物在空间范围上并不完全重叠，因此，建设用地使用权人将其中一定空间独立出来再设地下空间使用权存在可能性[68]。目前，较多城市还未对地块下地下空间使用权归属进行法律规定。在目前阶段，现有用地下不管是道路、绿地等公共性用地，还是取得一定年限的出让用地，需要进行地下空间改扩建的情况，仍需要和现有使用权主体进行充分沟通协商。

在规划与审批阶段，需要充分考虑使用权主体以及供地方式、地价等方面因素。建议各地尽快研究地下空间分层出让法规制度，确定在现有土地与建筑用途内，对地下空间可以分层使用的相关要求，包括可分层出让的条件、不同功能组合、连通条件、分层地价等相关规定，指导既有用地或建筑下进行合理的改扩建。

5）明确与优化各级各类地下改扩建工程项目的实施审批部门与机制，建立协同审批服务平台。

地下空间改扩建实施方案经审议、协调、论证成熟的，由市城市更新部门（如未设则委任相应部门）向项目属地相应级别政府书面反馈审核意见。区、县、镇、街道等相应级别政府应当按照审核意见修改完善项目实施方案。地下空间改扩建实施方案修改完善后，涉及表决、公示事项的，由相应级别城市更新部门按照规定组织开展，表决、公示符合相关规定的，由区、县、镇、街道等相应级别政府送市城市更新部门审核。

地下空间开发建设涉及规划、交通、市政等多个行业，涉及地铁、路政、供水等建设与多部门管理，可能也会涉及私人或开发单位的权限与利益。目前在规划编制体系、管理体制机制、行业专业规范体系层面还有待融合，也需要在规划、建设、管理层面建立协同审批平台与智慧化管理平台[67]。

建议各地城市建立协同审批服务制度、协调反馈制度，促进地下空间改扩建工程申请主体和审核部门之间的联动，推动工程建设进展。对符合重点项目的地下空间改扩建工程可以纳入快速绿色通道进行审批办理。

6）完善相关专项评估。

由于地下工程的不可逆性以及建设实施的难度，因此规划审批需要关注工程实施对现有生态环境等的干扰情况，对地面交通等影响情况，对建设实施采取的技术方法是否经济可行以及对环境影响程度，在规划审批阶段也是需要进行充分考虑的因素。

第3章
既有地下空间建筑功能调整与扩展设计研究

3.1 既有地下空间功能调整

第二次工业革命以来，城市化水平迅速提高，人口激增，城市的基础设施不能适应高度的城市发展。英国和法国是工业化较早的国家，为了解决这一系列问题，他们纷纷采取措施开发利用城市地下空间。1991年《东京宣言》认为，21世纪将是人类开发利用地下空间的世纪。目前，我国城市空间规划从增量扩张逐步转向存量优化，对既有地下空间功能进行调整，将有利于城市地下存量空间的利用，为我国城市的进一步发展和新型城镇化都具有重要意义。

3.1.1 概念与沿革

19世纪时，英国是世界上最发达的国家，蒸汽机已普遍使用，各大城市之间铁路遍布。短短三十年，伦敦人口飞速增长，城市中心几近饱和，居住空间狭小拥挤，人们纷纷向城市远郊搬迁。城市工业化水平上升、人口激增、交通拥堵，集聚"城市中心客运站"和"地下道路"特点的地下铁路应运而生。伦敦地铁是世界上的第一条地下铁路，始建于1863年，实际上就是"将火车开进了下水管道中"，可以理解为地下空间功能调整的雏形（图3-1）。1769年，皮埃尔·帕特的"巴黎街道断面图"，法国就有了利用城市地下空间的设计，随着1900年世博会，法国的地下空间得到了发展，巴黎首条地铁随之启用，其最早进行地下空间开发始于利用几个世纪以前挖掘的废弃矿井，如今的地下隧道和洞穴都由采石场改造而成，城市下水道、共同沟、防空防灾设施鳞次栉比（图3-2）。

地下空间是各种市政基础设施交错冲突的地带，是联系城市的物质体系与社会评价体系的中介，世界各国的地下空间发展改建如春笋般层出不穷，原有的地下管道、共同管沟、防空防灾设施随着时代的发展无法满足现有的需要，主动或被动的失去其原有功能，加入到地下空间改建的队列。我国改革开放以来，对城市地下空间的开发利用越来越得到广泛重视，北京、上海、武汉、天津等大中城市修建了很多地下建筑和设施。轨道交通、地下商业街、地下车库、综合管廊及各类人防工程等，但是由于早期经验不足，先前的开发预留不能满足后期的需要，甚至制约了后期的发展，地下空间改扩建的诉求进一步得到扩大。李克强总理 2016 年在湖北调研时就曾指出，"我国的城市地上空间高楼林立，发展势头很好，但在地下空间利用的高度广度上，与发达国家还有较大差距"。

图 3-1　伦敦建成的世界第一条地铁

图 3-2　巴黎街道断面图

3.1.2　功能调整类型及案例

功能调整包括两类：第一类是不同领域的地下空间之间进行功能调整。譬如，地下管廊、人防工程、住宅地下室改建成公共服务场所、社区活动中心或微型仓储空间（北京）、人防工程改建成停车场（无锡）、地下停车场改建成地铁车站（上海）、地下仓储改建成公共活动空间等。第二类是同领域的地下功能之间的调整。譬如，原有的地下停车库改为商场等。这其中，由于地铁作为快速交通干线支撑着城市高强度开发，轨道交通车站的改建是重要的一个分支。

以下从"不同领域的地下空间功能调整""民用建筑领域的地下功能之间的调整""地铁车站功能调整与空间改造"三个方面进行举例。

（1）不同领域的地下空间功能调整

1）港汇广场地下室改造为地铁车站

徐家汇地铁枢纽站是上海轨道交通1号线，与规划9号线和11号线的相交换乘点，是上海市轨道交通唯一一个三条R线的换乘站，是轨道交通线网中最重要的大型换乘枢纽之一，每天地铁、公交及换乘的客流可达53万人次，重要性、枢纽型相当突出。徐家汇地铁枢纽在规划设计之初，境内外专家、设计单位和咨询公司都提出各式方案，但都不能同时解决道路拥堵、管线大面积搬迁、施工周期长的问题。在此关卡，城建设计总院由徐正良总工领衔的设计团队大胆提出了"环港汇广场"方案。

上海港汇广场位于徐汇区虹桥路1号，地块面积5万 m^2，由两栋办公楼、一栋酒店式公寓、两栋高级住宅楼及商业四部分组成。港汇广场地下室共有三层，面积约10万 m^2，其中地下一层为人行、商业、设备用房、东侧的住宅楼地下车库；地下二层为车库及设备用房；地下三层全部为车库。港汇广场东南面为已建轨道交通1号线，地下一层层高5.2m，地下二层和三层总层高7.7m，柱跨11.4m×11.4m，无论是层高，还是柱跨，都能满足地铁车站站厅与站台的功能设计要求。

① 线路方案设计上，原1号线南北向沿衡山路漕溪路通行，为了避免与1号线车站进行交叉，9号线利用对现有港汇广场地下空间改造，规划9号线从港汇广场地下三层东西向穿行，将地下空间一分为二；11号线走港汇广场西侧恭城路下，与9号线交叉。

② 建筑改造方案设计上，9号线站厅层利用原港汇广场地下一层层高5.2m的住宅区车库、商业、物流卸货区空间进行改造，站台层拆通二层楼板竖向打通地下二、三层，将总层高7.7m的空间合并，对原职工餐厅、车库进行改造，对原停车系统和卸货空间进行补偿，增设出入口和连接通道，保证原功能和交通组织的完善运行。11号线设置于恭城路西侧大宇地块内，采用地下五层车站，地下一层为公共区与商业空间，地下二、三层为停车库，地下四层为地铁设备层，设置9号线、11号线共用的冷冻站隔声夹层，地下五层为地铁站台层。其中地下一层与港汇广场地下一层形成换乘大厅，地下二、三层与港汇广场地下室连成一体。并通过对1号线（地下三层结构）西侧商场向下加层，利用既有结构作为天然盖板进行暗挖施工，与港汇广场增设换乘通道，形成了三线的付费区Y形换乘大厅的融合。

③ 在空间体系上，根据"环港汇广场"方案，在维持港汇广场正常运营的前提下，以已建港汇广场地下空间为基础进行功能性改造，为轨道交通提供了车站主体和换乘通道空间，实现与衡山路、肇嘉浜路、漕溪路地下已建成的1号线相连接换乘，并连接起

周边地块的地下空间，由此徐家汇枢纽的站厅层集散大厅与港汇、88 号地块地下商场形成一体，进一步促成了徐家汇交通枢纽的空间体系。

④ 消防设计上，由于对港汇地下空间土建改造，原空间发生了功能转变，涉及了商业、停车库等问题，设计在满足地铁防火规范和建筑设计防火规范的前提下，按车站功能布局重新划分防火、防烟分区，拆除、迁移及改造集散大厅、换乘大厅、停车库和商城的消防系统和给水排水系统，并据此改造通风设备系统、高低压配电系统、弱电系统和升降机系统。除此之外，基于可接受维生环境（tenable environment）的概念，对徐家汇地下枢纽港汇广场地下二层换乘通道和 9 号线站厅层火灾进行了计算机火灾模拟分析。

⑤ 在社会效益上，将常规建设而产生的管线搬迁、交通导改等问题转化成既有地下室改造的简单问题。整个交通枢纽施工周期控制在了三年以内，避免施工过程对 1 号线的安全运营产生影响，也避免了由于地铁施工而本无法避免的交通瘫痪，实现了在既有地下空间"穿越地下弄堂"的智慧创举，取得了最大程度的社会效益（图 3-3、图 3-4）。

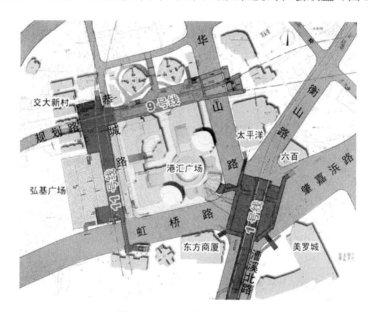

图 3-3　徐家汇枢纽总平面图

2）伦敦木匠街改造为车站售票厅

伦敦塔桥站是伦敦第一条铁路的终点站，是世界上历史最久的铁路车站之一。历经数百年，车站设施缺乏、站台狭窄、台阶破旧，还曾经一度被关闭。2000 年，朱比利线伦敦塔桥站在原有地下空间街道和拱券的下面，创造了很多大尺度的空间和公共区域，并且对原有车站站台进行了改造，包含在站台之间新建了一座中央大厅，新中央大厅延伸到了木匠街。木匠街原是一条城市道路，非常幽暗污浊，混乱不堪，朱比利延伸线伦敦塔桥站通往北线伦敦塔桥的换乘通道基于木匠街进行改造，内部的装修效果大幅提升，空间效果与之前有戏剧性的反差，改造的换乘通道对周边的环境进行了最大限度的改善，对城市老旧整体形象的提升作出了贡献（图 3-5、图 3-6）。

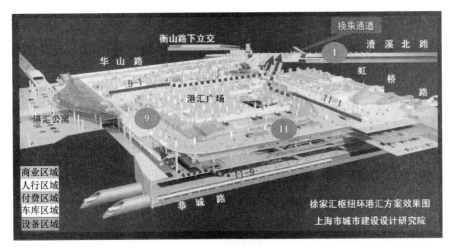

图 3-4　徐家汇枢纽总效果图

图 3-5　伦敦塔桥站站台层平面图

图 3-6　伦敦塔桥站改造后的共享售票大厅

（2）民用建筑领域的地下功能之间的调整

1）南京地下车库改造为先锋书店

南京先锋书店五台山店位于南京五台山体育馆下，由原有地下车库改造而成，保留了原有地下车库的结构基础，在原有框架的基础上，对原有车库建筑空间进行再划分，充分考虑了书店所需要的功能，利用装修性手段 - 隔墙、书架的不同摆设方式，对原有建筑空间进行再利用，围合成了不同的空间，并且在建筑材料的选择上，营造出工业建筑的肃穆感，取得了很好的功能效果和社会效果。

建筑改造内容为：

① 建筑入口为原地下车库主入口（图 3-7），进入主入口后到达前厅，读者通过坡道进入建筑主体，随着空间序列的上升，读者的情绪逐渐转向舒缓、理性。读者会在放置图书的坡道上停留。

②装修方面，在坡道的尽头，设计了黑色的十字架，配合柔和的灯光设计，表达了书籍将带领人类走向光明未来的隐喻，柱子和顶部不经过多修饰，保留了工业感（图 3-8）。

<table>
<tr><td>图 3-7　先锋书店主入口</td><td>图 3-8　先锋书店内部装修</td></tr>
</table>

2）重庆地下防空洞改造

20 世纪三四十年代，重庆作为大后方，在抗战期间贯彻深挖洞、广积粮的政策，修建了很多防空洞，随着新时代防空洞逐渐失去原有的作用，科学有效地通过设计，改建利用防空洞，对其空间进行再利用，势在必行。

①交通性质：重庆绢纺厂防空洞停车场，利用原有的防空洞空间，将其改造为停车场以及储藏室；重庆十八梯防空洞（图 3-9），先被改造成办公空间，后来重庆轨道交通将其与轨道交通一并规划设计，原防空洞作为了 1 号线较场口站的出入口，既利用了废弃空间，又疏导了交通，达到了平战结合、合理改造地下空间的目的。

图 3-9　十八梯防空洞

② 商业性质：重庆沙坪坝区小龙坎防空洞商业改造利用（图 3-10），是"自下而上"的按自身需求对空间要求进行重新设计改造的例子，功能分为商业加储存，商业区处于自然采光范围内，商业区上部拱顶作为生活空间，对防空洞空间进行了良好的空间利用。

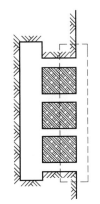

图 3-10　小龙坎防空洞改造与平面利用示意图

（3）地铁车站功能调整与空间改造

1）地铁车站改造案例

上海轨道交通 1 号线徐家汇站是小交路折返站，站后设双折返线，长度长、规模大，配线上方有较大的空余面积可供商业开发。原设计结合漕溪路下覆土层富裕空间，设计出地下两层的徐家汇地铁商城，并有一条通道将地铁站厅公共区与商业部分连通。但近年由于人流交叉严重，建筑消防隐患较多，环境较差，所以地下空间的改建迫在眉睫。

① 建筑改造方案设计上，在不破坏原有结构的前提下，对地下两层的徐家汇地铁商城、地铁通道和相应的地铁出入口通道进行改造。将原徐家汇地铁商城地下一层改造成了地铁公司管理用房。包括办公室、消防控制室、消防泵房、配电间等设备用房。除此之外，对地下一层做商业预留；将原地下二层改造成了 10m 宽的人行通道；将原连接车站站厅与人行通道的地铁通道改造成了文化艺术长廊，共同构成了地铁进出站的人行通道。

② 在空间体系上，改造后的 128m 长地铁通道和地下二层社会通道，通道宽度满足客流需求，且在视觉空间上非常舒适（图 3-11）。

③ 消防设计上，地下一层按地铁设备用房，设计为三个防火分区；地下二层按商业功能，划分成三个防火分区，并在相邻防火分区之间的走道设防火卷帘；对地铁通道的疏散进行了特殊处理，由于通道长度超过 100m 且无法增设通向地面的出入口，所以在通道两端增设防火卷帘门，且在与站厅交接处设常开式防火卷帘，既不影响通行和美观，也满足现行消防设计规范，取得了很好的效果。

2）控制中心改造案例

11 号线隆德路站车站设于曹杨路、隆德路交叉口的曹杨路东侧，设计为地下三层岛式站台换乘车站，车站与 13 号线车站换乘，13 号线车站沿隆德路布置，位于 11 号线车站下，设计为地下四层岛式站台换乘车站。地下一层为两线共享中庭采光大厅与 11 号线两端设备用房。

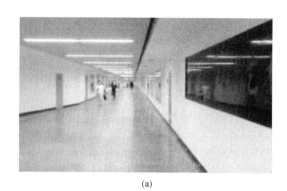

(a)　　　　　　　　　　　　　　　　　　(b)

图 3-11　徐家汇站 128m 长地铁通道和地下二层社会通道

隆德路控制中心大楼初期设计为轨道交通 11 号线北段和 13 号线的共享控制中心。控制中心与 11 号线隆德路站、13 号线隆德路站换乘枢纽直接贴邻，大楼与车站采用一体化统筹设计，地铁风井、冷却塔、吊装井、乘客出入口、安全出口等与建筑结合布置。隆德路控制中心主楼地上 7 层，地下 2 层。

为了实现 11、13、16 号线三线 OCC 共享，上海申通地铁集团有限公司确定对隆德路车站地下一层和隆德路控制中心大楼进行改造。主要改造的内容为：

① 将 13 号线、16 号线设备用房设置在隆德路站地下一层中，保留 11 号线已使用设备用房不变。

② OCC 保留 11 号线既有大屏幕，其他内容按照三线共享原则进行再设计。

③ 三线其他设备管理用房按照三线共享原则，同时满足 11 号线项目公司基本使用需求，对设备管理用房进行再设计。目前隆德路站地下一层中庭公共区穹顶及出入口的装饰已完成，由于 13 号线、16 号线控制中心的设备用房设置在隆德路站地下一层中庭区域，需对中庭外的公共区部分进行改造。

建筑改造内容为：

① 隆德路站地下一层公共区按现状装修风格进行改造，中庭外环形走廊内装修尽量保留，设备区内部装修按申通下发的《关于下发车站设备用房装修标准的通知》执行。

② 隆德路站地下一层新增设备用房地面因专业要求需设置防静电地板，拆除原有地板。

③ 隆德路站地下一层运二、运三公司的房间均按管理用房考虑，值班室、信号料库按管理用房考虑。

④ 隆德路站地下一层新增环形走廊装修维持与现场风格材料一致（图 3-12）。

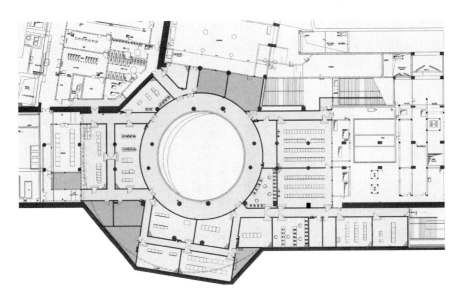

图 3-12　隆德路站地下一层平面图

3）地铁出入口改造案例

为配合徐家汇中心地块项目及地铁广场地块的建设，需对上海市轨道交通 11 号线徐家汇站原 18、19、20 号出入口及北、中、南风井组进行改造，结合徐家汇中心地块及地铁广场地块建筑方案进行整合设计。轨道交通 11 号线徐家汇站为地下五层岛式车站，位于恭城路下方南北向布置，其中 18 号、19 号出入口及北、中风井位于地铁广场地块，20 号出入口及南风井位于徐家汇中心地块。

徐家汇中心地块东侧为恭城路，南侧为虹桥路，西面为宜山路，北侧为名仕苑，设酒店、商场及办公，两栋办公楼分别为 220m 和 370m 的超高层建筑。地铁广场地块东侧为恭城路，北侧为昭平路，西侧为徐家汇中心地块，含公交首末站（图 3-13、图 3-14）。

综合现状情况及区位特点，通过对轨道交通车站的改造，将两个地块的公共建筑紧密连接成整体，优化地下空间环境，提升公共空间品质。

建筑改造内容为：

① 徐家汇中心地块施工阶段需拆除原 19 号、20 号出入口，为了保证 11 号线徐家汇站的正常运营，重新规划建设 19 号及 20 号临时出入口，待地块内 19 号及 20 号出入口建成后实施拆除。

② 原 18 号出入口及北风井位于徐家汇站西北角，根据地铁广场设计方案，需对车站部分设备用房、出入口及风井进行改造。改造后 18 号出入口和地铁广场地块裙房结合设置，原设备用房移位并新增部分设备用房。

③ 根据徐家汇中心地块设计方案，11 号线徐家汇站共设 4 处连通口与地块连接。消防设计上增加防火卷帘。

机电改造内容为：

① 原则不影响地铁正常运营，对改造施工期间的配电箱、应急照明灯具、弱电管线

系统等进行拆除并加装临时设备，待施工完成后再复原。

②在改建施工期间，部分设备用房风机需进行拆除，故先对风道进行扩建，安装新增风机及消声器，然后再打通新旧两根风道，最后对旧风井进行封堵以及旧风机的拆除。

③既有给水排水管道、消火栓设备进行拆除，在车站空调系统停止使用期间，进行冷却循环水系统的改造，在空调季开始前，完成冷却循环水系统的改造，其他给水排水管线的切改均在夜间地铁停运后实施。

这个项目的改造难点为，客流重新进行计算，复核车站出入口疏散能力，消防上防火分区的重新划分，对影响人防体系有影响的部分，进行重新设计，新增人防密闭通道及人防门，满足人防要求。

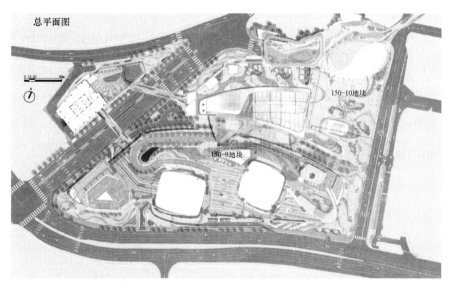

图 3-13　开发方案总平面图（含徐家汇中心地块及地铁广场地块）

图 3-14　地铁广场总平面图

3.1.3 既有地下空间功能调整技术设计

根据以上3种类型的既有建筑的地下空间改建类型和案例分析，如徐家汇枢纽站改造成港汇广场地下室的不同领域的地下空间功能调整、南京先锋书店车库改造成书店的民用建筑领域的地下功能之间的调整，以及1号线徐家汇站内部功能改造的地铁车站功能调整与空间改造，通过对案例的分析，可以发现空间秩序营造、消防设计、人防设计、机电设备设计、导向标识设计等方面是既有建筑的地下空间功能改造设计中的要点和难点，同时也应满足一定的社会效益，符合《既有地下建筑改扩建技术规范》的要求，并妥善处理好改建后与原有地下建筑的交通组织、地面设施、地下管线、地下建（构）筑物之间的关系。

（1）空间秩序营造

地下商业空间、地下办公空间、地铁主体空间等地下空间的空间秩序，需要从环境行为学、环境心理学、人的需求层次以及无障碍设计方面的综合考量。地下空间改造设计的难点之一就是通过空间的联系、空间的互动交融、空间的延续等方面的设计，改变原有地下空间封闭内向的特点，促进地下空间秩序更好的营造，确保人在流畅、有节奏感的空间中高效快捷的进行，形成更加丰富的空间感受。

既有建筑与改建部分的导向标识系统应统一设置。随着地下空间的迅速发展，地下建筑体系越来越复杂，相互穿插、贯通的情况越来越多，提高人群的流动速率和高效的寻路系统，是转换地下空间建构的根本出发点，同时也是改建设计的根本宗旨，以此满足人们最基本的心理需求。

（2）消防设计

通过实例可以看出，因为人在地下空间内认知感减弱，而地下空间本身方向感较弱，导向性比不上地面清晰，所以地下空间的消防设计是功能改建的重中之重。地下功能的调整，往往涉及防火分区的重新划分，随之带来的是机电设计的重组，但无论是何种类型的功能改建，其改建后的功能必须满足现行国家标准《建筑设计防火规范》GB 50016、《人民防空工程设计防火规范》GB 50098、《汽车库、修车库、停车场设计防火规范》GB 50067、《建筑内部装修设计防火规范》GB 50222等国家及地方规范的有关规定。

（3）人防设计

地下建筑的功能改建，若由其他功能改建为人防设施，则应满足作为防护工程的人防设施要求；若是从人防设施改建成其他功能且不保留人防功能，则应满足改建后的其他功能；若改建后仍兼人防设施功能，则改建后的地下建筑必须仍然满足人防设施要求。

（4）机电设计

机电系统设计满足改建地下建筑空间使用功能和运营管理要求，改建后的地下建筑空间也应独立提供机电系统能源和资源，如不满足时可结合原建筑统一考量。

当改建地下建筑功能与原建筑功能相互独立时，机电系统的设计应独立设置；当改建地下建筑空间与原建筑空间的机电系统非相互独立设置时，非独立设置部分的机电设备和管线及改建地下建筑空间与原建筑空间之间的相互穿越管线应设置安全防护设施和检修维护空间。当改建地下建筑空间与原建筑空间有统一运营管理要求时，其机电设备可共享设置，共享设备应分别设置监测和控制系统。即使相互独立运营的情况下，扩建地下建筑空间与原建筑空间宜根据运营管理要求设置通信接口，传递机电系统运行和消灾防灾信息。

3.2　地下空间扩展设计

国家最高科学技术奖获得者钱七虎院士指出，地下空间是城市建设的新型国土资源，应将有些城市功能转移到地下；同时地下空间的开发也应更进一步，从浅层利用扩展到深层利用，从单一的地下空间到连片的网络化发展。但是，在我国城市地下空间开发实践中，存在着受制于原有施工工艺水平无法建设地下空间，前期设计考虑不周地下空间设置不合理，时代发展原建成的地下空间无法满足新增功能需求等情况，对既有建筑的地下空间进行扩展将是未来城市获得有效空间的重要手段之一。

3.2.1　概念与沿革

既有建筑的地下空间扩展是对原有建筑地下空间的扩展而进行的平面扩建或者竖向增层的开发。即保留原有地面或地下建筑，在其基础上增加一定规模、形式、功能的新建地下建筑，并与原建筑保持相关。

既有建筑的地下空间扩展建设历史可以追溯到 3000 多年前的土耳其卡帕多西亚的德林库尤（Derinkuyu）。德林库尤是一座古老的地下城市，始建于公元前 15 世纪到 12 世纪之间。因为卡帕多西亚地区的火山岩石地基非常柔软，所以该地区的早期居民赫梯人首先在他们的原有房子下面挖出小储藏室或地窖，凉爽、恒定的温度使它成为储存食物的理想场所，但当城市遭到侵略者的袭击时，地下房间也提供了一定的保护，这种在既有居住建筑下开挖地下室的做法可以视为地下空间扩展的雏形。在公元 780 ~ 1180 年的拜占庭时期，居住在此地的基督徒为了避难，将原有的地下空间进一步扩展、加深、连通，形成了面积 2500 多 m²，距地埋深超过 50m，共有地下 8 层的错综复杂的地下城市。

德林库尤的设计功能完善，即使人们被迫躲在地下，日常生活也能照常进行。在功能上地下一层为卧室、厨房、餐厅和酒坊，地下二层为圣坛教堂，地下三四层是洗礼房学校，地下五层是军械所和避难所，其他几层还设有粮仓、病房等，在最低一层房间靠近一条地下河，使整个城市都可以喝到新鲜的饮用水。地下城市内部还在从上到下的隐蔽处设 50 多个通风口，使洞内空气流通。地面部分共发现了 100 多个通往地下城市的入口，所有的入口都隐藏在卡帕多西亚各处的地面建筑、庭院、公园、墙壁、乔木和灌木丛的后面（图 3-15、图 3-16）。

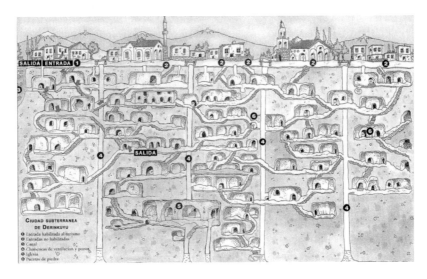

图 3-15　德林库尤地下城示意剖面图

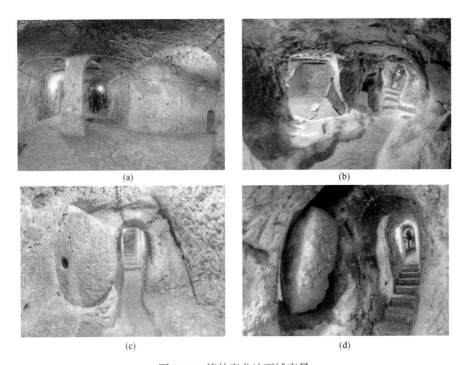

图 3-16　德林库尤地下城实景

　　像这类的地下城市在卡帕多西亚共发现了 36 座，德林库尤是其中规模最大的一处。这些地下城市并非各自独立，像卡伊马克利（Kaymakli）地下城与德林库尤之间就由长达 9km 的地下通道相连。可以想象，在卡帕多西亚地下，有一个规模庞大，又互相连通的地下城市体系。

3.2.2　扩展类型及案例

既有地下空间的扩展，按照扩展模式大致可以分为四种类型：在既有地面建筑下，新增地下空间；在既有地下空间基础上，水平向平面扩展地下空间；在既有地下空间基础上，垂直向增层扩展地下空间；既有地下空间之间的相互连通。

（1）既有地面建筑下新增地下空间

既有地面建筑下新增地下空间，是在已建成的地面建筑下方及周边加建地下空间，一般发生在历史建筑、历史街区或者保护类建筑的扩建改造中。这种类型的扩建地下空间国内外实践较多，如西班牙凯沙论坛文化中心、纽约摩根图书博物馆、美国国家美术馆扩建、中国国家博物馆扩建、上海音乐厅扩建、江苏省财政厅扩建等工程实践。当然，最负盛名的当属华人建筑大师贝聿铭设计的巴黎卢浮宫扩建工程。

巴黎卢浮宫始建于 1204 年，位于法国巴黎市中心的塞纳河北岸，是文艺复兴时期最珍贵的建筑物之一，以收藏丰富的古典绘画和雕刻而闻名于世。1793 年 8 月 10 日，卢浮宫成为国家艺术博物馆正式对外开放，吸引了世界各地的游客前往。作为一个大型的艺术博物馆，卢浮宫原有宫殿的厅堂走廊空间开阔，对于艺术品的展示和陈设非常有利，但必需具备的其他功能则很不完善。因此，法国人把卢浮宫叫作"没有后台的剧场"，其九成以上的空间被艺术品展示空间占据，仅一成的面积作为办公和储藏区域。除此之外，原有建筑交通混乱，多达十个的不同出入口可供出入，参观路线迂回曲折，缺乏休憩、餐饮等服务设施。随着游客的日益增多，急需对建筑进行改扩建解决上述问题。随之而来的问题是卢浮宫原有宫殿规划的布局完整，造型精美，是世界文化的瑰宝，具有重要的历史地位，在地面层以上对其进行的任何改建或者扩建都将是一种巨大的破坏。而贝聿铭大师另辟蹊径，选择了地下扩建的工程方案。

卢浮宫正前方是宽阔的拿破仑广场，广场下的地下空间资源丰富并且易于开发。设计者充分利用了这一点，在地下空间中布置扩建所需的休息、服务、餐饮、储藏、研究、停车等功能。新建的地下空间面积约 6.2 万 m²，主要空间地下两层，局部三层。新构建的参观路线在地下中心大厅分成三条，三条参观流线分别通过地下通道向东、西、北三个方向进入原有建筑展厅，把卢浮宫的各个组成部分在地下完全联系起来，综合解决了原有建筑的功能和交通矛盾。中心大厅则成为博物馆总的出入口，在其周围布置报告厅、图书馆、餐厅和咖啡厅等服务设施，而库房和研究用房分散布置在通道两侧。

卢浮宫扩建工程通过新增的地下空间，除了加大了使用面积，为停车、办公、餐饮休闲、文物修复、库房等功能提供了空间，还重新规划定义了博物馆的主要出入口和参观流线，形成了新的建筑空间秩序。此外，卢浮宫扩建工程的内装工程也别具匠心，摒弃了贝聿铭常用的混凝土等材料，大面积的采用玻璃、金属，更具现代感、科技感。在卢浮宫这个古典主义建筑巅峰之作的大背景下，现代材料的纤细与透明毫无违和，反而更加映衬出了卢浮宫的典雅与庄重。

（2）既有地下空间基础上水平向平面扩展地下空间

　　既有地下空间基础上水平向平面扩展地下空间，是在已建成的地下建筑周边增建地下空间。这种增建方法需占用周边地下资源，但很少受原有建筑本身原结构条件的制约，增建空间根据周边环境情况设计。如上海中山公园 1 号门地下空间扩建开发是在原有地下人防车库的基础上，在公园地面下进行的地下空间扩展开发（图 3-17）。

　　上海中山公园是上海最负盛名的公园之一，建于 1914 年，最早为兆丰洋行主人英国商人霍格所有，故称为兆丰公园。1944 年改称中山公园以纪念孙中山先生，公园占地 20.9 万 m²，2002 年评定为上海市四星级公园。中山公园是一座以自然风光为特色，英式园林风格为主体，兼具中式、日式园林风格的城市园林，是迄今上海市原有景观风格保持最完整的老公园。2013 年，中山公园进行了内部的改造，提升了环境品质，增加了公园功能，并在一号门西侧围墙内建设凝聚力博物馆一座。中山公园 1 号门位于长宁路北侧，其"银门叠翠"是中山公园十二景观之首。中山公园商业圈作为上海重要商业中心之一，商业氛围浓厚，客流量巨大，特别是中山公园免费对公众开放之后人流激增，本区域节假日高峰期间 85% 以上停车位处于使用状态，车辆周转率高，停车不足的问题非常严重，大大制约了商业品质和区域的进一步发展，根据测算，停车需求缺口约为 400 个泊位以上。而中山公园 1 号门区域地面为广场绿地，拥有良好的地下空间资源可开发利用，因此在此处改扩建三层地下空间，作为公共空间、商业、停车等商圈功能的有效补充。

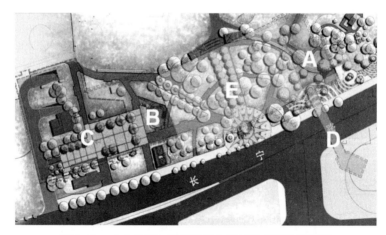

图 3-17　中山公园 1 号门地下空间扩建工程总平面图

　　改扩建工程结合中山公园 1 号门西侧既有人防地下空间，根据施工方法不同共分为 4 个区域，分别为 A、B、C、E 区。其中，E 区位于一号门南侧腹地，范围内地面树木茂密，且分布有大量大胸径保护树木；A 区、B 区位于 E 区两侧；C 区为既有人防地下空间区域。A、B、E 三个区域为水平向平面扩展地下空间，A、B 区采用明挖法施工，E 区采用管幕法施工。管幕法是一种较为先进的暗挖工法，利用微型顶管技术在拟建的地下建筑物四周顶入钢管或其他材质的管子，钢管之间采用锁口连接并注入防水材料而形成水密性地下空间。然后在管幕的保护下，对管幕内土体加固处理后，边开挖边支撑，直至管幕段开挖贯通，再浇筑结构体（图 3-18、图 3-19）。

　　结构体地下空间方案为地下三层，地下一层主要功能为配套文化社会活动展示区，以及设备用房和汽车坡道；地下二层功能为机动车停车库及部分机房，可停车约 220 辆，机动车库共设两个双车道出入口；地下三层功能为机动车停车库，可共停车 230 辆，机动车库共设两个双车道出入口。正因为地下工程的扩建，不仅满足了区域的发展要求，更重要的是地面历经风雨的 200 余棵大树得到了保留，建成后将为长宁区通过地下非开挖技术扩展城市空间的典型案例。

地下一层平面图

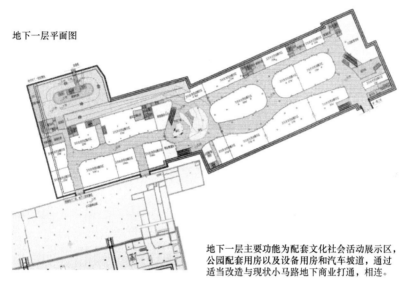

地下一层主要功能为配套文化社会活动展示区，
公园配套用房以及设备用房和汽车坡道，通过
适当改造与现状小马路地下商业打通，相连。

图 3-18　中山公园 1 号门地下空间扩建工程地下一层平面图

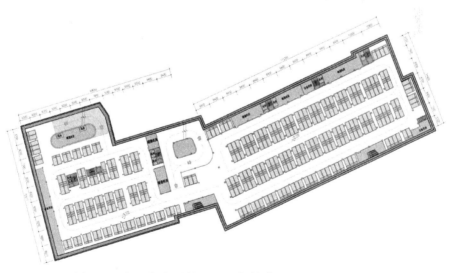

图 3-19　中山公园 1 号门地下空间扩建工程地下二层平面图

（3）既有地下空间基础上垂直向增层扩展地下空间

　　既有地下空间基础上垂直向增层扩展地下空间，是直接在已建成地下建筑物上方或

底部垂直延伸扩建。这种增建方式不占用建筑物周边地下空间，一般用在用地受到限制无法平面水平扩展的情况下。但由于这种增建方式受既有建筑物本身结构原条件的制约，增建空间受到限制。垂直向增层扩展又可以分为增层向上扩展地下空间和增层向下扩展地下空间。

在上海市轨道交通 9 号线徐家汇枢纽站工程中，为满足地铁 1 号线和 9、11 号线之间付费区直接换乘的要求，需在 1 号线地铁商场下加层作为付费区换乘厅（图 3-20）。在设计中利用既有结构顶板作为天然盖板进行暗挖加层，最大限度地避免了施工期间对虹桥路的地面交通和管线的影响。工程中的技术难点主要是在紧靠地铁旁向下盖挖加层施工，在紧靠 1 号线的狭小地下室空间内盖挖基坑，涉及群桩压桩对 1 号线车站的挤压、静压桩与承台整体托换顶板、靠 1 号线大方量的旋喷加固对周边影响和基坑开挖对 1 号线影响等施工关键技术。

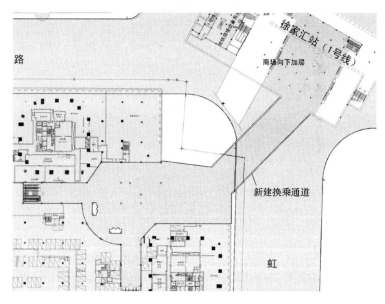

图 3-20　盖挖加层新建地铁付费区通道

类似的情况也发生上海中山公园 1 号门地下空间扩建开发，C 区是在原有地下人防车库的基础上，采用盖挖加层技术，垂直向下扩展增建地下两层空间。盖挖加层是利用原有地下室地板作为盖板，先进行桩基托换，然后进行坑内加固和新围护施工，随后进行加层结构逆筑的施工技术。

与中山公园和徐家汇工程案例相反，哈尔滨市轨道交通 1 号线一期工程烟厂站是在原有 "7381" 人防工程的基础上，增层向上扩展新建地下一层空间。"7381" 人防工程是哈尔滨市原地下人防工程之一，已建成近 30 年，修建时也是以战备为主，同时考虑平战转换，且 "7381" 人防隧道始终没建成地铁通车，几个车站一直是作为地下仓库使用。哈尔滨轨道交通 1 号线利用了既有 "7381" 人防隧道段约 5.4km，利用既有人防工程改造站 4 座。其中烟厂站位于三姓街与辽源街之间的东大直街下，与沿三姓街的规划 4 号线车站 T 字形换乘。既有车站结构断面为双柱三联拱结构，既有站台长度不够，将原人防工程的侧式站台向三姓街方向扩建一段，做成明挖地下二层侧式车站，满足 120m 站台要求，并与规划 4 号线车站 T 字形换乘。在既有站台层结构上部，加建一层地下浅埋站厅层，站台层结构两侧既有结构外贴建自动扶梯、楼梯井与浅埋站厅层上下连通。在实践中，对原有地铁车站的保护是工程实施的重点和难点（图 3-21、图 3-22）。

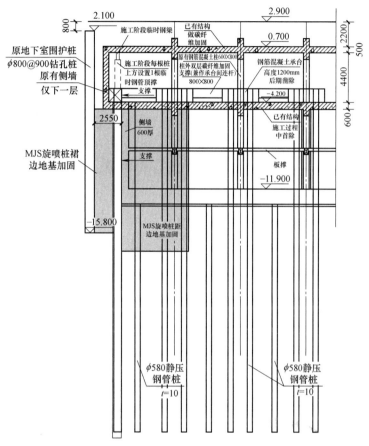

图 3-21　中山公园车库盖挖加层方案示意

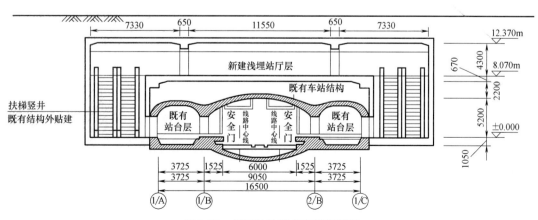

图 3-22　烟厂站改造方案横剖面图

（4）既有地下空间之间的相互连通

既有地下空间之间的相互连通是在若干个相互独立的既有地下空间基础上，新增地下空间或者地下通道，将单一地下空间相互串联起来，便于地下空间资源的整合利用、协同发展。上海虹桥地区楼宇间勾连实施工程即通过新建地下通道，将既有地铁站点、商业地下空间、地下停车设施等联系起来。

上海虹桥国际贸易中心区域东起中山西路，西至古北路，南起虹桥路，北至天山路，占地 1.77km²。随着一栋栋商务楼和商场的拔地而起，虹桥商圈每天早晨聚集了大量上班的人流和车流。为缓解交通拥挤的状况，并提升周边景观和商业业态调整，长宁区建交委牵头制定了《虹桥、天山、古北地区楼宇间勾连实施方案》，通过地下通道分散轨道交通站点的人流，同时将人流有序引入到周边商业设施中（图 3-23）。

按相关规划，从虹桥路到天山路，以轨道交通 2 号线娄山关路站和 10 号线伊犁路站为南北两个重要节点，以娄山关路为轴线并向两侧扩散，综合商业设施、市政以及停车等多种功能，建设一条长约 1.2km 的地下步行通道，虹桥中心区商圈地下部分将全部实现勾连。地下通道同时与附近区域的商务楼直接连通，并考虑通过地下道路解决地面机动车交通和地下车库的连接，地下步行通道每天可以承担数十万次的人流量。

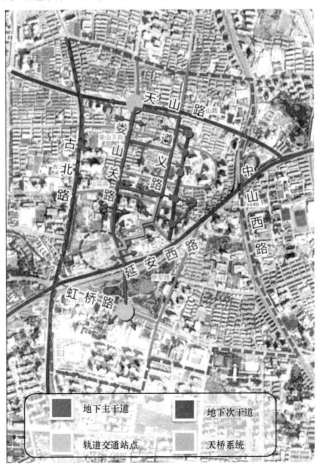

图 3-23 虹桥地区楼宇间勾连实施规划方案

　　根据"虹桥地区楼宇间勾连实施规划方案",未来"虹桥功能拓展区"将形成"双轴、多点、南北枢纽、主次分明"的"目"字形网络化公共人行联通的空间结构。其中,"双轴——遵义路、娄山关路","多点——商办核心区、会展区、宾馆区","南北枢纽——2、15 号线和 10、15 号线枢纽站点","主次分明——地下街为主轴,地下商业街勾连为辅轴的公共地下空间"。其中,遵义路地道、紫云北路地道、紫云南路地道、仙霞路地道作为地下次干道辅轴,为首期实施工程(图 3-24)。

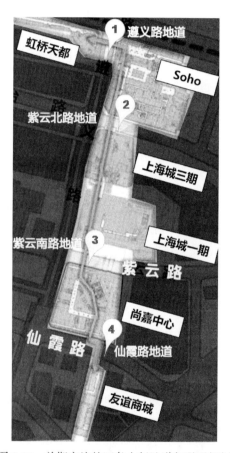

图 3-24　首期实施的四条人行地道与联通规划

　　在地下连通道中,空间相对狭小闭塞,没有自然通风采光,行人感知能力减弱,空间方向感削弱,而地下通道主要功能为地下空间之间的互相连通,需要较强的导向指引功能。因此,在设计中尤其要注意导向标识的设计,在关键位置设置明确、清晰的定位标识及指示标识,并且将导向标识与立面装饰效果和谐融入,打造一体化、亲民便捷的地下空间视觉系统。

　　在虹桥地区楼宇间勾连项目中,首期实施的四条地道采用"春、夏、秋、冬"四季的设计主题,既能给人以明确的视觉引导,也具有一个连续的"时间"主题。此外,通道中统一设置了导向标识系统。在统一的标识系统和设计主题的引领下,因地制宜,打造风格不同却又紧密相连的视觉效果,形成地下次干道的景观序列(图 3-25)。

(a)　　　　　　　　　　　　　　　　　　(b)

(c)　　　　　　　　　　　　　　　　　　(d)

图 3-25　虹桥地区楼宇间勾连项目设置统一的标识系统和设计主题

3.2.3　扩建技术设计

通过对案例的分析可以发现，空间秩序营造、消防设计、人防设计、机电设计、导向标识设计等方面是既有建筑的地下空间扩展设计中的要点和难点。同时，设计应符合城市规划、人民防空工程规划、环境保护及城市景观的要求，并妥善处理好扩建后与既有地下建筑的交通组织、地面设施、地下管线、地下建筑之间的关系。

（1）空间秩序营造

因为难以自然采光，地下空间往往给人带来一种狭小压抑的感觉，即使与地面建筑层高相同或者更高，也无法使人达到与地面相同的心理感受。地下空间封闭内向的特征，使得开放性的空间设计尤为重要，各个空间之间需要相互联系渗透，增大空间的开敞感，需要从空间节点、对比与过渡空间、空间序列与节奏等方面使空间的组织富于变化，改善地下空间的环境，丰富人的空间感受。

（2）消防设计

地下建筑因为其空间相对闭塞，疏散逃生相对复杂，通风较为困难，其防火安全问题却始终是设计中的重中之重，因此设计中也应重点考虑。对于扩建地下空间的防火与新建没有本质差异，应符合现行国家标准《建筑设计防火规范》GB 50016、《人民防空工程设计防火规范》GB 50098、《汽车库、修车库、停车场设计防火规范》GB 50067、《建筑内部装修设计防火规范》GB 50222 等国家及地方规范的有关规定。

（3）人防设计

既有建筑的地下空间扩建中，扩建部分通常需要与原建筑连通，有些情况下还需要与周边其他地下空间连通。当扩建部分设置人防时，需要与连通部分之间设置必要的防护措施。由于联通的对象有可能是人防区域，也有可能是非人防区域，即便连通对象也是人防区域，其连通两侧的人防、使用要求也多种多样，两侧空间连通方式也有多种形式，如通道连通、共墙连通、垂直连通等。因此，情况比较复杂，需要根据具体情况采取相应的防护措施。

（4）机电设计

在既有建筑的地下空间扩建中，机电系统设计应满足扩建地下建筑空间使用功能和运营管理要求。

当扩建地下建筑功能与原建筑功能相互独立时，机电系统的设计应独立设置，机电系统能源和资源宜由扩建地下建筑空间独立提供。当扩建地下建筑空间与原建筑空间的机电系统非相互独立设置时，非独立设置部分的机电设备和管线及改扩建地下建筑空间与原建筑空间之间的相互穿越管线应设置安全防护设施和检修维护空间。

当扩建地下建筑空间与原建筑空间有统一运营管理要求时，其机电设备可共享设置，共享设备应分别设置监测和控制系统。即使相互独立运营的情况下，扩建地下建筑空间与原建筑空间宜根据运营管理要求设置通信接口，传递机电系统运行和消灾防灾信息。

（5）导向标识设计

既有建筑的地下空间扩建中标识系统非常重要，主要难点在于与既有地下空间的标识等形成视觉的连续性。标识系统一般包含平面分布标识、公共空间指示及服务标识、方位指示及场所标识、操作标识、禁止标识、文化宣传标识等。

标识系统作为空间环境中的引导，需要创造具有冲击力的视觉符号和听觉信号，使人由此产生兴趣而形成记忆，产生认同感，达到塑造标定空间、引导人流的目的。建筑地下空间的标识系统负担着比地上空间更为重要的作用。地下空间的标识设计需要体系化，便于行人识别，结合室内设计，造型与颜色醒目，符合人的认知规律和体验规律，通过对整体要素的精心组织布局，利用强调、对比、点缀、烘托等艺术手法，形成标识序列，要特别强调地下空间标识系统的设计合理性与易于理解性。

3.3　地下空间改扩建的适用性

中国城市正处在新城建设和存量更新的双轨发展中，呈现出更高的聚集度，地下空间在扩大城市容量方面，有着巨大的优势和潜力。一方面，从空间扩展来看，不同地质条件下，实现从无到有，或者在既有地下空间中向垂直或水平方向拓展已经有不少实例，在技术手段上实现了不断的突破，在满足建筑需求方面的技术障碍已经越来越少；另一方面，从功能调整来看，不但对老旧建筑的地下空间再开发、再利用成为发掘城市空间的重要手段。以徐家汇轨道交通枢纽为代表的创新尝试，已经实现了传统民用建筑和市政工程相关地下工程之间的功能转换，为我们打开了地下空间改扩建的新窗口。可以说，地下空间的改扩建充满着一切都可能性。但是，可能不代表适用，对于改扩建的适用性，我们可以从建筑功能和工程实施两个维度来认识。

3.3.1　改扩建的建筑功能适用性

随着新时代中国城市进入了一个从外延扩张到内涵提升的历史发展新阶段，高质量发展已成为新时代的主旋律。地下空间作为"人类潜在的和丰富的自然资源"（1982 联合国），必须以"地下空间开发利用为地面服务"为指导思想。人们利用地下空间的本质目的并不是代替地面空间的功能，而是为了更好地为地面服务，让人能够享受到阳光、新鲜的空气，改善城市生态和居住环境、提高城市综合承载能力、促进城市可持续发展。从这个意义上讲，地下空间改扩建的内容需要有所限制。

（1）从城市的四大功能看改扩建的适用性

1933 年的《雅典宪章》提出，城市规划的目的是解决居住、工作、游憩与交通四大功能活动的正常进行。这四大功能中，尽管"地下住居是人类所知道的最古老的遮蔽所形式"，但在当代城市中居住功能并不主张进行地下化，也就是将既有地下空间扩大或调整为居住功能是不可取的，但是居住的配套功能——人不需要长时间停留的空间——可以考虑利用地下资源。譬如，目前全国普遍存在的"停车难"问题，对于一些老旧小区土地资源紧缺，停车设施供地难，通过改扩建技术，对原有地下室进行功能调整或扩展地下空间，进行土地的复合利用，则可以改善居住环境，提高居民的生活品质。再如，北京朝阳区把 920 处人防空间改造成服务居民的"活动站"，体现的功能调整、平战结合对居住功能的积极作用。同理，通过功能调整或空间扩展的手段，使人们主要在地下工作，并不是改扩建的目的。但是地上、地下双重利用可以加强城市的紧凑性，提升土地价值，增加就业机会，本身并没有问题，关键是考虑在改扩建时候，考虑将阳光、空气引入地下，设计成具有高品质的城市公共空间，这也就提出了地下空间改扩建向人性化发展的需求。譬如，深圳的一些学校为解决发展空间不足的问题，不再仅仅采用在城市外围开分校的模式，而是通过对原有校园的改造，增建地下空间，将一些后勤服务、食堂、图书阅览、运动场馆等功能设置在地下。同时，采用下沉广场的方式，改善地下环境，实现了存量空间的高品质再开发。

《雅典宪章》中指出游憩功能主要问题是，大城市缺乏空地，城市绿地面积少而且位置不适中，无益于居住条件的改善，建议新建的居住区要多保留空地。随着城市的发展，用地问题越来越突出，考虑"多留出空地"在平面上是越来越困难，唯有实现土地的多功能与立体化发展。譬如，人们开车去公园，但停车位不足；人们去滨江绿带，但附近没有配套的服务设施，需要走很远的路，这些都是早期"城市功能分区"思想造成的。上文提到的上海中山公园的例子，就是一个通过改扩建拓展城市游憩功能的典型实践。

游憩功能的另一个主要内容是商业、餐饮、文化、体育等社会服务、公共活动，这些空间本身就需要采用人工环境，且与地上空间相比，地下空间具有得天独厚的节能、稳定、绿色优势，不受街道分割问题，通过改扩建的技术手段实现功能调整和空间扩展是最为合适的，上文已经有大量实例，在此不再赘述。

交通功能也是改扩建适用的领域。交通、市政、防灾设施是地下空间利用的传统领域。特别是随着近年来城市化的发展，地铁、地下道路作为快速交通干线支撑着城市高强度开发。轨道交通中改扩建应用已经有较多实例，例如新建车站与既有车站换乘（未预留换乘条件），车站与周边开发地块的勾连，甚至是将既有建筑改造成车站或换乘通道等。目前我国有约 40 个城市开通了轨道交通线路，轨道交通持续高速发展，在运营里程、发展速度等方面已经走在世界前列，网络化、多制式、高质量发展是必然趋势，地下空间的改扩建应用必然更加广泛。在地下人行、车行交通方面，地块之间缺乏必要的互联互通，适合以改扩建的方式解决这一矛盾。譬如上海新虹桥商务区楼宇间勾连项目，通过既有商业设施的改建和扩建联通道等手段，实现多座商办建筑和两个地铁车站之间的地下人行联通；上海陆家嘴地区也采用了类似手段，对区域内的地下人行道进行扩建和再开发，提升了区域的人行交通服务水平。

（2）改扩建中的规范问题

地下空间在人们心理、行为、寻路、防灾减灾等基础性问题上存在先天的不足。目前我国的规范体系中，大多规范在前言或总则中，明确适用于"新建、改建和扩建"，但是系统性针对既有地下建筑改扩建技术规范较少。地下空间进行改扩建，主要矛盾在于原有空间或条件限制，如果没有针对性的要求，必然限制改扩建的适用范围。譬如，某建筑原有地下空间使用满足实施时的设计规范，但与新规范要求有矛盾，扩建前可以使用，扩建后若整体使用则必须满足新的规范要求，若分开原有空间使用则可继续使用，新旧之间采用何种分隔要求是不明晰的，而如果两者之间完全分隔又失去了扩展的意义。这些都需要在规范体系中予以明确，否则会造成实际操作中出现偏差。当然，一座建筑中有新建不允许的措施而改扩建却允许，势必造成规范的"空子"，成为利益的温床。因此，一方面需要编制专门的地下空间改扩建规范，另一方面重要的是研究如何解决新老规范体系矛盾问题，这也是设计层面真正能够利用存量地下空间的核心问题。

（3）改扩建中的政策问题

20 世纪 80 年代以来，我国城市化进程不断加快，目前已经进入了新型城镇化发展时期。地下空间开发利用规模巨大，但与之相关的法律和政策缺乏，虽然不少城市都有探索，但总的来说仍相对滞后甚至缺失。在地下空间改扩建方面，问题则更为突出，主要表现在三个方面：一是权属问题，二是管辖问题，三是缺乏激励机制。权属问题上，目前我国城市地下空间产权不清、主体不明的问题比较普遍。在功能发生变化或者需要空间扩展的时候，这个问题更为凸显。譬如，通过扩建建设的联通两座商业建筑的人行通道，部分在道路下，部分在地块中，权属如何划分存在较大的不明性。原有的"用地红线"、"退界"等平面化的规划管控手段已经不适合地下空间的改扩建需求。管辖问题上,涉及地下空间管理的部门包括规划、人防、建委、国土、消防、市政、绿化等,利益和要求本身就交织复杂,涉及地下空间改扩建则矛盾更多。此外,通过改扩建开发地下的存量资源需要较大的投入,地下空间设施的运营本身就高于同类型运营的地面建筑,改扩建的技术往往比一般地下空间更复杂、困难,造价也更高,需要更多的激励机制。目前我国地下空间民事权属的立法欠缺,导致民事法律权利义务关系不清晰,特别是在难度更大、综合度更高的地下空间的改扩建方面,目前针对性的法规政策还是极少的。

建设部 1997 年颁布并于 2001 年修订的《城市地下空间开发利用管理规定》中明确提出,"地下工程应本着谁投资、谁所有、谁受益、谁维护的原则,允许建设单位对其投资开发建设的地下工程自营或者依法转让、租赁"。但由于没有相应的民事基本法律加以确定或规范,就得不到民事基本法律的保护。一些城市通过地方规章的形式在地下空间发展方面进行了积极探索,如上海、广州等地考虑分层产权,可以将地下空间写入房产证;深圳以地价优惠政策促进地下空间开发和改造;无锡、杭州等地出台"地下空间开发利用管理办法";义乌等地尝试民间资本开发地下空间;"新合作"等央企在各地打造地下人防商业一体化设施等。在改扩建方面,北京的民防部门目前正与规划、住建、工商、消防等部门建立协作机制,研究制定《利用地下空间补充完善便民商业服务设施的指导意见》《北京市人防工程和普通地下室规划用途变更管理规定》等政策。另外,相关部门也积极联系街道,听取当地居民意见,以补充城市功能、服务居民为导向,积极开展试点工作,以点带面,推进人防工程再利用工作,力争让今后符合利用条件的每一处人防工程,能切实为民所需,满足大多数居民的多样需求。

总之,地下空间改扩建是城市化发展到一定程度的矛盾和要求,从其适用性来看,设计理念和设计手段的发展可以解决改扩建的需求和必要性问题,土建技术、施工装备的发展可以解决改扩建中的实施和经济性问题,而政策、法规问题则直接决定了地下空间改建、扩建的可行性问题,是改扩建工程的"发令枪"。行业内专家学者、人大代表都在呼吁,需要用前瞻性、整体性的眼光,对政策法规的不断明确,才能满足城市的发展需求。

3.3.2 改扩建的工程实施适用性

工程实施就意味着项目落地开展,因此工程实施适用性评价可以说是既有地下空间改扩建项目在落地之前的最后一道技术关。工程实施适用性评价应从地基承载力及变形、既有结构的承载能力极限状态和正常使用极限状态、抗震性能、耐久性等方面开展,其适用性评价程序可按图 3-26 所示的流程进行。一般来说,结构检测内容包括:地基基础的检测、材料力学性能的检测、结构布置及构件尺寸的检测、结构构件变形及损伤的检测等。检测评定要基于目标使用期内的承载力极限状态和正常使用极限状态,包含安全性和耐久性。

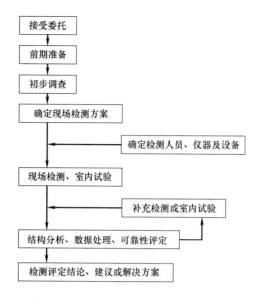

图 3-26　工程实施适用性评价程序流程图

（1）初步调查

初步调查主要目的是了解既有地下建筑工程质量情况、场地环境、使用历史并收集有关资料。

1）既有地下建筑工程质量情况初步调查内容：

① 基本建设程序的执行情况。

② 建设的起讫时间。

2）既有地下建筑场地环境初步调查内容：

① 场地类别。

② 不良地质情况。

③ 地下水升降和地面标高变化。

④ 周围建（构）筑物和地下基础设施的布置情况以及其建设过程对拟鉴定建筑的影响等。

3）既有地下建筑使用历史初步调查内容：

① 使用功能、使用期间荷载与使用环境。

② 使用中发现既有地下建筑结构存在的质量缺陷、处理方法和效果。

③ 火灾、地震等灾害对既有地下结构的影响。

④ 围护结构、改扩建、结构加固情况。

⑤ 场地稳定性、地基不均匀沉降在既有地下建筑上的反映。

⑥ 当前工况与设计工况的差异，既有地下建筑结构在当前工况下的反映。

4）既有地下建筑改扩建需要收集的资料：

① 场地岩土工程勘察资料。当无法搜集或资料不完整，不能满足设计要求时，应进行重新勘察或补充勘察。

② 既有建筑结构、机电设备的设计图纸、隐蔽工程施工记录、竣工图等资料。当搜集的资料不完整，不能满足设计要求时，应通过现场调查、测绘、物探或检测等手段进行补充。

③ 既有建筑结构、基础使用现状的鉴定资料，包括沉降观测，裂缝、倾斜观测等资料。

④ 对既有建筑可能产生影响邻近建筑的有关勘察、设计、施工、监测等资料。

⑤ 历史保护建筑的保护要求。

（2）现场检测与结构分析

现场检测目的是为混凝土结构保护层碳化引起的钢筋锈蚀的耐久性评定提供数据，可分为材料性能检测和表观检测。当进行材料性能检测时，取样应选择具有代表性部位，并确保检测取样不影响结构安全。检测内容包括混凝土强度、钢筋直径、保护层厚度、碳化深度、裂缝、钢筋锈蚀状态、结构外观损伤状况以及防水排水措施的调查。若需要进行刚度和承载力分析验算时，还需补充混凝土弹性模量和钢筋力学性能的检测。

结构分析可采用理论计算和现场载荷试验。一般先采用理论计算分析，若理论分析不足以评估时，可结合现场荷载试验来评价结构的承载能力和使用性能。理论计算时，计算模型要符合既有地下建筑的实际使用状况和结构状况，根据材料和结构对作用的反应，采用线弹性、弹塑性或塑性理论。

图 3-27 所示为徐家汇枢纽站某区段结构整体三维分析模型，包括了港汇广场三层地下室及上部建筑结构。根据结构的设计施工资料，对改造后港汇广场地下及地上结构动力特性、地震响应、结构内力进行了分析及评价。分析结果表明，改造后的结构各主要受力构件（主梁、框架柱等）均能满足承载力极限状态和正常使用极限状态要求。但改造工程对局部区域的地震响应有一定影响，地下一层局部楼板不满足承载力要求，需要进行加固。图 3-28 所示为徐家汇站地下一层楼板碳纤维加固实景图。

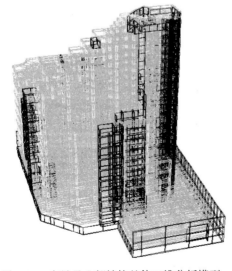

图 3-27　车站及上部结构整体三维分析模型

图 3-28　徐家汇站地下一层楼板碳纤维加固实景图

（3）结构安全性鉴定和耐久性评定

混凝土结构构件的安全性按承载能力、构造、不适于继续承载的位移（或变形）和裂缝四个项目进行评定，取其中最低一级作为构件的安全性等级。表 3-1 ～表 3-4 为《民用建筑可靠性鉴定标准》中对既有混凝土结构构件安全性等级的评定方法。

按承载能力评定的混凝土结构构件安全性等级　　　　　　表 3-1

构件类别	安全性等级			
	a_u 级	b_u 级	c_u 级	d_u 级
主要构件及节点、连接	$R/(\gamma_0 S) \geqslant 1.00$	$R/(\gamma_0 S) \geqslant 0.95$	$R/(\gamma_0 S) \geqslant 0.90$	$R/(\gamma_0 S) < 0.90$
一般构件	$R/(\gamma_0 S) \geqslant 1.00$	$R/(\gamma_0 S) \geqslant 0.90$	$R/(\gamma_0 S) \geqslant 0.85$	$R/(\gamma_0 S) < 0.85$

按构造评定的混凝土结构构件安全性等级　　　　　　表 3-2

检查项目	a_u 级或 b_u 级	c_u 级或 d_u 级
结构构造	结构、构件的构造合理，符合国家现行相关规范要求	结构、构件的构造不当，或有明显缺陷，不符合国家现行相关规范要求
连接或节点构造	连接方式正确，构造符合国家现行相关规范要求，无缺陷，或仅有局部的表面缺陷，工作无异常	连接方式不当，构造有明显缺陷，已导致焊缝或螺栓等发生变形、滑移、局部拉脱、剪坏或裂缝
受力预埋件	构造合理，受力可靠，无变形、滑移、松动或其他损坏	构造有明显缺陷，已导致预埋件发生变形、滑移、松动或其他损坏

注：评定结果取 a 级或 b 级，可根据其实际完好程度确定；评定结果取 c 级或 d 级，可根据其实际严重程度确定。

除桁架外其他混凝土受弯构件不适于承载的变形评定　　　　　　表 3-3

检查项目	构件类别		c_u 级或 d_u 级
挠度	主要受弯构件——主梁、托梁等		$> l_0/200$
	一般受弯构件	$l_0 \leqslant 7m$	$> l_0/120$，或 $> 47mm$
		$7m < l_0 \leqslant 9m$	$> l_0/150$，或 $> 50mm$
		$l_0 > 9m$	$> l_0/180$
侧向弯曲的矢高	预制屋面梁或深梁		$> l_0/400$

注：1. l_0 为计算跨度；
　　2. 评定结果取 c_u 级或 d_u 级，应根据其实际严重程度确定。

混凝土结构构件不适于承载的裂缝宽度的评定　　　　　　表 3-4

检查项目	环境	构件类别		c_u 级或 d_u 级
受力主筋处的弯曲裂缝、一般弯剪裂缝和受拉裂缝宽度（mm）	室内正常环境	钢筋混凝土	主要构件	> 0.50
			一般构件	> 0.70
		预应力混凝土	主要构件	$> 0.20（0.30）$
			一般构件	$> 0.30（0.50）$
	高湿度环境	钢筋混凝土	任何构件	> 0.40
		预应力混凝土		$> 0.10（0.20）$
剪切裂缝和受压裂缝（mm）	任何环境	钢筋混凝土或预应力混凝土		出现裂缝

注：1. 表中的剪切裂缝系指斜拉裂缝和斜压裂缝；
　　2. 高湿度环境系指露天环境、开敞式房屋易遭飘雨部位、经常受蒸汽或冷凝水作用的场所，以及与土壤直接接触的部件等；
　　3. 表中括号内的限值适用于热轧钢筋配筋的预应力混凝土构件；
　　4. 裂缝宽度以表面测量值为准。

既有地下建筑结构构件在环境作用下碳化剩余使用年限的推定应注意以下几点：

1）环境作用下剩余使用年限推定宜对结构中混凝土品种相同、所处的环境情况和防护措施基本相近的构件进行归并、分类，从每个类别中选择典型构件或区域进行检测，提供自检测时刻起至出现构件损伤标志时的剩余使用年限的估计值。

2）碳化剩余使用年限可采用已有碳化模型、校准碳化模型或实测碳化模型的方法进行推定。

3）利用已有碳化模型和校准碳化模型的方法时，应检测构件混凝土实际碳化深度并确定构件混凝土实际碳化时间。

港汇广场于1993年7月建造，在改造前已正常使用了15年，那么改造后的结构是否能满足地铁车站的耐久性使用要求。图3-29所示为港汇广场改造前制定的结构耐久性评定工作流程图。

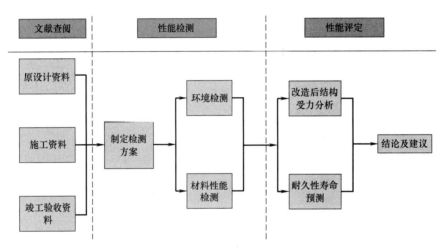

图3-29 结构耐久性评定工作流程图

1）查阅了港汇广场原有设计资料、施工资料和竣工验收资料，在此基础上进行了现场踏勘，并对结构现阶段的服役状态进行了调查。根据现场调查，结构顶板处存在一定的裂缝，改建中将对其进行修补。梁、柱等主要受力结构服役状态良好，无裂损情况。

2）制定详细的检测方案，对结构所处环境以及结构的材料性质进行检测。依据检测结果，对改造后结构的受力情况进行分析，判断结构在承载力极限条件下以及正常使用极限状态下结构的性能。

3）按照不同的耐久性状态，对结构的耐久性进行评定。综合分析在大气环境条件下，以碳化腐蚀为主的钢筋锈蚀耐久性状态，判断在不同的目标使用年限条件下的耐久性等级，并分析杂散电流对钢筋锈蚀的影响，提出应采取的防护措施。

通过对港汇广场地下结构的检测和分析，得到以下结论：

1）考虑材料耐久性的影响，在现有条件下，改造后的结构均满足现行规范中承载力极限状态和正常使用极限状态要求。改造中，为保障结构的抗震稳定性，对结构地下一层地板部分部位进行碳纤维加固，这一措施有利用对结构的安全性的提高。

2）在碳化的影响下，结构在未来 50 年内的钢筋锈蚀耐久性等级为 a 级，在目标使用年限内满足耐久性要求，可不采取修复或其他提高耐久性的措施。结构在未来 90 年内的钢筋锈蚀耐久性等级为 b 级，在目标使用年限内基本满足耐久性要求。

结论，港汇广场地下室适用于改造为地铁车站，同时由于碳化的影响，建议改造后的地铁车站设计使用年限为 90 年，不同于新建车站的 100 年。

（4）其他专项研究

若既有地下建筑结构存在以下四类情况，在进行结构安全性鉴定和耐久性评定后，还应作针对性的专项研究：

1）上部建筑为砌体承重结构。

2）上部建筑的沉降差或倾斜不符合规范有关规定。

3）地下建筑混凝土结构承载力：

$$R/S > 0.95$$

式中　R——结构构件抗力的设计值；

　　　S——结构构件荷载组合效应的设计值。

4）地下建筑的剩余使用年限小于 30 年。

第4章

地下空间改扩建的设计方法与施工技术

4.1 改扩建结构设计

地下建筑改扩建设计与施工方法有一定的依存关系，设计方案应与施工方法紧密结合。一般来说，改扩建设计内容包括基础托换、支护结构和主体结构，在结构设计前，综合工程地质、水文地质、环境、工期、造价等因素，选择安全、可靠的施工方法，由此确定设计方案。

地下建筑改扩建设计应遵循新、老结构变形协调和新增结构、构件与既有建筑的可靠连接两大原则。既有地下建筑在结构自重荷载作用下，地基土经过压密固结作用，承载力提高，在一定荷载作用下，变形减少，可充分利用这一特征。地下建筑扩建时，新老结构、新增桩基与原有桩基由于地基变形的差异，应按变形协调的原则进行设计，同时应采取措施保障新老结构的可靠连接。

同时，既有地下建筑改扩建时还应充分摸清既有结构的性能。既有结构材料计算参数应结合既有结构设计施工资料、耐久性检测及评价结果综合确定。既有结构、构件的混凝土强度等级和受力钢筋抗拉强度标准值应按下列规定取值：当原设计文件有效且有可靠结构鉴定依据时，可采用原设计的标准值；当结构安全性鉴定认为应重新进行现场检测时，应采用检测结果推荐的标准值。

4.1.1 基础托换设计

基础托换设计时，需要根据既有建筑的结构类型、荷载情况及场地地基土情况进行方案比选，采用整体托换、局部托换或托换与加强既有建筑整体刚度相结合的设计方案。既有建筑向下加层扩建工程，推荐采用桩基进行整体托换。确定方案时，还应分析评价施工工艺和方法对既有建筑地基附加变形的影响。

对于单建式或上部建筑荷载不大的地下结构可采用被动托换形式，宜设置钢筋混凝土承台实现竖向荷载传递；对于高层建筑地下室加层扩建时宜采用主动托换形式，托换桩宜通过设置千斤顶实现预应力封桩，达到竖向荷载的可靠传递。

既有建筑基础托换最好采用桩基托换,可选用树根桩、锚杆静压桩、钢管桩、钻孔灌注桩等。设计时应根据既有地下建筑改扩建施工阶段、使用阶段的结构荷载及单桩竖向承载力计算确定桩数。托换桩基桩端全断面进入持力层深度不应小于 1.5 ～ 2 倍桩的边长或直径。

另外,既有建筑向下加层扩建工程,应控制施工引起的卸载与加载对既有结构及周边环境的影响。地下建筑向下加层工程应保持既有楼板结构的体系不变,并对施工全过程的结构强度和刚度进行复核。托换加层过程中相邻立柱最大差异沉降不宜大于 20mm。

4.1.2 支护结构设计

地下建筑改扩建基坑设计,应查明周边建筑的结构和基础形式、结构状态、建成年代和使用情况等,根据邻近工程的结构类型、荷载大小、基础大小、基础埋深、间隔距离以及土质情况等因素,分析可能产生的影响程度,提出相应的技术措施。

既有建筑向下加层扩建工程,支护结构可分为建筑地下室内围护及外围护两种围护形式。在既有建筑周围施工场地及净空满足的情况下,宜采用外围护的形式。支护结构在既有结构内直接施工时,支护结构设计应考虑既有建筑层高的限制,选择合适的施工工艺,符合低净空施工要求。支护结构的设计计算可考虑利用既有建筑原支护结构,按二者组成的复合板式支护进行内力和变形验算,采用竖向弹性地基梁法。

地下建筑改扩建工程支撑体系选型与布置应遵守下列原则:

1)支撑体系的布置应尽量避免对既有建筑结构造成破坏。
2)支撑体系的布置应尽量利用既有建筑结构进行受力。
3)支撑体系的传力体系应明确。
4)支撑体系布置应考虑土方开挖、外运及主体工程施工空间的要求。
5)支撑体系的布置应便于运输、安装。

4.1.3 主体结构设计

地下建筑改扩建主体结构设计应包括新老结构体系的转换、新老结构体系之间的变形协调、既有结构基础托换、既有结构构件的改造与加固、整体建筑的结构设计抗震验算。同时还应对改造后的结构体系进行受力和变形分析,对主要受力构件分别进行承载能力极限状态验算、挠度验算和裂缝验算。

地下建筑水平扩建结构与既有结构的接口连接方式分为刚性连接和柔性连接。当采用柔性连接方式时,接口处应设置变形缝,并采取相应的防水措施。当采用刚性连接方式时,应确保新建结构与既有建筑结构具有足够的刚度和强度,接口部位可采取地基加固、沉降调节桩等措施提高抗变形能力;在有充分依据时,可设置具有一定留置时间和满足防水要求的结构后浇带。

地下建筑水平扩建工程,既有建筑侧墙结构应控制开洞数量、尺寸及洞口间距,并验算开洞后的结构抗震性能。

地下建筑改扩建工程在施工和使用阶段均应满足抗浮稳定性要求。向下扩建工程，应对扩建后原建筑部分与扩建部分组成的整体进行抗浮稳定性验算。水平扩建工程，应对扩建后原建筑部分和扩建部分分别进行抗浮稳定性验算。

4.2 改扩建结构受力变形计算与施工环境影响

改扩建工程涉及既有结构改造和既有建筑下方或邻近区域开挖，施工工况繁多，施工过程中既有结构和周边环境受力变形响应复杂。因此，设计内容除了对典型构件进行设计外，还需对结构体系在整个施工过程中的受力变形进行计算分析。本节结合具体工程案例，从结构开洞前后的构件受力、改扩建前后结构抗震性能评估、地基加固的环境影响和增层开挖的环境影响四个方面进行介绍。

4.2.1 既有结构开洞的受力分析

（1）开洞方案

改建工程中需要在既有结构墙体开洞，水平扩建工程中新老结构联通也需要在连接墙体上开洞，由于结构体的非线性特性，不同开洞顺序，结构体系的受力和变形不同。以徐家汇地铁站换乘通道改造工程为例，研究不同开洞方案结构的受力和变形特性。

换乘通道下方的加层与1号线站厅层之间相隔800mm厚的地墙和350mm内衬墙，为了实现加层与1号线站厅层之间的连通，需要在地墙和内衬墙上开洞。为此，考虑如下两种开洞方案：先全部开洞，再撑型钢柱（Case1）；先凿柱子的墙洞，将型钢柱做好，再将其他洞口的墙面凿开，如图4-1、图4-2所示（Case2）。

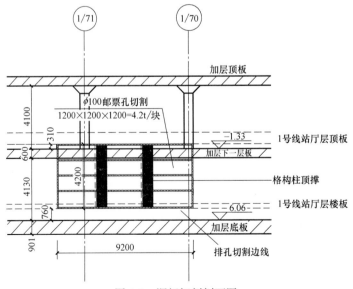

图 4-1 洞门切割剖面图

（2）计算模型及模拟工况

根据既有地下结构分布情况，采用 Abaqus 有限元软件，建立三维数值分析模型。图 4-3 ～图 4-5 所示为模型中地下连续墙、内衬墙、型钢柱、过梁以及楼板均采用 8 节点实体单元（C3D8）模拟，柱子采用线单元（B31）模拟。为了模型的需要，H 型钢的断面采用 400mm×500mm 的矩形截面，按照模型截面面积与实际截面面积的比例 1/10 换算钢筋的弹性模量，保证应力应变与实际情况相同。换乘大厅和地铁大厅整体结构最底部与土体接触的楼板在竖向位移上加土弹簧，弹性刚度 K 取 10000kN/m。土的地应力取 18000N/m^2，土的侧压力系数取 0.6。

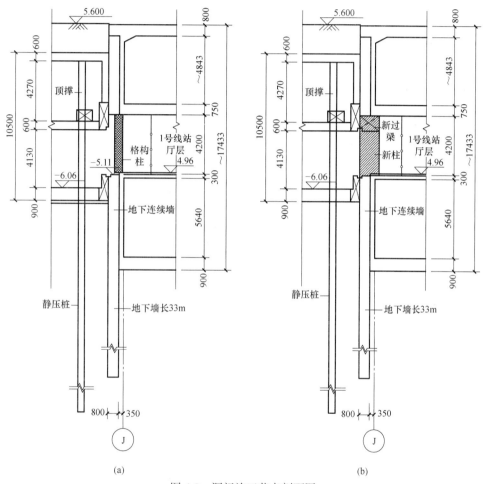

(a)   (b)

图 4-2 洞门施工节点剖面图
（a）向下加层与 1 号线连接顶撑图；（b）向下加层与 1 号线连接结构图

两种开洞方案的施工工况见表 4-1。计算过程中，通过杀死和激活相应单元集来模拟洞口开挖及柱子的安装等施工工况。

有限元开洞工况模拟施工顺序   表 4-1

Steps	Case1	Case2
Step1	平衡初始荷载	平衡初始荷载
Step2	整片洞口墙面开洞	开型钢柱洞口
Step3	构造型钢柱	构造型钢柱
Step4	—	其余洞口墙面开洞

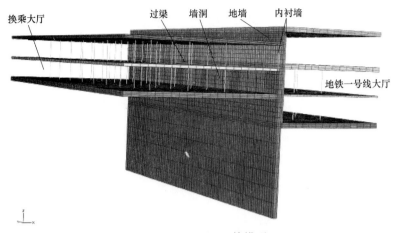

图 4-3　墙上开洞整体模型

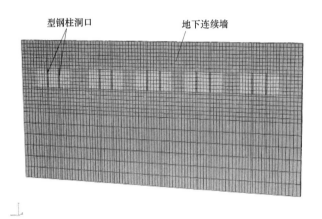

图 4-4　地下连续墙开洞

图 4-5　型钢柱

（3）计算结果分析

1）地下连续墙变形及受力

Case1 方案下地下连续墙竖向位移如图 4-6 所示。从图 4-6 中可以看出，整体开洞后，开洞洞顶标高的地下连续墙体的竖向位移呈中间大、两边小的趋势，并且由洞口分成几个变形分布带，其中最大的变形区域在中间洞口出现。

Case2 方案下地下连续墙竖向位移如图 4-7 所示。由于采用了先开"小洞"，加型钢柱，再开"大洞"的方案，从图 4-7 中可以看出，开小洞的过程，地墙竖向变形并没有太大的发展，由于型钢柱的作用，最后开洞过程中，地墙竖向变形的发展比 Case1 方案小。

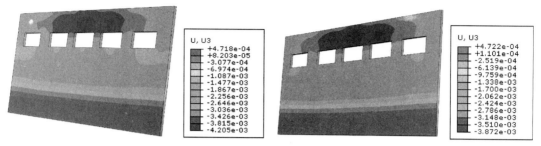

图 4-6 Case1 构造型钢柱 step3　　　　　图 4-7 Case2 其余洞口墙面开洞 step4

图 4-8 显示了两种方案最大位移发展的对比，方案 2 最大位移发展比方案 1 小了 0.35mm，最大竖向位移减小了 21%。从控制变形的角度衡量，方案 2 更为合理，对墙体的保护更好。

竖向应力为地下连续墙墙体的主应力，开洞后地下连续墙竖向应力分布如图 4-9 所示。最危险的受压截面应该是开洞后形成的四个"墙柱"。现分别分析两种方案下这四个"墙柱"受压面的竖向应力的变化情况。

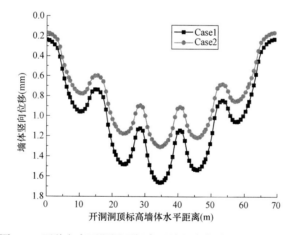

图 4-8 两种方案开洞洞顶标高地墙竖向位移发展情况对比

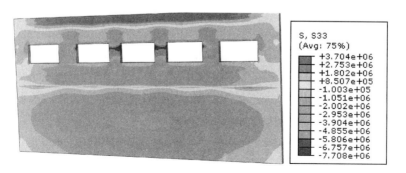

图 4-9 地下连续墙竖向应力分布云图

方案一整体开洞的情况下,墙体最大正应力达到7.71MPa,相对初始状态增长了6.06MPa;方案二局部开洞加型钢柱的情况下,墙体最大正应力达到了6.75MPa,相对初始状态增长了5.1MPa,相对方案一少增长了0.95MPa,少增长16%。

与开洞处同样水平位置的墙体的拉应力增加,不开洞处的墙体压应力增大,开洞处的墙体压应力减小,出现拉应力。

方案一五个洞口的最终最大拉应力值分别为0.786MPa、0.662MPa、0.6MPa、0.684MPa、0.8MPa,开洞带来的拉应力增长值分别为0.557MPa、0.66MPa、0.64MPa、0.672MPa、0.547MPa。

方案二五个洞口的最大拉应力值分别为0.662MPa、0.448MPa、0.36MPa、0.474MPa、0.684MPa,开洞带来的拉应力增长值分别为0.427MPa、0.447MPa、0.429MPa、0.462MPa、0.444MPa。相对方案一五个洞口的拉应力增长值分别少了0.13MPa、0.213MPa、0.211MPa、0.21MPa、0.103MPa。

两种方案拉应力的值均小于C30混凝土抗拉强度1.43MPa,都在安全范围内。由图4-10中可以看到,方案一的墙体拉应力和压应力的增长值均大于方案二,考虑到尽可能减小混凝土内拉应力值,防止混凝土开裂,故方案二更好。

2)板的变形及受力

墙体开洞会对上部楼板产生一定的影响,图4-11所示为开洞后上部1号线地铁大厅楼板竖向变形。对比两种方案的结果可以看到,方案一最大竖向位移为4.11mm,最大竖向位移增大值为1.83mm;方案二最大竖向位移为3.7mm,最大竖向位移增大值为1.43mm,比方案二减小4mm,位移增量减少22%,方案二可更好地控制楼板变形

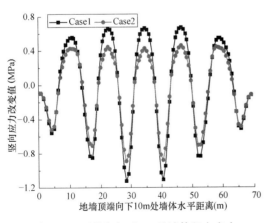

图4-10 两种方案下6m处墙体竖向应力发展情况对比

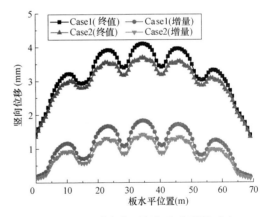

图4-11 两种方案下板竖向变形的对比

图4-12、图4-13所示分别为1号线大厅上部楼板应力(延短边方向)分布云图,应力正值表示拉,负值表示压。从图中可以看出,在开洞后,非开洞部分对应的楼板的拉应力增大,是相对薄弱的部位。

图 4-12　1 号线大厅楼板沿短边方向应力分布云图（开洞前）

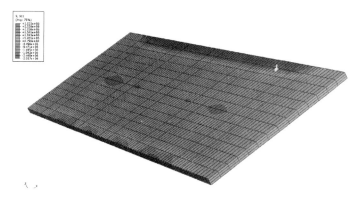

图 4-13　1 号线大厅楼板沿短边方向应力分布云图（开洞后）

图 4-14 给出了 1 号线大厅楼板靠近开洞边上部边缘沿板短边方向上的应力变化。由于开洞的作用，部分墙体移去，导致相应部分板的约束减弱，表现为该处的板应力降低，拉应力减小，相应地，非开洞部分拉应力增加。图 4-14 所示为两种方案下应力变化的对比图。由图 4-14 中可以看出，方案二在型钢柱的作用下，开洞对应部分的应力变化比方案一更小，非开洞对应部分的应力变化基本一样。板的拉应力最大增量为 0.4MPa，拉应力最大为 2.7MPa，出现在两边的洞口处。

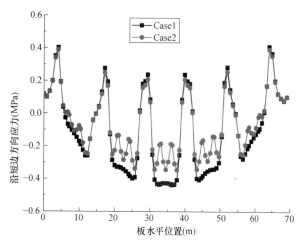

图 4-14　两种方案下 1 号线大厅楼板靠近开洞边沿短边方向应力变化对比

（4）结论及建议

通过采用有限元方法，分析了两种不同开洞方案下的墙体和顶板受力变形特性。结果表明，先开槽制作型钢柱后开洞的方案可以有效地降低墙体开洞引起的应力增量和变形增加量，其原因是型钢柱可以有效地约束墙体变形，减小墙洞的跨度。定量分析表明，最大变形可以减小约 20%，最大应力增量可以减小约 15%。由此可知，通过设置临时支撑，可以有效降低墙体开洞引起的附加应力和变形。

4.2.2 既有地下空间结构抗震性能评估

地下空间改扩建后会改变既有结构的抗震性能。同时，由于新老结构的连接，导致改扩建后的整体结构体系受力和抗震性能发生改变，因此，需要开展地下空间结构的抗震性能评估。考虑到整体结构体系复杂，各主要构件的传力机制和边界约束不清，一般采用有限元方法进行抗震性能评估。

（1）评估内容

1）动力特性分析及评价

动力特性方面，根据《建筑抗震设计规范》和《高层建筑混凝土结构技术规程》（简称"高规"）第 5.3.5 条的要求，需要对各阶自振周期及振型、结构平动、扭转振型周期比及有效质量系数进行分析和评价。

2）地震响应分析及评价

地震响应方面，根据《建筑抗震设计规范》第 5.2.5、5.5.1 条，以及《高规》第 3.1.13、4.3.5、4.6.3、5.1.13 条等要求，需要对各层最大层间位移角及其与平均层间位移角的比值、基底剪重比、最小剪力系数进行分析和评价。

3）结构内力分析及评价

结构内力方面，根据《建筑抗震设计规范》第 5.4 条要求，需对截面进行抗震验算。根据《混凝土结构设计规范》第 7.1～7.5 条要求，需对构件承载能力极限状态进行计算。

4）框架柱抗震构造配筋验算

构造配筋方面，根据《建筑抗震设计规范》第 6.3.8～6.3.12 条要求，需对纵向钢筋配筋率、加密区箍筋间距和直径、箍筋加密范围及箍筋肢距、体积配筋率等进行验算。

（2）计算方法及模型

9 号线徐家汇站设于港汇商务区与居住区间地面道路下⑰～⑲轴间的地下室内，如图 4-15 所示，拟通过拆除地下室地下二层楼板，将港汇地下三层车库空间改造为徐家汇车站的站厅和站台。本节依托徐家汇港汇某改造工程，通过三维有限元计算，对港汇广场动力特性、地震响应、结构内力进行分析及评价。

根据《建筑抗震设计规范》要求，"复杂结构进行多遇地震作用下的内力和变形分析时，应采用不少于两个不同的力学模型，并对其计算结果进行分析比较"，分别采用中国建筑科学研究院的 SATWE 结构整体设计与分析软件和结构分析软件 ETABS 建立结构整体分析模型进行分析，两种软件均基于现行《建筑抗震设计规范》《建筑结构荷载规范》和《混凝土结构设计规范》等规范。

为方便起见，以拟建车站三层地下室中的沉降缝为界，沉降缝东侧（右侧）结构称为 A 区, 沉降缝西侧(左侧)结构称为 B 区, 两栋高层办公楼及周围裙房称为 C 区。A 区和 B 区结构的三维分析模型分别见图 4-16 和图 4-17, 整体三维分析模型如图 4-18所示。

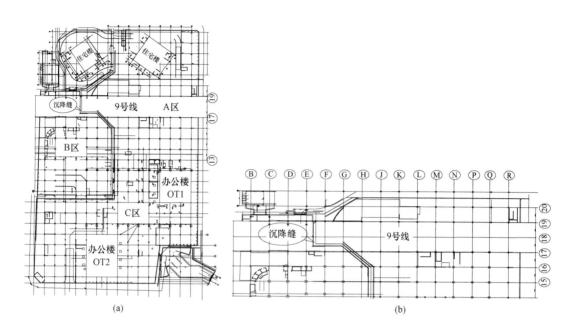

(a)

(b)

图 4-15　港汇广场地下室平面布置图

(a)广场地下室整体布置图;(b)拟改造 9 号线平面布置图

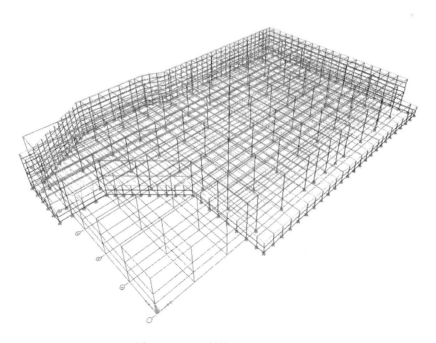

图 4-16　A 区结构三维分析模型

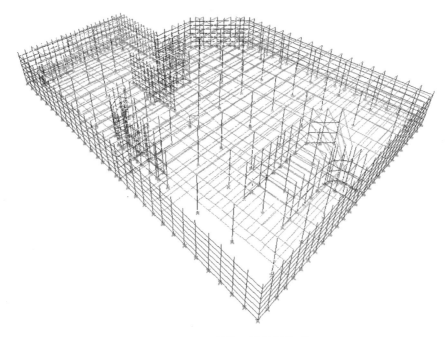

图 4-17　B区结构三维分析模型

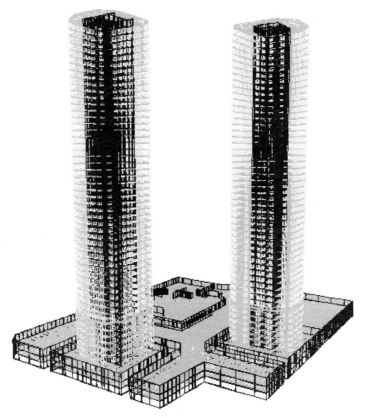

图 4-18　结构整体三维分析模型

（3）计算结果分析

1）A 区结构（沉降缝东侧）改造前后抗震性能评估

A 区结构改造前后动力特性方面，两种软件计算结果基本相同。根据计算结果，可以得到对改造前后 A 区结构体系的动力特性评价，见表 4-2。

改造前后 A 区结构体系的动力特性评价　　　　　　　　表 4-2

改造前后 A 区结构动力特性	评价
各阶自振周期大小基本相同，各阶振型均较规则	改造后对 A 区结构自振特性影响较小
第一扭转振型都是随着两个方向的第一平动振型出现的，第一扭转振型中存在一定的平动参与成分，结构的各阶平动振型和扭转振型交替出现	结构体系较为规则
第一扭转振型与第一平动振型的自振周期之比分别为 0.556 和 0.540	均满足《建筑抗震设计规范》的相关要求

A 区结构改造前后地震反应评价方面，分析了结构改造前后在 7 度多遇烈度地震动（多遇烈度加速度 35gal，下同）作用下的层间位移角反应，可以得到如下结果，见表 4-3。

A 区结构改造前后地震反应评价　　　　　　　　表 4-3

	改造前	改造后	评价
最大层间位移与平均层间位移的比值	x 向：1.23 y 向：1.29	x 向：1.23 y 向：1.29	满足《建筑抗震设计规范》中"扭转不规则时，应计及扭转影响，且楼层竖向构件最大的弹性水平位移和层间位移分别不宜大于楼层两端弹性水平位移和层间位移平均值的 1.5 倍"的要求
最大层间位移角	x 向：1/3438 y 向：1/2625	x 向：1/1727 y 向：1/1772	结构在 7 度多遇烈度地震动作用下两个主轴方向的层间位移角反应均不大于 1/800，且改造前后结构基底剪重比也均满足现行规范要求，可见本结构能满足 7 度抗震设防的要求，同时表明结构具有较高的抗震安全储备
	改造后大于改造前		这是由于地下二层楼板凿除所致，表明改造工程对 A 区结构的地震响应有一定影响，结构分析结果表明改造后的结构仍然满足现行规范的要求

A 区结构改造前后内力评价方面，结构在 7 度多遇烈度地震动作用下有限元分析的内力反应表明：

① 改造前后框架梁及次梁的内力位置变化不大；框架柱轴力分布沿地下室深度逐渐增大，沿各层水平向分布较均匀，但各层立柱弯矩、剪力变化较大，最大弯矩和剪力分布主要集中在⑰～⑲轴区段中 M 和 N 部分。分析结果还表明，改造后 A 区结构内力发生重分布，分布形式及内力大小略有不同。

② 改造前地下一层楼板弯矩沿水平方向分布均匀，最大弯矩为 10.3kN·m，改造后弯矩分布形式基本相同，但位于⑯～⑳轴区间内的弯矩大小有所增加，弯矩在 12.1～14.5kN·m 之间，而地下一层楼板实际最大设计弯矩值为 10.72kN·m，不满足截面抗弯承载力要求，应对改造后该区段的地下一层楼板进行加固。

③ 结构改造后，9 号线位置的各层框架柱截面及承受最大内力时的地下二层顶板主梁截面配筋均满足抗震设计规范的要求，见表 4-4。

9 号线位置配筋要求及实际配筋情况　　　　　　　　　　表 4-4

	配筋要求	实际配筋
各层框架柱截面	1. Ⅱ级纵向钢筋面积应不少于 6300mm²（折算为实际工程中的Ⅲ级钢筋纵向面积应不少于 5250mm²）； 2. 箍筋面积应不少于 380mm²（Ⅰ级钢）	1. Ⅲ级纵向钢筋面积为 6284mm²； 2. 箍筋面积为 1257mm²（Ⅰ级钢）
当承受最大内力时的地下二层顶板主梁截面	1. 上部所配Ⅱ级纵向钢筋面积应不少于 7900mm²（折算为实际工程中的Ⅲ级钢筋纵向面积应不少于 6583mm²）； 2. 下部所配Ⅱ级纵向钢筋面积应不少于 5300mm²（折算为实际工程中的Ⅲ级钢筋纵向面积应不少于 4417mm²）； 3. 箍筋面积不少于 220mm²（Ⅰ级钢）	1. 上部实配Ⅲ级纵向钢筋面积为 6635mm²； 2. 下部实配Ⅲ级纵向钢筋面积为 4449mm²； 3. 箍筋面积为 251mm²（Ⅰ级钢）

A 区结构改造后框架柱抗震构造配筋验算方面，根据《建筑抗震设计规范》GB 50011—2010 第 6.3.8 条中关于柱的配筋配置要求，A 区结构改造后框架柱纵向钢筋的总配筋率为 0.8%，满足最小总配筋率为 0.7% 的要求，且柱箍筋在加密区的箍筋间距和直径，均满足箍筋最大间距为 150mm，框架柱底层柱为 100mm，箍筋最小直径不小于 8mm 的要求。根据《建筑抗震设计规范》GB 50011—2010 第 6.3.9 条规定，A 区结构改造后柱对称布置，纵向钢筋间距为 157mm，不大于 200mm；柱总配筋率不大于 5%；柱纵向钢筋的绑扎接头避开了柱端的箍筋加密区，可见均满足要求。

2）B 区结构（沉降缝西侧）改造前后抗震性能评估

B 区结构改造前后动力特性评价方面，两种软件计算结果基本相同，根据计算结果，可以得到对改造前后 B 区结构体系的动力特性评价，见表 4-5。

改造前后 B 区结构体系的动力特性评价　　　　　　　　表 4-5

改造前后 B 区结构动力特性	评价
各阶自振周期基本一致	结构改造后对 B 区结构自振特性影响很小
第一扭转振型都是随着两个方向的第一平动振型出现的，第一扭转振型中存在一定的平动参与成分，结构的各阶平动振型和扭转振型交替出现	结构体系较为规则
第一扭转振型与第一平动振型的自振周期之比分别为 0.536 和 0.521	均满足《建筑抗震设计规范》的相关要求

B 区结构改造前后地震反应评价方面，分析结构改造前后在 7 度多遇烈度地震动作用下的层间位移反应，可以得到如下结果，见表 4-6。

B 区结构改造前后内力评价方面，计算结构在 7 度多遇烈度地震动作用下的内力反应，根据结构改造前后的计算结果可以得出以下结论：

①B 区结构改造前后内力变化不大，说明该施工改造方案对结构抗震能力影响较小。

②设计地震作用下改造后的地下一层楼板实际最大设计弯矩值小于该层楼板的承载力设计值，满足截面抗弯承载力要求。

③结构改造后 9 号线位置的各层框架柱截面及当承受最大内力时的地下二层顶板主梁截面满足抗震设计规范的要求，见表 4-7。

B 区结构改造前后地震反应评价　　　　　　　　　　表 4-6

类别	改造前	改造后	评价
最大层间位移与平均层间位移的比值	x 向：1.20 y 向：1.20	x 向：1.20 y 向：1.20	满足《建筑抗震设计规范》中"扭转不规则时，应计及扭转影响，且楼层竖向构件最大的弹性水平位移和层间位移分别不宜大于楼层两端弹性水平位移和层间位移平均值的 1.5 倍"的要求
最大层间位移角	x 向：1/4570 y 向：1/5497	x 向：1/4500 y 向：1/5917	结构在 7 度多遇烈度地震动作用下两个主轴方向的层间位移角反应均不大于 1/800，同时改造前后结构基底剪重比亦满足规范要求，均大于 1.6%，可见本结构能满足 7 度抗震设防的要求，同时表明结构具有较高的抗震安全储备
	改造后大于改造前		改造前后 B 区结构各层最大层间位移角、各层最大层间位移与平均层间位移的比值以及基底剪重比基本相同，表明改造工程对 B 区结构的地震响应影响较小

9 号线位置配筋要求及实际配筋情况　　　　　　　　　表 4-7

类别	配筋要求	实际配筋
各层框架柱截面	1. Ⅱ级纵向钢筋面积宽度方向应不少于 2200mm²（折算为实际工程中的Ⅲ级纵向钢筋沿宽度方向面积应不少于 1833mm²）； 2. Ⅱ级纵向钢筋面积高度方向应不少于 1900mm²（折算为实际工程中的Ⅲ级纵向钢筋沿高度方向面积应不少于 1583mm²）； 3. 箍筋面积应不少于 390mm²（Ⅰ级钢）	1. Ⅲ级纵向钢筋宽度方向面积为 4926mm²； 2. Ⅲ级纵向钢筋高度方向面积为 2413mm²； 3. 箍筋面积为 1257mm²（Ⅰ级钢）
当承受最大内力时的地下二层顶板主梁截面	1. 上部所配Ⅱ级纵向钢筋面积应不少于 7800mm²（折算为实际工程中的Ⅲ级钢筋纵向面积不少于 6500mm²）； 2. 下部所配Ⅱ级纵向钢筋面积应不少于 5200mm²（折算为实际工程中的Ⅲ级钢筋纵向面积不少于 4333mm²）； 3. 箍筋面积应不少于 170mm²（Ⅰ级钢）	1. 上部实配Ⅲ级纵向钢筋面积为 6635mm²； 2. 下部实配Ⅲ级纵向钢筋面积为 4449mm²； 3. 箍筋面积为 251mm²（Ⅰ级钢）

　　B 区结构改造后框架柱抗震构造配筋验算方面，根据《建筑抗震设计规范》第 6.3.8 条中关于柱的配筋配置要求，B 区结构改造后框架柱纵向钢筋的总配筋率为 1.8%，满足最小总配筋率为 0.7% 的要求，且柱箍筋在加密区的箍筋间距和直径，均满足箍筋最大间距为 150mm，框架柱底层柱为 100mm，箍筋最小直径不小于 8mm 的要求。根据《建筑抗震设计规范》第 6.3.9 条中的规定，B 区结构改造后柱对称布置，纵向钢筋间距为 169mm，不大于 200mm；柱总配筋率不大于 5%；柱纵向钢筋的绑扎接头避开了柱端的箍筋加密区，可见均满足要求。

　　根据《建筑抗震设计规范》第 6.3.10 条规定，B 区结构改造后框架柱的箍筋加密范围满足：柱端大于 1250mm（取截面高度（圆柱直径），柱净高的 1/6 和 500mm 三者的最大值）；底层柱柱根大于 2500mm（取柱净高的 1/3）。根据《建筑抗震设计规范》第 6.3.11 条规定，B 区结构改造后柱箍筋加密区箍筋肢距为 169mm，小于 400mm（250mm 和 20 倍箍筋直径的较大值），同时还满足至少每隔一根纵向钢筋在两个方向有箍筋或拉筋约束。

　　3）改造工程对周围建筑物（C 区）抗震性能影响评估

　　整体结构改造前后动力特性评价方面，根据计算结果，可以得到对改造前后整体结构体系的动力特性评价，见表 4-8。

改造前后 C 区结构体系的动力特性评价   表 4-8

改造前后 C 区结构动力特性	评价
在 x、y 两方向分布均匀，相应各阶自振周期基本一致	结构改造前后 x、y 两方向的等效刚度较接近，且改造后对两栋高层结构自振特性影响很小
第一扭转振型都是随着两个方向的第一平动振型出现的，结构的各阶平动振型和扭转振型交替出现	结构体系较为规则
第一扭转振型与第一平动振型的自振周期之比分别为 0.795 和 0.795	均小于 0.85，满足《建筑抗震设计规范》的要求

整体结构改造前后地震反应评价方面，分析结构改造前后在 7 度多遇烈度地震动作用下的层间位移反应，可以得到如下结果，见表 4-9。

C 区结构改造前后地震反应评价   表 4-9

类别	改造前	改造后	评价
最大层间位移与平均层间位移的比值	x 向：1.17 y 向：1.08	x 向：1.17 y 向：1.08	满足《建筑抗震设计规范》中"扭转不规则时，应计及扭转影响，且楼层竖向构件最大的弹性水平位移和层间位移分别不宜大于楼层两端弹性水平位移和层间位移平均值的 1.5 倍"的要求
最大层间位移角	x 向：1/1050 y 向：1/1166	x 向：1/1051 y 向：1/1168	结构在 7 度多遇地震动作用下两个主轴方向的层间位移角反应均不大于 1/650（《高规》舒适度计算要求）、1/1000（《建筑抗震设计规范》转换层结构的位移限值要求），说明本结构满足 7 度抗震设防的要求，同时表明结构具有较高的抗震安全储备
自振周期和振型	基本相同		地下室的改造工程对周围建筑物的自振特性影响较小
最大层间位移、剪重比和最小剪力系数	基本相同		地下二层楼板的凿除对周围高层及裙房建筑的地震响应影响较小

（4）结论及建议

本节依托徐家汇港汇某改造工程，分别采用中国建筑科学研究院的 SATWE 结构整体设计与分析软件和结构分析软件 ETABS 建立结构分析模型，对改造前后结构抗震性能进行评估分析，根据计算结果，得出以下结论：

结构改造前后的自振周期基本相同，各阶振型均较规则，且结构平动、扭转振型周期比均满足现行规范要求；在 7 度多遇烈度地震作用下（多遇烈度加速度 35gal），结构改造前后的最大层间位移和剪重比等指标均满足现行抗震设计规范要求。

改造工程对 A 区结构（沉降缝东侧）的地震响应有一定影响，改造后地下室中位于 9 号线中线位置的各层框架柱及主次梁均满足地震作用下的承载力要求，且改造后的各层框架柱抗震构造配筋也均满足现行规范要求，但地下一层⑯～⑳轴之间的楼板不满足承载力要求，应对其进行加固。

改造工程对 B 区结构（沉降缝西侧）的地震响应影响较小，改造后的整体结构体系完全能够满足 7 度抗震设防要求，同时尚具有足够的安全储备，结构各主要受力构件均能满足承载力要求，且改造后的各层框架柱抗震构造配筋也均满足现行规范要求。

改造前后整体结构体系的自振周期基本相同，各阶振型基本一致，表明地下室的改造工程对周围建筑物（C 区）的自振特性影响较小；改造前后整体结构体系的最大层间位移、剪重比和最小剪力系数基本一致，表明地下二层楼板的凿除对周围高层及裙房建筑（C 区）的地震响应影响较小；改造后的 A 区和 B 区结构均满足现行规范要求，且对周围建筑物（C 区）的抗震性能影响较小，表明了港汇广场 9 号线改造工程的可行性。

根据结构改造前后的结果比较及鉴定结论，建议对 A 区结构地下一层⑯～⑳轴之间的楼板采用粘贴碳纤维加固。

4.2.3　既有地下室下方地基加固施工环境影响评估

（1）加固方法及原理

常用的地基加固法包括置换法、压密夯实法、排水固结法、化学固化法等，其中，化学固化法由于其施工效率高、施工设备灵活，被广泛应用于软土地基加固。常用的化学固化法有深层搅拌法和灌浆或注浆法。

1）深层搅拌法：利用深层搅拌机械，将固化剂（一般无机固化剂为水泥、石灰、粉煤灰等）在原位与软弱土搅拌成桩柱体，形成复合地基，可以提高地基承载力，减少变形；水泥土深层搅拌法分为喷浆搅拌法（简称"湿法"）和喷粉搅拌法（简称"干法"）。适用于处理饱和软黏土地基，对于有机质较高的泥炭质土或泥炭、含水率很高的淤泥和淤泥质土，适用性应通过试验确定。

2）高压旋喷注浆法：通过喷嘴将化学浆液注入地基土中，可以有效改善土体的性质。高压旋喷注浆法一般用工程钻机钻至设计深度后，用高压泥浆泵等装置，通过安装在钻杆机端的特殊喷嘴，将化学浆液（常用水泥浆液）以 20MPa 左右的高压水流从喷嘴中喷射出来，同时钻杆以一定的速度徐徐提升，高压射流破坏了附近的土体结构，并强制与化学浆液混合，在地基中硬化成直径均匀的圆柱体。也可根据工程需要调整提升速度，变化喷射压力，或变换喷嘴的直径，从而改变流量，使固结体成为所需要的设计形状。

高压旋喷法加固地基机理主要体现三方面：①高压旋喷流切割破坏土体作用，喷流以脉冲形式冲击土体，使土体结构破坏出现空洞；②混合搅拌作用，钻杆在旋转和提升的过程中，在喷射流后面形成空隙，在喷射压力作用下，迫使土粒向与喷嘴移动相反的方向（即阻力小的方向）移动，与浆液搅拌混合后发生化学反应形成固结体；③压密作用，高压喷射流在切割破碎土体的过程中，在破碎带边缘还有剩余压力，这种压力对土层有压密作用。因此，在施工过程中，周围土体不可避免地会受到一定的挤压。

（2）计算模型及模拟工况

本节以高压旋喷法为例，探讨改扩建工程中地基加固的环境影响效应。

为分析旋喷过程对地铁车站及商场建筑的影响，需确定施工过程对土体造成的挤压力的大小，因此，先建立平面有限元模型，如图 4-19 所示。该模型尺寸为 20m×20m，中间圆孔的直径为 2.4m，左右边界约束 x 向位移，上下边界约束 y 向位移。土体采用摩尔-库伦模型，弹性模量取为 15.7MPa，泊松比为 0.3，黏聚力为 15kPa，内摩擦角 16°。在圆形边界上施加径向荷载，通过不断改变该荷载的大小来试算，使最终土体在 x 方向上的位移为 5mm 左右，可算得径向荷载为 40kN，如图 4-20 所示，并将此荷载以水平荷载的形式施加于向下加层的模型中。

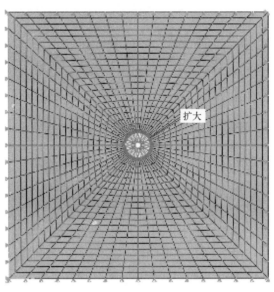

图 4-19　确定扩张力的有限元模型

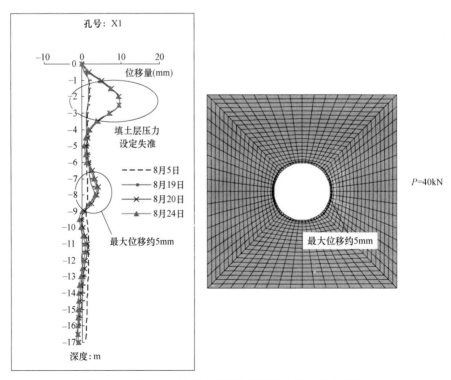

图 4-20　在 40kN 的径向荷载作用下的土体 x 方向变形

如图 4-21 所示，在原向下加层的模型中，在旋喷桩加固区的中心区域留一直径 2.4m 的圆孔，孔深与旋喷桩加固的深度相同。由于加固区域采用的是弹性模型，在开孔区的两侧添加等效于开孔区土体重度的线性水平荷载 γh，并在此基础上添加均布水平荷载 40kN，底部只添加等效于上部土体重度的竖向荷载，如图 4-22 所示。

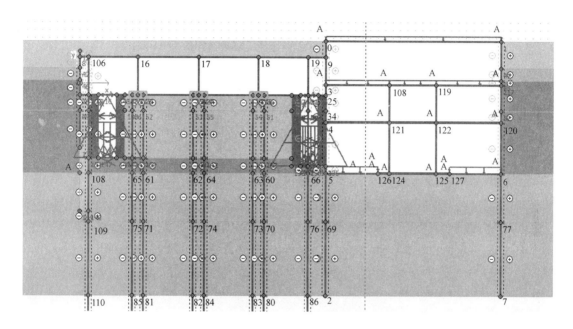

图 4-21　旋喷桩施工过程的模拟

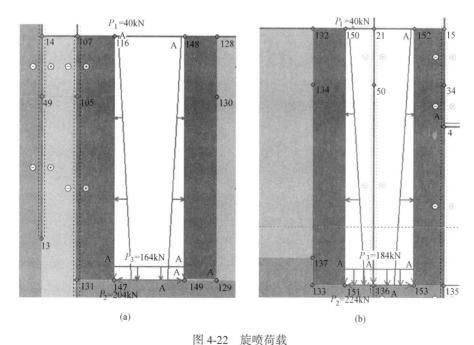

(a) (b)

图 4-22　旋喷荷载

（a）左侧旋喷荷载；（b）右侧旋喷荷载

（3）计算结果分析

如图 4-23、图 4-24 所示，在旋喷荷载作用下，桩体附近土体受到扰动，在旋喷桩周围的土体产生水平位移，左侧土体向左移动，右侧地铁车站下部土体向右移动。图 4-25 所示为地下商场底板的竖向变形曲线，可见其变形呈两侧大中间小，而右侧变形最大达 7.15mm，小于报警值 20mm。图 4-26 所示为右侧地铁车站底板的竖向变形，从图 4-26 中可以看出，车站底板整体出现了隆起，隆起量从左至右逐渐减小，左侧最大变形达 7.18mm，也小于报警值 15mm。

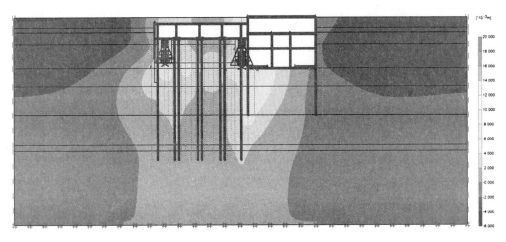

图 4-23　旋喷桩周围土体的竖向变形

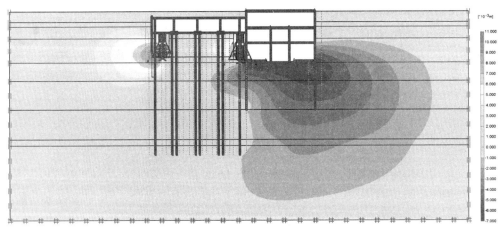

图 4-24　旋喷桩周围土体的水平变形

图 4-27 ～图 4-29 所示为地下商场底板在 MJS 影响下的轴力、剪力和弯矩图。从图中可以看出，旋喷加固导致底板整体受拉，轴力在底板两侧较大，最大拉力为 297.1kN；底板两侧剪力则较小，最大剪力 579.1kN 出现在距左侧 24m 处；最大弯矩出现在距左侧 24.75m 处；为 -860.8kN·m。

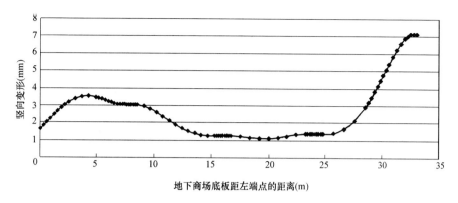

图 4-25　地下商场底板的竖向变形

相比之下，顶板上的内力分布则较为均匀，如图 4-30～图 4-32 所示。轴力沿着顶板方向基本不变，剪力呈周期性的变化，反弯点位于跨中位置。最大弯矩为 959.4kN・m，在顶板最右侧。

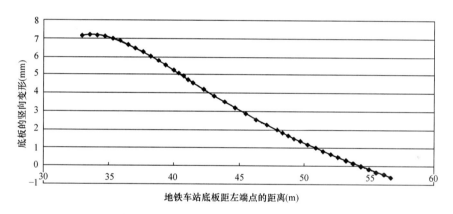

图 4-26　右侧地铁车站底板的竖向变形

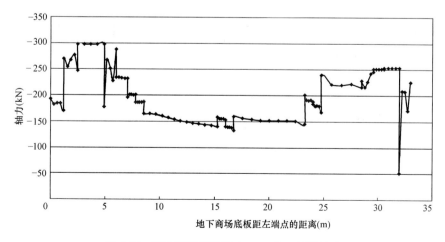

图 4-27　原地下商场底板在 MJS 施工下的轴力

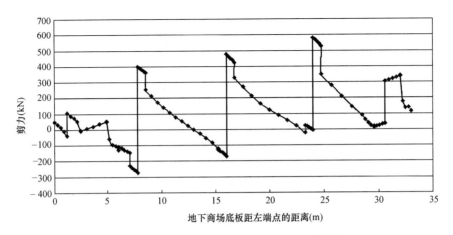

图 4-28　原地下商场底板在 MJS 施工下的剪力

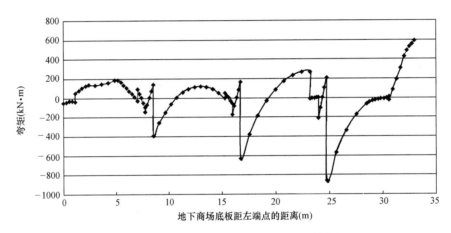

图 4-29　原地下商场底板在 MJS 施工下的弯矩

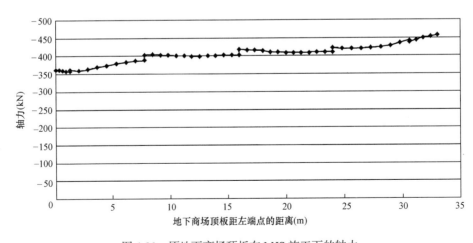

图 4-30　原地下商场顶板在 MJS 施工下的轴力

（4）结论及建议

本节采用有限元方法模拟高压旋喷加固方法的施工过程，获得了改扩建工程中地基加固的环境影响规律。研究表明，高压旋喷加固可以引起显著的土体变形，从而引起既有结构的变形和附加影响，威胁既有结构安全。因此，建议实际工程实施前，需对加固引起的环境变形开展专项评估，并根据计算结果进行施工方案和加固参数优化。此外，加固过程中，应实时监控周边既有结构的受力和变形情况，基于测试结果，对其安全性进行实时评估。

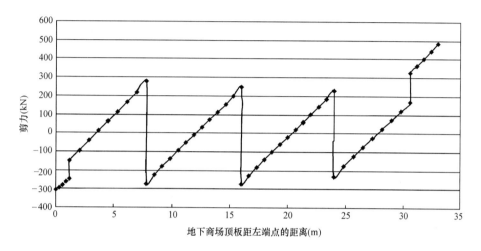

图 4-31　原地下商场顶板在 MJS 施工下的剪力

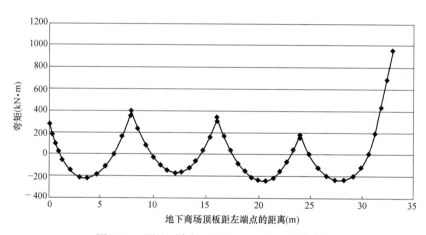

图 4-32　原地下商场顶板在 MJS 施工下的弯矩

4.2.4　地下室增层开挖的环境影响评估

地下空间改扩建工程，尤其是扩建工程，往往涉及大面积土方开挖，土方开挖导致围护体两侧土压力发生改变，引起周边地层和结构变形，造成对既有结构的影响。此外，土方开发还会导致竖向卸荷，土体卸荷回弹带动既有立柱桩和围护墙发生竖向隆起，引起既有结构发生不均匀变形和二次应力，严重情况下可能造成开裂和破坏。因此，施工前需要对开挖引起的环境影响进行评估，并根据评估结果优化施工方案。

（1）计算模型及参数

本节依托徐家汇地铁 1 号线地下商城向下加层工程，研究土方开挖的环境影响。地铁商城地下盖挖加层净尺寸为 67.25m×31.4m，盖挖加层范围为 −1.760 ～ −6.91m，其东侧紧邻正运营的 1 号线徐家汇车站的地墙，如图 4-33 所示。开挖区域较长，属于平面应变问题，因此建立二维平面模型进行分析。

计算模型如图 4-34 所示，模型宽 160m，高 70m。土体模型为摩尔 - 库伦的不排水模型，土层参数见表 4-10。桩、地下连续墙与土体之间设接触，接触面的性质取其默认值。

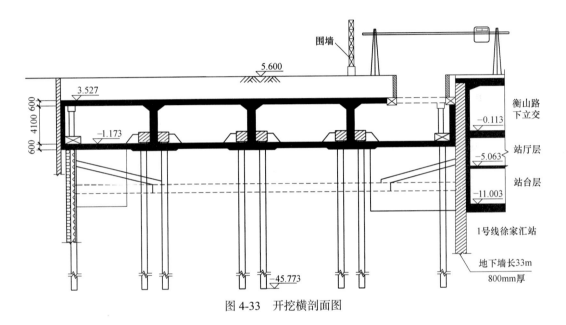

图 4-33 开挖横剖面图

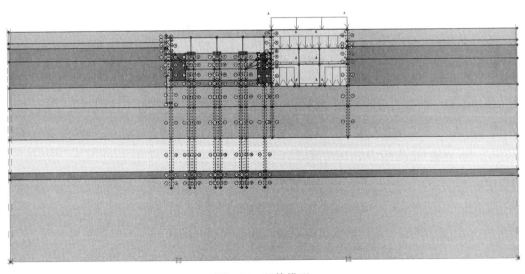

图 4-34 整体模型

土层及结构参数　　　　　　　　　　　表 4-10

层号	土层名称	层厚（m）	层底标高（m）	重度 γ（kN/m³）	渗透系数（cm/s）	黏聚力 c（kPa）	内摩擦角 φ（°）	弹性模量（MPa）
①₁	杂填土	1.80	2.74	18.4	4.00E-06	19	16	20
②₁	褐黄～灰黄色粉质黏土	1.60	1.14	18.4	4.00E-06	19	16	23.6
③₁	灰色淤泥质粉质黏土	3.80	-2.66	17.4	7.00E-06	12	16.5	15.7
④	灰色淤泥质黏土	8.40	-11.06	16.8	3.00E-07	11	11.5	10.8
⑤₁₋₁	灰色黏土	3.60	-14.66	17.5	4.00E-07	13	13	16.6
⑤₁₋₂	灰色粉质黏土	12.20	-26.86	17.9	6.00E-06	13	20	21.7
⑤₃	灰色粉质黏土夹黏质粉土	10.70	-26.86	18.0	1.00E-06	16	21	23.7
⑤₄	灰绿色粉质黏土	2.20	-39.76	19.6	2.00E-07	49	19	40.0
⑦₂	灰黄～灰色粉砂	未钻穿	未钻穿	19.0	1.00E-3	5	34	60
	抽条加固							45.3
	搅拌桩							250
	旋喷桩							250

　　向下加层开挖部分按照设计图纸建立模型，中柱下设两根钢管桩，在边柱周围进行土体加固，加固土体按线弹性模型计算，弹性模量取为250MPa。设计施工中对中间区域将要挖去的土体进行了抽条加固，且土方开挖第一阶段不涉及该加固区域，这种方法对施工影响显著，所以在二维平面中将该部分土体的弹性模量取其平均值。相应地，柱、桩和钢支撑的刚度也按平均分配的刚度计算，如在两相邻轴线之间共有 5 根内插型钢，轴线间距为7m，因此计算模型中型钢的抗弯刚度取为5/7EI。1 号线车站分为三层，顶部和二层荷载均为20kN/m，第三层左右各 7m 范围为轨道荷载 30kN/m，其余部分为人行荷载 4kN/m。模型的边界条件为标准边界，即左右边界约束水平位移，底部边界约束全部位移。

（2）施工工况模拟

　　计算模拟两种不同的施工工况，第一种工况是放坡分步开挖，其具体模拟步骤如图4-35 所示。Case1：step1 形成原始结构；step2 将前一步计算出来的位移全部清零，放坡开挖；step3 浇筑底板和设斜撑；step4 开挖剩余部分；step5 浇筑剩余底板。

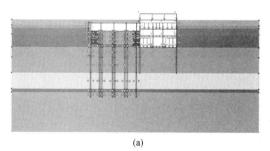
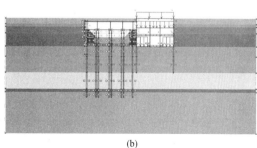

(a) 　　　　　　　　　　　　　　　　　　　　　(b)

图 4-35　Case1 施工步骤模拟（一）

（a）step1 形成原始结构；（b）step2 放坡开挖

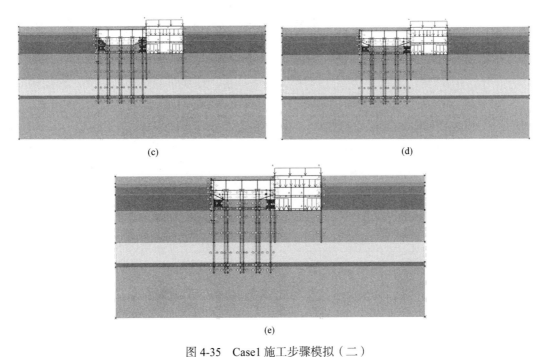

(c)   (d)

(e)

图 4-35　Case1 施工步骤模拟（二）

（c）step3 浇筑底板和设斜撑；（d）step4 开挖剩余部分；（e）step5 浇筑剩余底板

第二种模拟工况是整体一次开挖，其具体模拟步骤如图 4-36 所示。Case2：step1 形成原始结构，step2 全部开挖；step3 浇筑底板（无斜撑）。

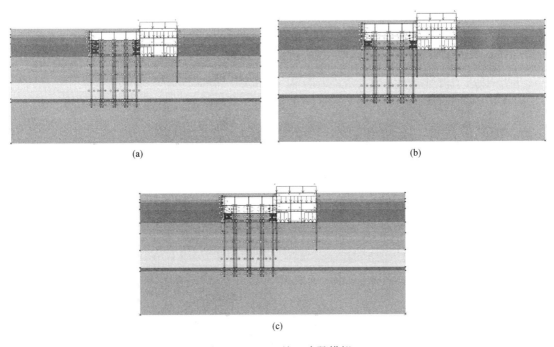

(a)   (b)

(c)

图 4-36　Case2 施工步骤模拟

（a）step1 形成原始结构；（b）step2 全部开挖；（c）step3 浇筑底板

（3）计算结果分析

不同施工方案引起的环境变形不同，为此，通过对比分析墙体侧移、底板竖向变形、地表沉降等，比较在两种不同施工方案下的环境影响。

1）地墙侧移

图 4-37 所示为 1 号线车站左侧地墙侧移曲线。从图 4-37 中可以看出，两种方案下地墙最大侧移都发生在 -10m 左右，而向下加层的施工范围为 -1.760～-6.91m。由此可知，开挖引起的最大水平位移位于开挖面以下 3m 附近，其主要原因是，开挖前在该地墙左边区域 -1.76～-10.7m 范围内进行了土体加固，弹性模量增大。因此，在 -10.7m 以下地墙受到的支撑刚

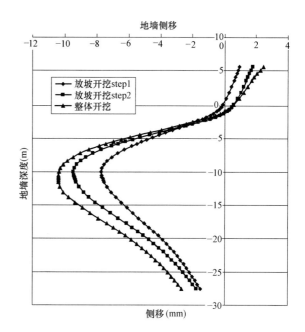

图 4-37　1 号线车站左侧地墙侧移曲线

度发生突变，地墙最大侧移会发生在这一区域。而钢支撑的支撑点距离该区域较远，约 3.6m，因此两种方案下地墙侧移区别较小。由表 4-11 可知，方案一的地墙最大侧移比方案二小 0.92mm，约 10%，差别较小。

不同工况下的地墙侧移（向右为正）（mm）　　　　表 4-11

类别	Case1		Case2
	step3	step5	step3
顶部侧移	0.946	1.799	2.48
底部侧移	-1.477	-1.727	-2.675
最大侧移	-7.732	-9.470	-10.395

2）底板竖向变形

考虑时空效应，分步开挖能先释放部分土体应力，并有效限制底部土体回弹，即同时约束 1 号线底板的倾斜。由于 1 号线车站刚度很大，土体开挖导致底板和地墙整体倾斜，呈现左高右低的趋势，如图 4-38 所示。从表 4-12 可以看出，Case1 开挖结束后，底板的最大隆起量为 2.68mm，最大沉降量为 -1.19mm，Case2 开挖结束后，底板的最大隆起量为 9.21mm，最大沉降量为 -2.50mm。Case1 模型中考虑了支撑的重力，而 Case2 中不设置钢支撑，因此左端抬升相差较大。

3）开挖面土体隆起

图 4-39 为开挖结束后坑底部的土体隆起。从图中可以看出，Case1 的最大隆起为

28.2mm，Case2 的最大隆起为 31.3mm，相差 3.2mm，隆起量差异较大的位置出现在基坑两侧，其主要原因是 Case1 采用了放坡开挖方法，其坑中间土体卸荷时，受留土的影响，引起的隆起较小，两侧土体开挖时，由于卸荷量较小，导致最终的隆起量比 Case2 整体开挖小。

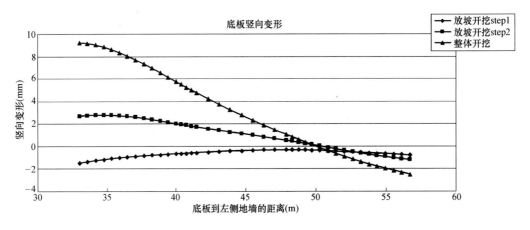

图 4-38　1 号线底板竖向变形

底板竖向变形（mm）			表 4-12
位置	Case1		Case2
	step3	step5	step3
左端	-1.50	2.68	9.21
右端	-0.77	-1.19	-2.50

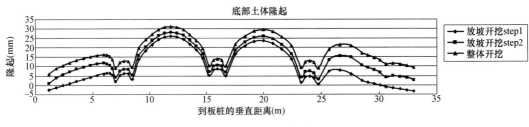

图 4-39　底部土体隆起

4）地表及车站顶板变形

加层开挖会引起土体卸荷，导致周边地表沉降。同时，坑底隆起又会导致车站上浮，因此，地表及车站顶板竖向变形复杂。图 4-40 所示为不同施工方案下地表及车站隆沉情况。由图中可知，不同施工方案下，车站顶板和基坑正上方的地下室顶板均出现隆起，两侧地表发生沉降。表 4-13 所示为两种不同施工方案引起关键位置处的竖向变形量，对比分析两种方案可知，整体开挖导致的隆起量和沉降量均大于放坡开挖方案。因此，从竖向变形的角度进一步说明放坡开挖方案更有利于控制开挖引起的环境影响。

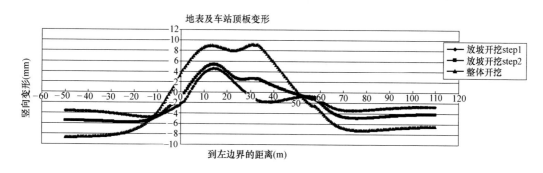

图 4-40　地表及车站顶板变形

地表竖向变形（mm）　　　　　　　　　　　　　　　表 4-13

类别	Case1		Case2
	step3	step5	step3
顶板左侧土体最大沉降	-4.767	-5.804	-8.622
顶板左侧土体最大隆起	4.571	5.383	8.992
顶板左端竖向变形	-1.552	2.627	9.216
顶板右端竖向变形	-0.800	-1.217	-2.522
顶板右侧土体最大隆起	-0.800	-1.217	-2.522
顶板右侧土体最大沉降	-3.460	-4.120	-6.474

图 4-41～图 4-43 所示为向下加层开挖过程对 1 号线底板造成的附加荷载。因为开挖区域在底板左侧，底板的附加轴力分布从左至右呈下降的趋势，step1 最大轴力增量为 186.6kN，step2 最大轴力增量为 214.8kN。而左侧区域的剪力增量在两个 step 之间的变化较大，step2 最大剪力增量为 -53.3kN。相应地，弯矩增量也在左侧变化较大，最大弯矩增量为 232.2kN·m。

（4）结论及建议

既有地下室下方加层是扩建工程中经常碰到的问题，涉及既有结构下方土方开挖。基坑施工过程中，除了对围护结构产生水平变形外，还会引起既有上部地下室底板的隆沉，引起结构板的附加应力，威胁结构安全。采用精细化的施工工艺可以减小开挖卸荷引起的环境影响，因此，对于既有地下室下方加层的地下空间改扩建工程，施工前有必要开展对既有结构的安全评估，优化施工工艺和变形控制参数，确保运营结构的安全使用。

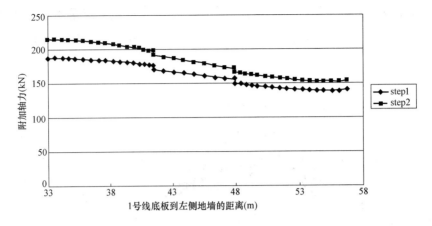

图 4-41　开挖过程中 1 号线底板的附加轴力

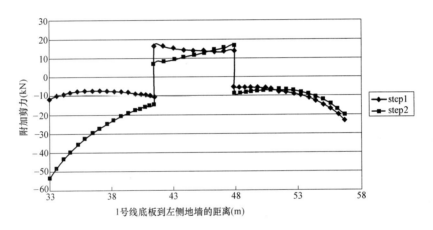

图 4-42　开挖过程中 1 号线底板的附加剪力

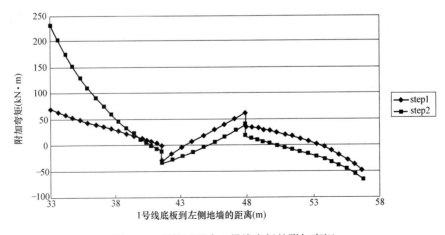

图 4-43　开挖过程中 1 号线底板的附加弯矩

4.3　半推逆作施工技术

平推逆作法技术是采用地上构（建）筑物平移技术与地下基坑分块逆作技术逐次推进完成施工，从而实现既有建筑群地下空间开发的综合性技术。即利用房屋平移技术为基坑围护支撑体系施工提供空间，通过逆作法技术为基坑结构施工及既有保护建筑存放提供场地。

建筑物整体平移的基本方法是通过托换装置将柱（或墙）的荷载预先转移到移动系统上，然后将建筑物和基础分离，移动系统带动建筑物到达预定新位置后，将建筑物和新基础连接。平移技术的关键是托换技术、同步移动施力系统、柱切割技术和就位连接技术。顶升技术的关键是千斤顶的布置和顶升的同步控制。

根据平移的需要，可将施工划分为四个阶段，第一阶段为原有建筑加固，第二阶段为房屋整体平移至临时位置，第三阶段为房屋顶升，第四阶段房屋整体回迁至原位置，最后将基础与地下室顶板上部进行连接。

4.3.1　施工工艺流程及操作

（1）施工工艺流程

平推逆作法原位增设地下室的施工工艺流程包括：实地调查；机械进场；场地平整、机械拼装；测量放线；建筑加固；机械就位，建筑平移；平移后基坑围护及桩基施工；基坑 B0 板施工；房子平移、复位；另一侧基坑围护及桩基施工；另一侧基坑 B0 板施工；基坑逆作跃层施工；房子平移复位；机械退场，关键工序如图 4-44 所示。

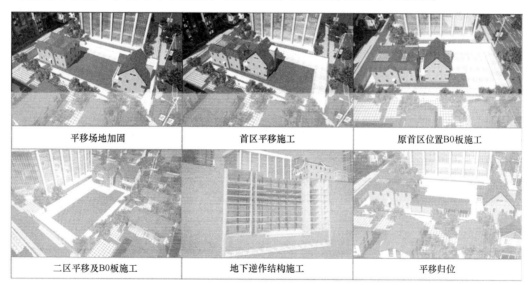

| 平移场地加固 | 首区平移施工 | 原首区位置B0板施工 |
| 二区平移及B0板施工 | 地下逆作结构施工 | 平移归位 |

图 4-44　平推逆作法施工流程

（2）施工重、难点

1）相较于一般逆作法施工，既有保护建筑需要在基坑 B0 板上进行平移施工，其 B0

板承载力既需要满足平移施工荷载要求，又要符合逆作施工要求，需要通过计算既有保护建筑的荷载及其施工荷载，确定 B0 板承载力。B0 板基坑开挖面大于 B0 板完成面，中间存在部分悬空，既有建筑平移至基坑 B0 板，此悬空部分要根据现场情况进行"搭桥"或砌挡土墙回填夯实并浇筑垫层处理。

2）既有建筑临时存放场地与基坑 B0 板可能存在高差，一般有两种情况：①若既有建筑场地低于 B0 板，在既有建筑堆放场地与 B0 板间使用钢构件搭设平移轨道，并保持与 B0 板在同一水平面，将需平移建筑顶升至钢构轨道，开始平移；或者将既有建筑物平移至高差处，通过调节平移设备（液压小车）将建筑物平移至 B0 板上，再次对建筑物顶升，安装平移设备（液压小车），并将建筑平移至所需位置。②若既有建筑场地高于 B0 板，从高差处起，在 B0 板用钢构件搭设大小尺寸与所平移房子相同的悬空平移轨道，将房子平移至轨道，调节平移设备（液压小车）将建筑物平移至 B0 板上，进行再次平移；或者从高差处至所平移房子放置点用钢结构搭设一个斜坡平移轨道，将所需平移建筑平移至指定点。

3）既有保护建筑复位，有可能一部分在基坑内，一部分在基坑外，此时在施工基坑 B0 板时，在基坑外既有保护建筑地面设置一道与基坑围护体系一体的悬挑梁板基础，保护既有保护建筑，防止两种不同基础造成的差异沉降。

4）既有保护建筑在 B0 板上平移路线必须进行加固，取土口和重型车辆行驶路线，既要满足施工要求，又要尽可能远离既有保护建筑，减少施工对既有保护建筑影响：①取土口设置：取土口不宜设置在平移路线上，若必须设置，宽度尽可能小（满足出土即可）；取土口不宜设置在既有建筑物附近。②行驶路线：施工期间的车辆行驶路线，尽量使用平移路线，减少加固区，减少成本；重型车辆行驶路线不宜设置在既有保护建筑旁边，无法避免时，既有保护建筑采取减震等措施，减少车辆行驶对建筑物的损坏。

4.3.2　托换技术

基础托换技术是为解决既有建筑的地基基础承载力不足、既有建筑增层、改建或纠倾、新建建筑对既有建筑影响、既有建筑下修建地下工程（如地铁等）等问题而采用的技术总称。

（1）按托换的方法，托换技术分类如下：分为基础扩大托换，坑式托换，桩式托换（静压桩、锚杆静压桩、预制桩、灌注桩、树根桩等），灌浆托换（水泥注浆、高压喷射注浆）等。

（2）按托换基础的形式，分为浅基础托换（包括柱基础、条形基础、箱形基础、筏基础等）和深基础托换（主要为桩基础）。

（3）按荷载转移方式，分为主动托换和被动托换。

4.3.3　整体顶升技术

建筑物的整体顶升技术是在保证现有建筑物整体性和可用性的前提下，将其整体顶升到一个新的位置。其基本原理是：对既有建筑物进行必要的加固，根据托换理论改变其传力体系，从而使建筑物与基础或地基脱离，使建筑物形成可移动的整体，通过动力设备将建筑物整体顶升到一个新的高度，就位后进行连接，即可完成建筑物的整体顶升。建筑物整体顶升方案是根据原建筑物的结构形式、整体刚度、工程地质情况、现场施工条件、经济投资对比等多方面因素综合选定的。

顶升技术包括以下技术要点：①整体顶升设备推荐使用手动液压千斤顶，不主张采用自动控制同步顶升设备。②整体顶升前应对钢管桩接桩长度、垫块类型、焊缝位置错开百分比、单次接桩卸载数量、千斤顶行程等关键参数进行专门设计。③顶升时桩体的自由长度应综合各种施工条件，并进行计算分析。④顶升过程应全程进行监控，上部结构的倾斜角不得大于 1‰。⑤顶升过程应对关键部位的千斤顶承载力进行监控，千斤顶承载力不得大于设计值。⑥顶升过程应采取可靠的施工措施，防止上部结构产生水平整体"漂移"。

4.3.4 整体平移技术

建筑物的平移就是将建筑物一个整体托换到一个托架上，然后在托架下部布置轨道和滚轴，再将建筑物与地基切断，这样建筑物就形成了一个可移动体，然后用牵引设备将其移动到预定的位置上。在工程建设中，进行建筑物的整体平移原因一般分为两种：一是已建建筑物与建设发展相冲突，如妨碍了城市道路的扩建或建筑空间的充分利用，而这些建筑物又有较大的使用价值或历史价值，拆除重建将产生巨大的经济损失或根本无法重建；二是由于建筑位置的空间限制或功能限制，建筑物不能在预定的位置建造，需在另外的地方建好后再平移到预定的位置。

为了实现建筑物平移，需要开展如下施工步骤：

1）上部结构和基础分离：平移工程中上部结构和基础的分离技术，一般采用风镐和人工凿断，工作条件较差。有些平移工程采用了国外的金刚石线切割设备，取得了很好的效果。切割时无震动，速度快，但成本较高。施工空间允许的情况下，也可以采用混凝土取芯机和轮片切割机械等技术。

2）平移：平移时应注意各施力点的同步，保证结构受力的稳定均匀，移动速度不可过快，一般控制在 60mm/min，最好在轨道梁上设置限步装置，增加移动的可控性。移位时应进行监测，及时纠正偏位，防止偏位过大。

3）建筑物的就位与基础连接：由于移位时已将上部结构与原有基础切割分离，移位后如何使上部结构与新基础重新连接，以保证建筑具有良好的整体性能和抗震性能，是整体移位中的一个关键问题。对于砖混结构，由于承重结构为墙体，因此其关键在于新砌墙体的强度与质量，以及新旧墙体之间的处理。对于框架结构或框剪结构，由于荷载主要是由框架柱或剪力墙承担，框架柱或剪力墙钢筋应与下部结构钢筋进行可靠焊接。当上述要求无法满足现行国家规范或规程要求时，应对其进行加固处理，保证其连接的可靠性。

4.4 低净空条件下施工流程及专项技术

改扩建工程中，当既有建筑无法移位，在原位进行地下空间扩建时，施工需要在低净空下完成。本节以徐家汇港汇广场地下室加层工程为例，介绍低净空条件下改扩建工程的总体施工流程及专项施工技术。

4.4.1 总体实施流程

针对既有结构的实际分布情况，结合现有施工技术，经过方案比选后，最终确定总体施工流程如下：

1）地下商城顶板的碳纤维加固，如图 4-45 所示。

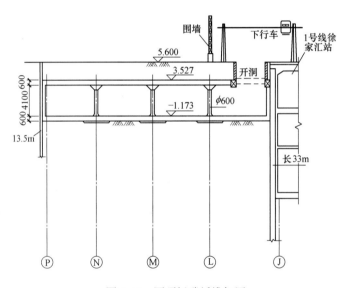

图 4-45 原顶板碳纤维加固

2）施工原立柱旁的静压钢管桩，两根静压桩施工完毕后立即进行托换承台的施工，如图 4-46 所示。

3）在承台桩施工完毕后，将复合型围护的 H 型钢分节压入底板内，再用 MJS 旋喷在型钢间止水补强。

4）复合型围护施工完毕后，进行 MJS 坑内旋喷加固，由靠 1 号线向远离 1 号线施工，如图 4-47 所示。

5）施工边跨托换梁和承台牛腿，等达到设计强度后边跨进行顶撑，对整个地下一层结构进行整体托换，如图 4-48 所示。

6）原底板开出土口，分块开挖土方，分块回筑底板，如图 4-49、图 4-50 所示。

7）回筑内衬、立柱逆接，如图 4-51 所示。

8）拆除承台与桩基，如图 4-52 所示。

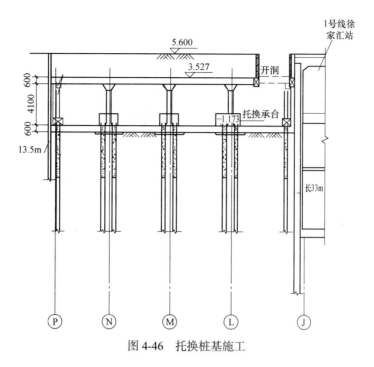

图 4-46　托换桩基施工

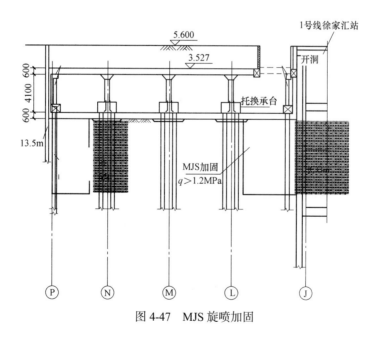

图 4-47　MJS 旋喷加固

9）与相邻结构开门洞（与 1 号线站台层相接，与换乘通道相接）。

4.4.2　低净空托换施工技术

徐家汇港汇广场地下室加层工程需要在净空只有 4.1m、底板只有 600mm 厚的无梁楼盖地下室内施工，打入⑦₂层土深度的静压桩，对于原底板开孔是否产生倒涌现象、原底

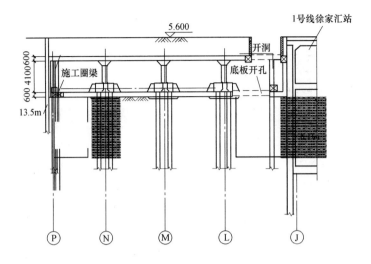

图 4-48　施工圈梁及临时钢支撑，在承台处施工牛腿反吊底板

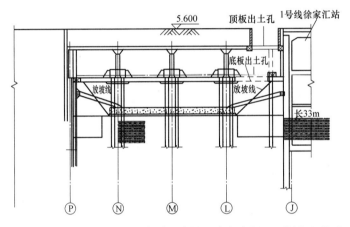

图 4-49　土方三阶段开挖，每阶段先施工中部底板，两侧留土护壁

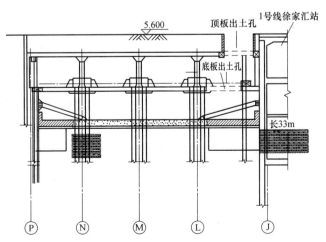

图 4-50　每阶段开挖两侧土方时，先抽条将斜上抛撑撑好，然后开挖两侧土方

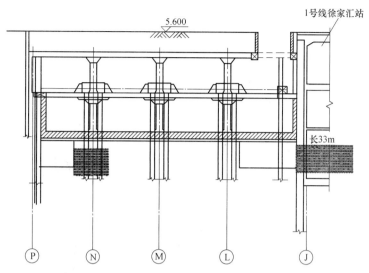

图 4-51　底板养护后，拆除抛撑，回筑结构和中板

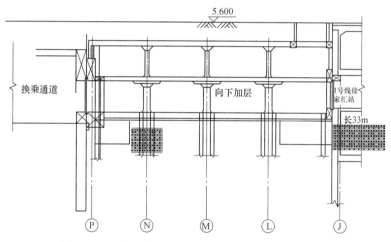

图 4-52　立柱和中板养护后，拆除所有托换梁和支撑

板是否能提供足够的压桩反锚力、静压桩过程中是否因为群桩的拖带和挤压作用对周边影响过大、压桩深度能否提供足够的承载力和沉降控制等各种风险均没有足够的可参考的施工经验。所以，为保证施工的安全可靠，需要研制适用于低净空压桩的新型施工设备，并提出针对性的施工新方法。

（1）低净空压桩设备研制

通过前期功能需求分析，自主研制压桩机除了满足低净空下施工的要求外，同时还需解决薄底板提供足够的反锚力的问题。为此，考虑在压桩机底部架设 H 型钢扩散应力和不架设 H 型钢两种情况，如图 4-53 所示。

针对以上需求，研制出的低净空压桩设备，包括施工机具、压桩机和辅助机具。施工机具的具体设备及功能为：开凿压桩孔和锚杆孔可用风动凿岩机金刚石薄壁钻或大直

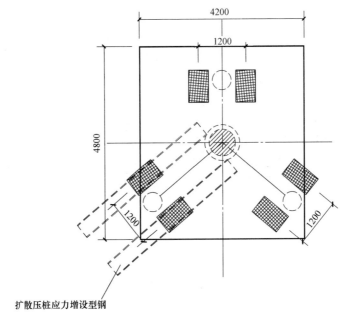

扩散压桩应力增设型钢

图 4-53　承台上桩架布置图

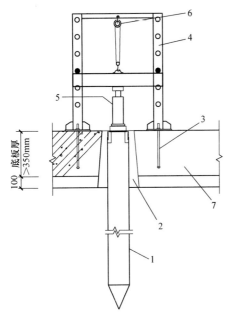

图 4-54　锚杆静压桩的装置示意图

1—桩；2—压桩孔；3—锚杆；4—压桩架；5—液压千
斤顶；6—手拉或电动葫芦；7—基础

径钻机；压桩机的具体设备及功能为：采用 yz-50～500 型锚杆静力压桩机，如图 4-54 所示。辅助机具设备为：空气压缩机、钢筋切割机、电焊机、熬制胶泥专用设备。静压桩施工照片如图 4-55 所示。

（2）静压桩施工方法

向下加层，原结构为地下一层无梁楼盖结构，根据设计功能需向下加层 5.23m。由于层高 4.1m 的净空要求，每根 $\phi600$ 立柱采用 2 根 $\phi508\times10$ 的钢管桩（L=44m，底板顶下去 44m，有效桩长 38m）进行托换施工。加上周边边跨托换的钢管桩共计 85 根。

1）主要参考规程规范

钢管桩加工制作和施工，参照《建筑施工技术规范》JGJ 94—94 进行；锚杆静压钢管桩施工按上海地方标准《上海市地基处理技术规范》DBJ 08-40—94 第十一章相关规定进行。

2）开凿压桩孔及埋设锚杆

由于底板厚度为 0.6m，再加 0.1m 垫层，总厚度为 0.7m，为减少施工噪声污染，故选用金刚石薄壁钻排孔开孔。金刚石薄壁钻以排孔的形式钻凿出直径为 550mm 的压桩孔，并取出混凝土芯。

(a)   (b)

图 4-55　静压桩施工照片

采用风钻开凿锚杆孔，植入 $\phi32$ 锚杆，再灌注硫磺胶泥。锚杆螺栓的锚固深度为 $12d$（d 为螺栓直径）。

3）压桩施工

压桩施工工序如下：做好出入平台口的围护及通道工作→清理压桩区现场→桩段材料和压桩设备进入现场→金刚石薄壁钻开凿压桩孔→施工降水→风钻钻凿锚杆孔→埋设锚杆→安装压桩设备→吊桩入孔→压桩→焊接→达到设计要求后即可停止压桩→钢管内浇筑 C20 混凝土→清除场地内工业垃圾及淤泥、排除积水。

根据以往经验，静压桩由于对土体的挤压拖带，势必对周边有影响，只是影响程度因地而异。为控制压桩过程的影响，制定如下技术路线：先原位试桩→静载试验→桩位桩长调整→合理安排跳桩工艺→群桩施工→信息化监测→数据反馈分析。为减小群桩连续施工对地铁车站的影响和避免箱体结构产生不均匀沉降或抬升，经研究决定采取跳桩施工工艺，原则为先施工承台桩后施工边跨桩，由 2 台压桩机从两端向中间对称施工。跳桩顺序如图 4-56 所示。

本工程焊接工程量大，质量要求高，为此选用焊王焊机 NBC 系列 CO_2 气体保护半自动弧焊机。焊接前，应将焊接部位的铁锈及油污清除干净，焊接时确保焊缝饱满，无气孔及杂质，焊缝等级为 II 级外观质量，并用超声波对焊缝进行检测。

为保证压桩施工质量，施工过程中需要满足如下要求：①压桩架应与锚杆紧固到位，防止桩架晃动，桩架与基础平面应尽量保持垂直。②桩段进行编号，插桩、压桩及接桩必须控制桩的垂直度。采用挂垂线对桩的垂直度加以控制，垂直度偏差不超过 1.5% 的桩长。如发生较大倾斜，则用木块塞在桩孔壁与桩段间缝隙处以填塞纠正。③接桩时，桩段间的空隙大时可用细钢筋予以填实。④千斤顶、送桩器与桩身应在同一中心线上，防止偏心压桩。⑤压桩施工尽量做到一次到位，一般不能在中途停顿。如必须停顿时，桩尖应停留在软土层中，且停留时间不超过 24h。⑥停止压桩标准：以设计桩长或设计压桩力作为压桩控制标准，两者满足其一即可。⑦施工时，做好施工记录，如实反映压桩力及桩长，压桩过程中各道隐蔽工序需经监理验收。

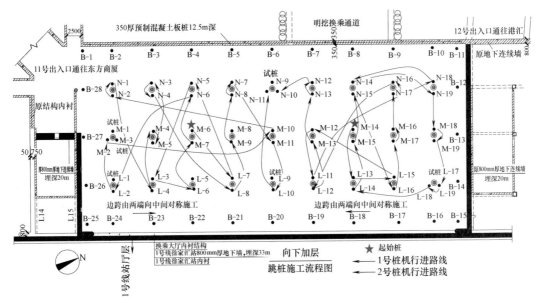

图 4-56　跳桩施工顺序图

4）封桩施工

封桩工作是一项十分重要的工作，必须认真进行。封桩前，必须把压桩孔内的杂物清理干净，排出积水，清理压桩孔壁以增加粘结力，然后浇筑 C20 微膨胀混凝土至底板顶。

如果压桩孔内有大量水涌出，封桩时建议在相邻的压桩孔内用大水泵排水，降低地下水位进行封桩，亦可采用插管引水封桩法封桩，效果都较可靠。

5）静压桩技术要点及注意事项

①因为原底板埋深 8m 左右，下卧土为③₁和④土，静压桩开孔时可能出现倒涌，所以施工前先试桩，试开孔进行观测，如果出现倒涌，应安装防喷装置。

②由于直径 508mm 的钢管桩在原 600mm 厚底板上开 φ520mm 的引导孔（原底板配筋为双层双向 φ16@100），开孔造成原底板钢筋断开，故每根钢管桩施工完毕后立即进行上部的托换梁和承台的施工，同时根据设计计算来安排跳桩的施工工况。

③由于此次施工采用的是开口钢管桩，挤土效应小，并且桩节多、施工缓慢，故每天施工的桩不多（预计两根），压桩时所产生的超孔隙水压力已基本消散，所以对周围的管线建筑不会有太大影响。

④挤土效应：开口钢管桩是桩基中排土量最小的桩型，按宝钢各种不同钢管桩直

径在管内涌土情况来看，管径越大，管内涌土层越高，如直径 900mm 管桩涌土高度为 80%，直径 600mm 钢管桩涌土高为 60%，直径 300mm 钢管桩涌土高为 40%。经测试，挤土往往发生在桩的下部，因为上部土已进入到钢管内，所以在本工程内压桩挤土对相邻建筑影响相对较小。

⑤ 为确保安全，周围管线和相邻建筑物进行实时监测，每天两次，并出具沉降观测报表。根据监测结果，如果报警值达到 1mm/ 天，压桩施工应采取以下措施：降低打桩速率，调整压桩施工位置，必要时停止压桩施工，让超孔隙水压力降低后再压桩。同时，累计报警值为立柱沉降 10mm 或上抬 5mm。

4.4.3　低净空新围护及坑内加固方法

徐家汇港汇地铁 1 号线换乘大厅向下暗挖高度为 4.95m，加层后结构底板埋深约 12.323m。为避免对虹桥路地面交通和地下管线的影响，采用既有地下室顶板作为天然盖板，考虑利用原南、西两方向的围护结构，并重新施作北、东侧和部分西侧围护。新实施的围护结构平面呈 U 形，和原有下二层地下墙连接以形成封闭结构，如图 4-57 所示。由于受到原地下室层高的限制，西侧围护墙选用旋喷桩内插型钢的围护形式。H 型钢长约 16m，可分段插入并焊接成整体。H 型钢在全部施工完成后也不再拔出回收。

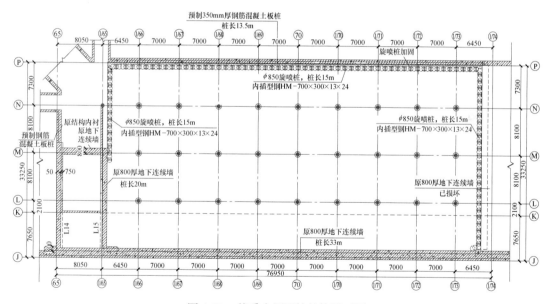

图 4-57　换乘大厅围护结构平面图

由于旋喷桩具有施工机械灵巧，加固效果明显的特点，可采用旋喷桩进行地基加固，在靠近地下室围护结构的区域加固深度应适当加大。设计要求加固后靠近围护墙土体的无侧限抗压强度不小于 1.2MPa，开挖部分不低于 0.6MPa。

（1）MJS 工法施工设备

MJS 工法是"全方位高压喷射技术"的简称。该法可以进行超深度加固、水平地层

图 4-58　MJS 设备

或倾斜地层加固，整个系统最大的特点是配备有调控和量测地内压力的自动装置。该工法可以运用于水平、倾斜或垂直注浆加固施工。

为了保证向下盖挖加层开挖的安全，必须在紧靠 1 号线车站的基坑内进行高达 1 万 m³ 的旋喷加固，旋喷设备在该工况下施工必须满足两个必要条件：①设备必须能在净空只有 4.1m 内施工；②旋喷设备对周边环境影响小。

常规的旋喷对周边影响很大，无法满足本工程特殊的要求。根据以往经验，旋喷对周边的挤压作用主要是由旋喷施工产生的多余泥浆无法及时排除而引起的，为此，引进日本成熟的施工工艺——MJS 工法，如图 4-58 所示。该工法具有根据地层压力情况在孔内吸除多余泥浆的功能，对周边环境影响较小，此种排浆方式还满足可能安装孔口防喷装置的情况。该工法正好满足向下加层净空 4.1m 和对周边基本无影响的施工要求。

本工程采用的 MJS 工法设计了一种位于高压喷嘴端头的排泥吸口与能测量地内压力的传感器（图 4-59），使深处排泥和地基内的压力得到合理控制，保证地基内压力平衡稳定，也就避免了在施工中出现地表变形。

图 4-59　钻头构造平面图

为了达到上述功能，MJS 工法采用了不同于其他旋喷工艺的钻管及钻头（图 4-60），MJS 工法桩采用的钻管为十一孔管（除掉四个螺丝孔），其中一个高压泥浆孔，一个高压水孔，三个气孔，两个排泥阀门油路孔，一个排泥孔，一个信号线孔，一个切削水孔，一个备用孔。

因此，本工程采用的 MJS 工法原理类似于二重管，其施工效果相当于"土体置换"。其施工步骤为：先喷射切削水掘进→调整地内压力→喷射高压水泥浆及空气→喷浆提升过程中开启排泥阀门调整地基内压力的平衡。

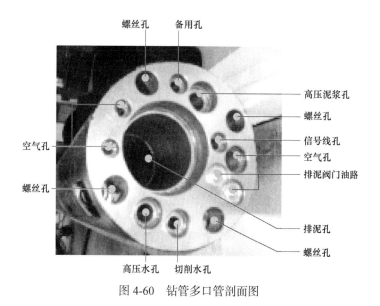

图 4-60　钻管多口管剖面图

（2）旋喷加固施工

本工程向下加层的基坑面积约 2100m²，坑内旋喷加固量达 9800m³，加固体量大，相对集中，且两侧有原围护结构封闭，旋喷加固施工将会产生较大挤压效应。而施工环境非常复杂，周边紧邻地铁 1 号线车站等建筑物，施工区域还有多根托换钢管桩，旋喷施工可能会对它们产生较大不利影响。此外，加固设备所在地下室底板下为软弱的④号土层，在施工中有可能产生倒挤涌土情况，特别是在围护施工期间，插入型钢需开较大的孔洞，风险更为突出。为避免全封闭施工的不利影响，本次施工的顺序定为先加固，后围护。

由于 MJS 工法使用在国内尚属首次，本工程又有一定的特殊性，具体的施工技术参数还有待日方指导并进行一系列试验确定，同时在施工过程中不断优化。根据以往施工经验和初步估计，提出如下施工参数，桩径：2000mm；桩间搭接：300mm；提升速度：8 ~ 10cm/min；地层压力控制界限：静水压 ~（1.6 ~ 1.8）h，其中，h 为施工深度。设备参数和泥浆配合比见表 4-14 和表 4-15。

设备参数　　　　　　　　　　　　　　　　　　表 4-14

项目	压力（MPa）	流量（L/min）
高压泥浆泵	35 ~ 40	70 ~ 80
空压机	0.7	1000
高压泥浆泵	25 ~ 28	60 ~ 70

泥浆配合比　　　　　　　　　　　　　　　　　表 4-15

材料名称	水泥	水
规格	普硅 32.5 级	自来水
重量比	1	1

施工顺序：先加固靠 1 号线一侧 7.3m 宽的裙边加固，沿长边向从两端向中间对称施工，同时采用跳孔施工，距离 4～6m，相邻孔施工间隔不小于 48h，然后依次向 Ⓟ 轴推进，最后离旋喷插 H 型钢处 1m 施工暂停，等旋喷内插 H 型钢施工完毕后再进行剩余 1m 宽旋喷加固。

（3）旋喷内插 H 型钢施工

1）防倒涌措施

旋喷施工在地下商场底板上进行，施工时在底板上开洞钻孔。为确认是否有土倒挤涌入的情况，在前 10 孔施工时必须在孔口安装安全装置，即预先在底板上钻直径为 25cm 的孔，钻孔深度基本为底板厚度的一半，在这个孔内预埋钢管并做好密闭措施，在钢管上安装好阀门，通过这个孔继续在底板上钻直径为 20cm 的孔，钻穿底板，然后通过这个孔进行旋喷作业，旋喷施工完毕后进行观察，确认是否有倒涌现象。如果没有倒涌现象，则其他孔按正常施工；若有倒涌现象，则立即关闭阀门，后续孔施工必须在安全装置上加装防喷装置，同时对吸浆量进行监控，防止过量吸浆（MJS 工法可通过地层压力控制吸浆量）。如果有倒涌现象，则围护结构中的型钢插入无法完成，也必须进行调整，可考虑采用静压钢管桩结合旋喷的形式。

如前所述，若有倒涌情况，旋喷插型钢的围护结构无法施工，需作出方案调整。如果没有这种情况，旋喷施工前，在插入型钢位置开 80cm×40cm 左右的方孔，围护旋喷施工由两头向中间展开。型钢采用分节插入，分节型钢之间腹板采用高强度螺栓等强度连接，翼板采用双面坡口满焊连接。考虑分节次数较多，后期型钢插入可能有困难，需加工专用设备，以顶板或侧墙作为反力支撑，采用千斤顶为低空间型钢插入提供外力。

为防止施工对周边产生不利影响，必须在施工期间对周边环境进行严密监测，一旦出现报警，必须立即停止施工，同时对施工方案进行调整。

2）型钢打入工艺

型钢规格为 H700×300，长 15m，共计 79 根，由于现场空间狭小，净高只有 4.1m，因此 15m 一根的型钢需分 5 节打入，每节长 3m，采用剖口焊进行连接，所以单根型钢打入时间较长，为确保工期，采取打桩、焊接流水施工，预计完成单根桩的打入需要 3h。由于打桩有振动声音，夜间无法施工，所以采取流水作业后，预计 20d 完成 79 根打桩施工。

施工设备采用朗信打拔桩基，现场配备朗信振拔榔头两台（其中 1 台备用），1m³ 挖机 1 台，半自动电焊机 3 台，10t 行车一台。本工程投入的朗信振拔榔头性能见表 4-16。

采用 1m³ 挖机，配备特制加工的小臂，将朗信 SCV30 振拔榔头安装在挖机小臂端部，挖机利用振拔榔头上的液压夹具将 3m 长型钢夹紧吊起后，在导正架引导下，开始打桩作业。

购买定尺的 H700×300 型钢，然后用自动氧气割刀并人工辅助气割，将每根 15m 长的型钢割成 5 段，必须确保切割处水平精度和位置准确。切割完成后，将切割下来的型钢按照从头向下的顺序依次编号，如 1 号桩可编为 1-1、1-2 ～ 1-5，2 号桩可编为 2-1、2-2 ～ 2-5，以此类推，在型钢打入时必须按照桩号和型钢编号按顺序焊接和打入，以确保焊接质量和对接垂直度要求。必须严格控制 H 型钢进场质量，型钢定尺长度为 9m，其对角偏差不大于 1cm。

打桩机参数　　　　　　　　　　　　　　　　表 4-16

参数	单位	型号（SCV30）
整机重量	kg	2150
偏心力矩	kg·m	4.5
激振力	t	40
振幅	mm	6.5
最大频率	rpm	2500
主夹夹紧力	t	45
最大流量	L/min	220
侧夹参数		
激振力	t	35
偏心力矩	kg·m	2.5
最大频率	rpm	2200
夹紧力	t	38

垂直运输利用通往工作区域洞口上部的行车来完成，已经切割好的型钢每 4 根一组垂直放入特别加工的小车内，由行车直接从洞口吊入施工区域内，水平运输机通过人工推动小车到打桩位置，如图 4-61 所示。

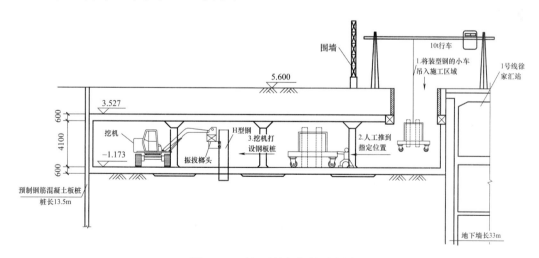

图 4-61　型钢运输与打桩示意图

H 型钢打入工序方面，根据施工经验和设计协商后，确定旋喷 H 型钢围护的施工顺序为：先插入 H 型钢，然后再在旋喷间喷射旋喷的施工先后工序。同时经过用 MJS 旋喷机试验开挖情况来看，能满足设计要求。型钢打入工序如下：①采用挖机吊朗信振拔榔头分3m一节吊入型钢。②型钢采用剖口焊接，采用半自动焊机进行焊接，以确保焊接质量。③为确保打入精度，除在打入型钢安放导正架进行控制打入精度外，还采用挂线来动态控制型钢打入精度。④为防止施工对周边产生不利影响，必须在施工期间对周边环境进行严密监测，一旦出现报警，必须立即停止施工，同时对施工方案进行调整。⑤在型钢上设置标高标记并烧焊限位装置，以保证型钢打入的标高控制。

先打边柱两根型钢，待边柱施工完成后，再打剩余型钢，如图4-62所示。

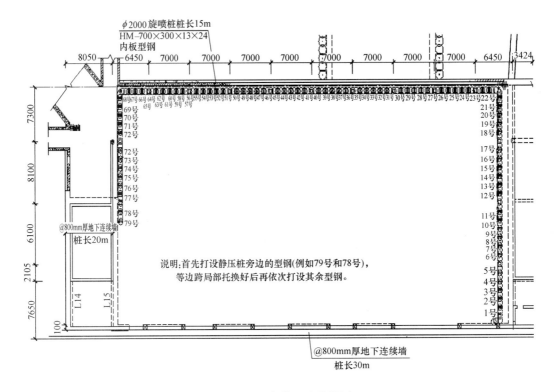

图4-62　型钢位置及编号图

3）废浆处理

考虑到向下加层地面处于虹桥路中心绿岛上，场地极其狭小，MJS外排泥浆难以用泥浆池储存（MJS及外排泥浆方量为9m³/h，两台MJS设备每小时需排泥浆18m³左右，1万m³MJS旋喷泥浆外排达1.1万m³泥浆），故特别设计黑旋风泥浆处理系统（图4-63、图4-64），该系统能将水泥浆脱离成水和泥渣，泥渣可以内驳至11号线场地上。

本方案为两级处理方案，废浆量按照流量$Q=20m^3/h$，废浆比重$\rho=1.45t/m^3$时（即条件最恶劣时）计算。（取样废浆比重$\rho=1.3t/m^3$）

步骤一：将废浆送至一级处理系统进行筛分，将粒径大于1mm的颗粒全部处理干净。渣料经振动筛分脱水后晾晒，装车外运。剩余浆液进入二级处理系统。一级处理后渣料含水率约45%～50%，一级处理后浆液比重$\rho=1.3～1.5t/m^3$，出渣量较少，但是可以将粒径大于 1mm 的颗粒全部去除,以保证压滤机正常工作。

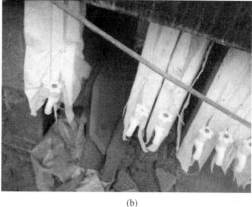

(a)   (b)

图 4-63 黑旋风试验机处理泥浆产生清水和泥渣

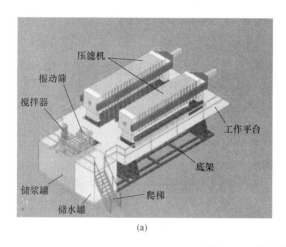

(a)   (b)

图 4-64 黑旋风压滤机设计图

步骤二:将一级系统处理后的浆液送至二级处理系统(压滤),将浆液中的绝大部分固相颗粒去除。二级处理后渣料含水率约 30%,出渣量约为 17.3t/h,9m³/h,排出水量约为 10.56m³/h。处理后渣料成块状,排出液体为澄清液体。每台压滤机每个流程处理泥浆量 3.21m³。每小时可以完成 3 个流程,处理 9.63m³ 泥浆。两台压滤机每小时可以处理泥浆量为 19.26m³。满足现场 MJS 施工要求每小时 20m³ 泥浆的处理。

4.4.4 低净空土方开挖

(1)分块开挖分块施工底板

向下加层开挖基坑长 64.47m,宽 31m,暗挖深度为 5.23m,理论土方量为 10294m³。由于顶板的出土孔只有一个,该 4m×5m 的出土孔作为主要的出土孔。另外根据计划安排,后期在明挖换乘通道与向下加层相接处开小门洞,作为辅助挖土孔。根据设计图优

163

化，基坑开挖分为三阶段两区域。

第一阶段开挖南侧区域，理论土方量为 3804 m³。开挖采用盆式开挖，三侧留土护壁，开挖同时施工架设斜抛撑抽条土方。开挖范围整体成"丁"字形，其中对撑部分采用钢筋混凝土垫层，待底板浇筑完毕后形成钢筋混凝土对撑，减少基坑变形。开挖先在原顶板上用 20m 伸缩臂挖机垂直挖土，等到吊装孔处土方挖干净后将挖机下放，进行基坑开挖。挖土拟投放 1.0m³ 挖机一台，配合两台 0.4m³ 挖机翻土至出土孔。为凿除旋喷加固的水泥土，拟投放 0.6m³ 镐头机一台。

第二阶段开挖北侧区域和南侧区域剩余部分土方，理论土方量为 4515m³。南侧区域待底板浇筑完毕，养护到设计强度要求后架设斜抛撑，等斜抛撑全部架设完毕后，挖除剩余土方。北侧土方采用盆式开挖，三侧放坡护壁，开挖同时施工架设斜抛撑抽条土方。南侧区域土方开挖采用人工配合小机施工。北侧区域采用两台 0.4m³ 挖机翻土至第一阶段浇筑底板处，由一台 1.0m³ 斗铲在第一阶段浇筑完底板上内驳土方至出土孔。

第三阶段土方挖除北侧区域剩余土方。理论土方量为 1975m³。采用人工配合小机施工挖土。拟投放两台 0.4m³ 挖机负责挖土面翻土，两台 0.6m³ 斗铲负责下二层底板内驳土方至出土孔。

土方开挖结束后，回筑内衬并进行原底板改建成中板施工，底板养护后拆除斜抛撑，并回筑结构。立柱连接是新结构与老结构最后结构转换的关键，施工时必须保证该接缝的密实，施工时可在接缝处安放压浆管，防止出现不密实的情况。靠 1 号线一侧的内衬与老的内衬相接需增设簸箕口。

（2）土方内驳

中心绿岛长 34m，宽 17m，占地面积约为 578m²，为方便地下施工，在顶板位置开设 5m×4m 的吊运孔一处，设 10t 行车一部。因施工工序设备繁琐，绿岛施工现场内无条件临时堆土，只能随挖随驳运。

向下加层 MJS 地基加固及围护加固方量约为 9500m³，会产生约 2000m³ 置换土。MJS 地基加固施工期间的置换土由两辆 20t 密封土方车 24h 驳运至 11 号线主场区。

开挖基坑长 64.5m、宽 31m、深 4.95m，总的土方量约为 1 万 m³。基坑开挖采用如下方案：中心绿岛吊运孔位置设一台 20m 长臂挖机，从基坑内直接挖土装车，基坑内设挖土机加斗铲把土方驳运到吊装孔。地面白天由两部密封土方车从中心绿岛内驳至 11 号线主场区集土坑内堆放，晚上由吊运孔处由长臂挖机直接装车外运。

车辆由中心绿岛西大门进工地—装车后由东大门出工地左转弯沿虹桥路向西—恭城路进 11 号线主场区集土坑—空车由 11 号线主场区西大门出工地—由恭城路右转弯至虹桥路—至宜山路左转弯沿虹桥路向东—至漕溪路右转弯进中心绿岛西大门。

第5章
城市更新与地下空间改扩建工程实例

5.1 工程实例一：既有地下室改建为地铁车站

5.1.1 工程背景及工程概况

（1）改建工程背景

港汇广场是由香港港兴企业有限公司与上海徐家汇商城集团股份有限公司于1993年7月合资建造，位于上海徐家汇商业闹市区，东临华山路，南侧为虹桥路，占地面积50788m²，总建筑面积400000m²。主楼有地下室三层，地上最高50层，高度224m，裙房7层。整个建筑群有两栋住宅楼，两栋办公室，一栋商务楼和裙房，以及相应的配套设施。

港汇广场总平面布置图如图5-1所示。图中标段⑰～⑲轴之间的地下室拟改造为地铁9号线徐家汇站车站，车站北侧紧邻两栋住宅楼，南侧为港汇广场，两栋约50层高办公楼位于广场南端。为方便介绍，以地下室中的沉降缝为界，将沉降缝右侧结构称为A区，左侧结构称为B区，两栋高层办公楼周围裙房称为C区。地铁9号线主要穿过A区和B区。

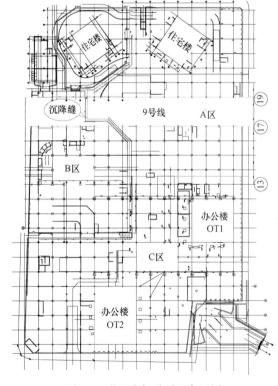

图 5-1　港汇广场总平面布置图

（2）改建工程概况

地铁9号线车站利用港汇广场商务区与居住区之间地面道路下的既有三层地下室进

行改造，线路平面与港汇地下室柱网布置协调，无需托换结构立柱，如图5-2所示。原港汇广场地下一层层高5.2m，改为车站的站厅层；原地下二层、三层停车库层高分别为3.8m、3.9m，通过拆除地下二层楼板，竖向打通地下二、三层合并改为站台层，层高7.7m。横剖面如图5-3所示。

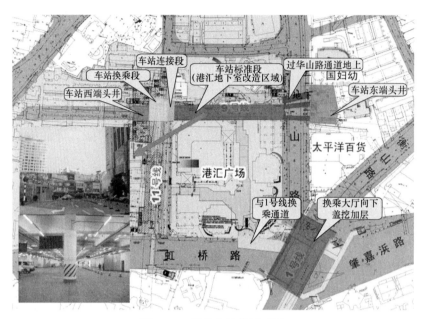

图5-2 9号线车站总平面图

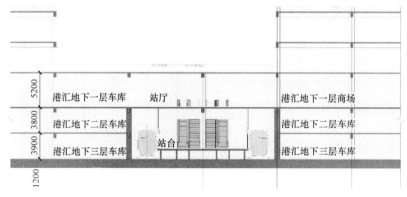

图5-3 9号线横剖面图

5.1.2 工程特点与难点

（1）港汇地下室改造施工的环境影响控制要求高

作为上海首例由既有地下室改造而成的地下车站，本车站的施工主要包括结构凿除和结构加固两个方面。考虑到车站施工期间港汇地下室的主要功能仍要正常进行，因此施工时在确保安全的前提下，应充分考虑对周边环境的影响。

（2）地下室改地铁车站工作量大、施工组织要求高

9 号线车站主要是相邻结构的沟通与港汇地下室及港汇地下室的结构改造，包括相邻结构接头开洞、凿除下二层板、坡道区改造成楼板结构、下一层板局部开洞、加固等施工内容，施工工序和总体安排为：连接段与港汇地下三层的沟通和华山路明挖的区间隧道及过街通道与港汇地下二、三层沟通，包括结构加固托换、新筑结构等；站厅层改造，即将港汇地下室顶板、下一层车库改造成站厅层，包括楼板开洞和结构加固等；站台层改造，包括地下二层板凿除、底板结构加固等；拆除原有车库坡道结构，新建楼板和原有楼板连接，形成统一的下三层结构；地面附属出入口风井结构施工。改造工序繁杂，施工工作量大，施工组织要求高。

5.1.3　施工方案及关键技术

（1）施工方案总体框图

根据设计方案，制定合理施工技术路线。施工顺序依次为：

1）对改建工程进行抗震、环境评估、混凝土耐久性检测一系列的评估。

2）对新结构与港汇结构相接；对港汇下一层板及柱加固。

3）改建港汇下一层板。

4）改建港汇下二层板。

5）改建港汇底板。

6）改建港汇原车库坡道板。

（2）碳纤维加固技术

为了保证结构强度，按照设计要求，切割区域混凝土结构，切割施工前，部分板、梁、柱必须先采用粘贴碳纤维对原结构进行加固（图 5-4），待粘结胶强度达到设计要求，并经过验收合格后方可进行后续混凝土切割工作。

图 5-4　碳纤维加固

加固施工前，对结构件进行碳纤维加固前，须将混凝土表面打磨平整，除去表面浮尘（浆）、油污等杂质，直至完全露出结构新面。粘贴碳纤维布时，对于凹凸不平的粘贴面可采用环氧树脂材料进行表面平整，表面的平整度达 5mm/m，构件转角粘贴处要打磨成圆弧状，并保持混凝土表面清洁、干燥，其主要工艺要求为：

1）主要材料碳纤维片材及配套加固胶粘剂应具有产品合格证、应用许可证，并附有相关的产品规格及主要物理力学性能指标。

2）胶粘剂充分浸透碳纤维布，粘贴密实、平整无气泡。

3）碳纤维片材涂刷胶粘剂，胶层应呈凸起状，其平均厚度不小于 2mm。

4）碳纤维布加固的搭接须有一定的搭接长度，其搭接长度不小于 100mm。

5）粘贴碳纤维片材时应避免接触酸、碱性材料，附近应没有电焊等强紫外线光源，

碳纤维贴片为导电材料,使用碳纤维贴片时应尽量远离电气设备及电源。

图5-5、图5-6所示为采用碳纤维对梁板和立柱加固现场图片。

立柱碳纤维加固

图5-5　梁板加固　　　　　　　　　　　　图5-6　立柱加固

（3）大规模结构拆除机械化施工技术

1）总体施工工序

根据施工技术路线,先拆除下一层部分楼板梁,然后拆除整块的下二层板,再改建原底板沉降缝,最后拆除车库坡道板,总体施工流程如图5-7所示。拆除施工流程为:①对准备切割的梁板进行切割顺序编号,按照序号进行切割;②切割流程依次为,定位、放线、钻工艺孔(起吊孔)、预吊、切割、混凝块起吊、运走;③每一切割块必须通过起吊孔预先临时起吊固定,防止切割块突然塌下。切割完成的区域,必须架设安全防护设施并做好安全警示标志,防止人或物体坠落。

2）混凝土切割线的划定

切割中,根据结构稳定、施工安全及施工可行性等因素,确定分步切割的顺序,切割中尽量由里到外,保证卸荷的均匀,施工过程中,可根据实际交叉施工,流水作业,加快施工进度。混凝土梁板切割应根据设计要求,注意原构件钢筋的保留,如无说明,距离保留结构30cm范围内拟采用人工凿除方式。根据设计要求,混凝土切割后混凝土块的临时存储及运输荷载不能超过原结构设计活荷载,本区域设计活荷载为4.0kN/m²。同时,考虑到现场条件所限,需要经过一定距离的运输再进行吊装,且室内作业只能依靠人工及简单机械进行吊装及运输,混凝土块的尺寸不能太大,经计算确定切割线划分原则。具体切割线的划分如图5-8所示。

车道区域混凝土板厚250mm,切割单块尺寸800mm×1000mm,加上粉刷及找平层后重量600kg,采用液压拖车运输到起吊装车地点,临时存储需单层分散平放;⑨-8～⑨-23轴线楼板区域混凝土板厚130～150mm,切割单块尺寸1000mm×1000mm,加上粉刷及找平层后重量约500kg,采用液压拖车运输到起吊装车地点,临时存储需单层分散平放;混凝土主梁900mm×750mm,沿纵向每段切割600mm,单块重量为1012kg,

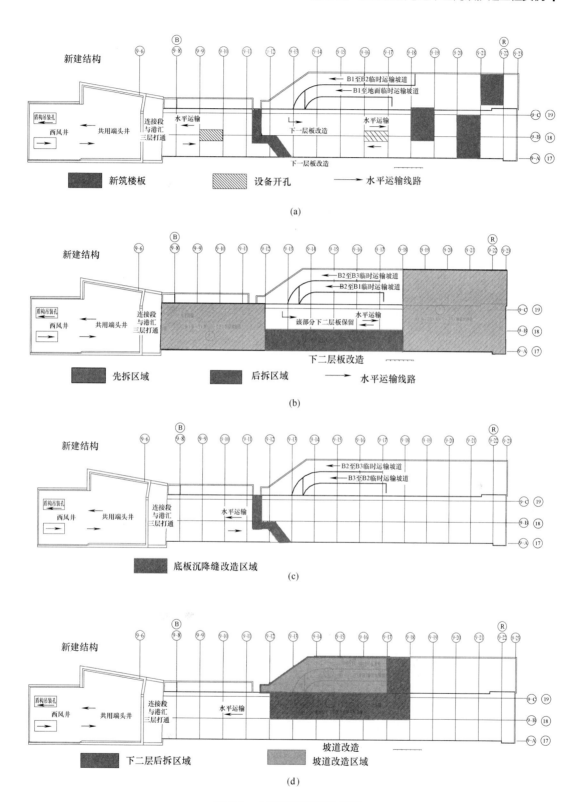

图 5-7　总体施工流程示意图

（a）港汇下一层改造区域；（b）港汇下二层改造区域；（c）底板改造区域；（d）坡道改造区域

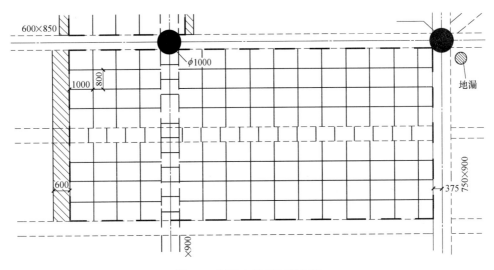

图 5-8　混凝土楼板切割方案

采用液压拖车运输到起吊装车地点，临时存储需单层分散平放；混凝土主梁 850mm×600mm，沿纵向每段切割 800mm，单块重量为 1020kg，采用液压拖车运输到起吊装车地点，临时存储需单层分散平放，确保堆载不超过使用活荷载；混凝土次梁 850mm×450mm，沿纵向每段切割 1000mm，单块重量为 957kg，采用液压拖车运输到起吊装车地点，临时存储需单层分散平放，确保堆载不超过使用活荷载；混凝土墙和柱的切割也基本遵循上述原则，下部单块重量最大控制在 1000kg，上部单块最大重量控制在 400kg，门洞的切割自下至上，其他墙和柱等竖向构件自上至下。

3）混凝土机械切割特点及设备选择

由于该项目为改造工程，建筑物为局部结构拆除，主要切割结构包括楼梯、墙，梁柱及底板等（图 5-9、图 5-10），按设计要求不得破坏原有结构，以及减少施工时对商场及周围环境的影响。因此，本工程结构拆除主要采用水冷却金刚石锯片或绳锯切割机对混凝土进行开洞、拆除，施工速度快，噪声小，无振动，质量好，对建筑结构没有影响，是取代电锤、风镐、人工钎打等振动较大机具施工的最先进工艺。本工程采用的主要设备为 26kW 钻孔机 3 台，30kW 碟锯 5 台，40kW 绳锯 1 台，2t 手动葫芦 8 个。

⑨-8～⑨-23轴线地下二层区域混凝土楼板厚 130～150mm，⑨-13～⑨-17轴线区域车道混凝土板厚约 250mm，采用碟锯切割的方式；⑨-8～⑨-23轴线地下二层混凝土主梁为 750mm×900mm、600mm×850mm，次梁为 450mm×850mm，采用绳锯切割的方式。混凝土结构切割施工前，必须先对原结构进行加固，待粘结胶或加固混凝土强度达到设计要求，并经过验收合格后方可进行后续混凝土切割工作。

4）楼板梁的拆除

改建施工中，切割梁板的原则为先切割板再切割梁。先在要切割的板两端安放钢吊架，每个吊架上安装两个 10t 的葫芦，预先在楼板上用风镐凿除吊装孔，挂好钢丝绳，用葫芦吊住楼板，然后依次切割楼板与梁的边线，最后整块楼板用 4 个葫芦缓缓的下放至底板上，底板上预先放置旧轮胎作为缓冲垫，最后把切割下来的整块板再分块后，用 1m³ 斗铲车水平驳运至吊装孔运出。楼板和梁的拆除示意图如图 5-11 和图 5-12 所示。

图 5-9　楼板切割

图 5-10　梁体切割

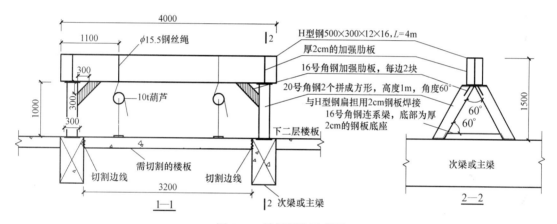

图 5-11　楼板拆除示意图

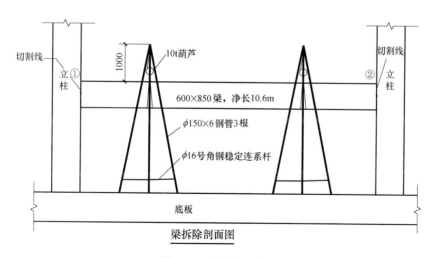

图 5-12　梁拆除示意图

5）混凝土块的吊装及运输

切割后临时堆放的混凝土块需单层分散平放，确保堆载不超过底板上使用的活荷载，并应及时外运，避免在楼板上大范围堆放，运输过程应采用平板拖车分块运输，避免楼板出现集中荷载。

板切割完毕后，用三角吊架切割梁，每根梁用两个三角吊架吊放，每个吊架采用 10t 的葫芦，吊架中心放在梁的 1/3 处，预先用吊架将梁吊住，然后用排孔将梁两端与立柱切割开，再用葫芦慢慢下放至底板。梁下放后，在原底板上分块后用斗铲驳运。同时配备能在净空 4.1m 范围内施工的额定起吊重量 5t 的小吊车配合拆梁。

为了便于把切割的混凝土块起吊并运到指定地点，综合考虑现场因素，现拟采用搭设吊架作为混凝土切割吊运方案。在切割混凝土过程中，为了把切割下来的混凝土块及时运到指定地点，需要先将切割的混凝土块放置到液压拖车上，由于切割混凝土块体积大、自重重，搬到拖车上很难实现，所以综合考虑现场因素，采用在切割混凝土块上方搭设吊架来吊运混凝土块，待混凝土块被提升约 150mm 高后，再用液压拖车将其搬运到指定地点，如图 5-13 所示。

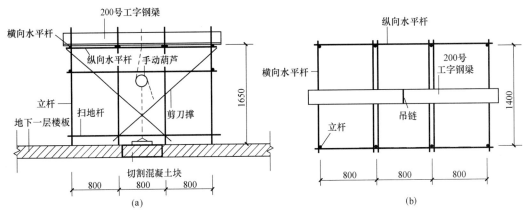

图 5-13　吊架结构示意图

（a）吊架立面图；（b）吊架平面图

由于切割现场无法进入大型运输车，采用 2t/5t 运输车辆，在货运车停靠区域指定为临时堆放部位，在该部位安装临时小型龙门吊，混凝土块切割后采用小型平板拖车从切割部位水平运输至临时堆放装车部位，再通过小型龙门吊垂直起吊装车外运。

（4）植筋技术

新增加固件与混凝土构件的连接采用化学植筋（螺栓）技术，化学植筋后锚固的材料、施工及验收应满足现行国家标准《混凝土结构加固设计规范》GB 50367 及《混凝土结构后锚固技术规程》JGJ 145 的相关要求。各阶段具体要求如下：

1）准备：检查被植筋混凝土表面是否完好，探测核对标记植筋部位。

2）钻孔：根据钢筋直径，按照图纸要求对应深度打孔，检查孔径及孔深，满足要求即可。钻孔过程中，若未达到设计孔深而碰到结构主筋，不可打断或破坏，应另行在附近选孔位，原孔位以无收缩水泥混凝土填实。

3）清孔：利用压缩空气清孔，用毛刷刷三遍，吹三遍，确保孔壁无灰尘。

4）注胶：首先将植筋胶直接放入胶枪中，并将搅拌头旋到胶的头部，扣动胶枪直到胶流出为止，前四次打的胶不用。注胶时，将搅拌头插入孔的底部开始注胶，逐渐向外移动，直至注满孔体积的 2/3 即可。注射下一个孔时，按下胶枪后面的舌头，因为自动加压，避免胶继续流出，造成浪费。更换新胶时，按下胶枪后面的舌头，拉出拉杆，将胶取出。

5）植筋：将备好的钢筋旋转着缓缓插入孔底，按照固化时间表规定时间（表 5-1）进行安装，使得锚固剂均匀地附着在钢筋的表面及缝隙中，待其固化后再进行焊接、绑筋及其他各项工作。

环境温度与固化时间表　　　　　　　　　　　　　　　　　　　　　　表 5-1

基材温度（℃）	凝胶时间	固化时间
−5	4h	36h
0	3h	25h
10	2h	12h
20	30min	6h
30	20min	4h
40	12min	2h

（5）连接段与港汇接头结构施工

新建车站结构与港汇原结构相接施工，涉及原建筑周边地下障碍物的清除、原地下室墙趾加固以及原结构托换，并以单柱实现地下空间刚性连接，很好地解决了以往地下空间与地铁车站只能以口部相接的点式连接的问题，可实现面式连接，使轨道交通车站与周边的地下空间有机地联为一体，极大地提升地下空间的质量和价值。

连接段与港汇接头施工之前，其结构已自成体系，根据设计图，先在 ⑨-⑧ 轴即港汇 Ⓑ 轴西侧靠港汇侧墙内侧 1.2m 位置，在东西向梁底设置 ϕ609 钢支撑作顶撑托换，且地下室三层在同一位置均设置顶撑，保证顶撑上下轴心的同心度。

顶撑施工完毕后，从上至下对侧墙体进行切割，为了保留原楼板和梁的钢筋，需在该处进行人工破除，再从下至上回筑 L1 - 1′、L2 - 1′ 及 Z11′，形成双梁双柱结构，连接段与港汇接头为刚性接头，接头施工流程如图 5-14 所示，图 5-15 所示为连接段接头施工照片。

（6）梁端锚固处理技术

港汇 ⑰～⑲ 轴之间的下二层楼板和梁需切除。由于该区域梁被拆除后，而 ⑯～⑰ 轴和 ⑲～⑳ 轴未拆除的梁主筋在 ⑰ 轴和 ⑲ 轴处锚固长度不够，因此采取梁端锚固处理的技术来解决该问题。

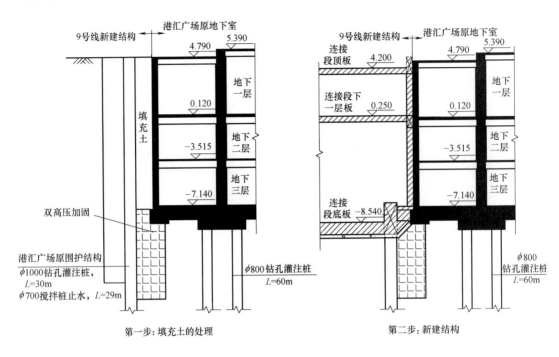

第一步:填充土的处理

第二步:新建结构

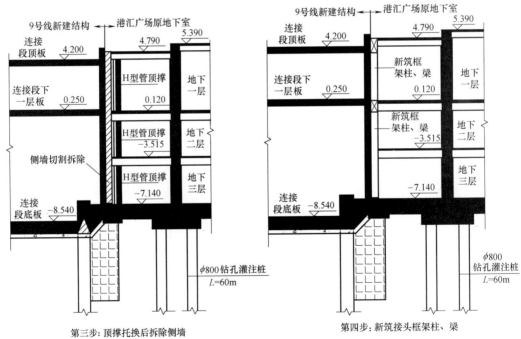

第三步:顶撑托换后拆除侧墙

第四步:新筑接头框架柱、梁

图 5-14　连接段接头施工流程图

首先,切割时预留梁端10cm左右的梁体,采取人工凿除,拨出梁主筋;然后,实测实量主筋的位置,在2cm厚的钢板上开钢筋孔,将钢板沿梁主筋穿入,钢板与立柱间预留压浆管，同时主筋与钢板进行塞焊；最后用环氧树脂砂浆填充钢板和立柱的间隙，如图 5-16 所示。

（a）　　　　　　　　　　　　　　　　　　（b）

图 5-15　连接段接头施工照片

（a）顶撑托换；（b）拆除旧墙

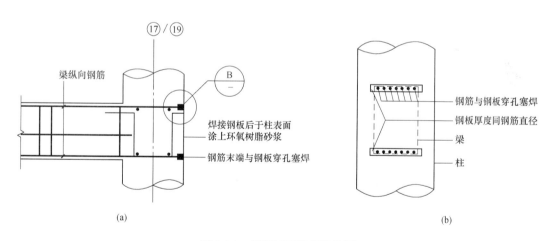

图 5-16　梁端锚固处理措施图

（a）⑰轴 /⑲轴梁、柱节点处理详图；（b）⑰轴 /⑲轴框架梁节点钢筋锚固处理

5.1.4　实施效果

在港汇结构改建施工中，对港汇地下室柱网结构进行沉降监测（L1～L26），人工监测频率施工阶段为 1 次 /d，结构完成后 1 次 / 月。测点布置如图 5-17 所示。

车库改建中，切割原结构的工序从 2008 年 11 月下旬开始至 2008 年 12 月底，之后从 2009 年 1 月初至 2009 年 1 月底对原结构进行补强，从图 5-18 中分析发现，在原结构楼板切割过程中，整个港汇地下室结构呈快速下降趋势，沉降速率平均约 2mm/ 月，之后结构补强施工阶段沉降趋势减缓，沉降速率平均约 1.6mm/ 月，等结构补强后整个地下室沉降速率为 0.1mm/ 月，可认为结构沉降趋于稳定，截止至交付安装单位时港汇地下室结构累计最大沉降量为 4.87mm，满足了设计的要求。因此，证明上述的施工工序安排的安全性、可靠性，大规模的机械化施工有效的缩短改建的工期，从而也减缓了结构沉降，保证了结构安全。

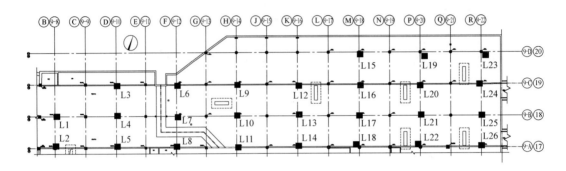

图 5-17　港汇地下室监测测点布置图

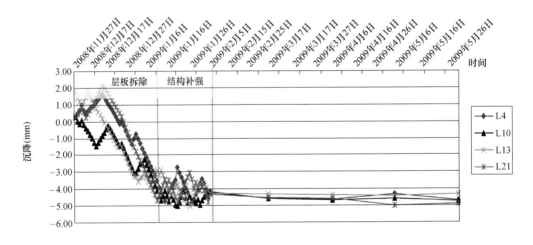

图 5-18　地下车库沉降曲线图

5.2　工程实例二：地铁车站风道改造增设夹层

5.2.1　工程背景及工程概况

（1）改建工程背景

上海地铁 11 号线江苏路站位于江苏路愚园路交叉路口以北，沿江苏路南北向设置，为地下三层岛式车站。2 号线江苏路站位于江苏路愚园路交叉路口以东，沿愚园路东西向设置，为地下二层岛式车站。在江苏路愚园路交叉口东北角为 34 层的高层住宅畅园公寓和既有 2 号线江苏路站西风井，东南侧为 28 层兆丰世贸大厦，西南侧为企业发展大厦，西北侧为忠和坊多层居民住宅。地铁 11 号线江苏路站平面位置及周边环境如图 5-19 所示。

（2）改建工程概况

按照规划要求，11 号线站要与已建成的 2 号线江苏路站通道换乘，设计采用了"全地下增设夹层"的改造方案。改造 2 号线江苏路站的既有西风井，在风道下方增设夹层作为换乘通道，成功解决 11 号线江苏路站与 2 号线江苏路站的换乘难题。

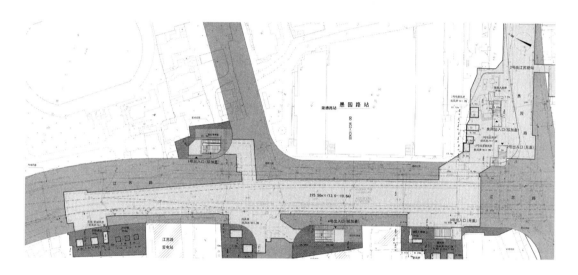

图 5-19　地铁 11 号线江苏路站平面位置及周边环境

5.2.2　工程特点与难点

2 号线江苏路站西风道净高现状为 6m，顶板覆土约 1.5m，设计通过减少顶板覆土厚度，抬高顶板，增加夹层。下部空间用于换乘通道，上部空间用于风道和 2 号线集散厅，从而改造风道实现换乘，如图 5-20 所示。

（1）工程特点

1）换乘通道施工对周围环境的影响，尤其是对畅园的影响。

设计时，注意减小施工期间占地面积，对环境的影响减少到最小。施工范围需侵入畅园公寓部分地块，但不需要封闭畅园主楼的入口，施工结束后，可以还原现有畅园公寓围墙的位置。

2）换乘通道及风道改造施工的风险及对 2 号线运营的影响。

为了不影响既有 2 号线正常运营，在换乘通道实施期间需设临时风道进行过渡。在通道土建改造前先在地面设置区间隧道风机（TVF 风机）等临时通风设备，在原风道顶板拆除后建临时风道与原区间风道相接，并保证新排风气流与室外接通。土建完成及设备安装就位后，再拆除地面风道机房。做到通风空调系统的无缝衔接，改造期间对 2 号线的正常运营几乎没有影响。

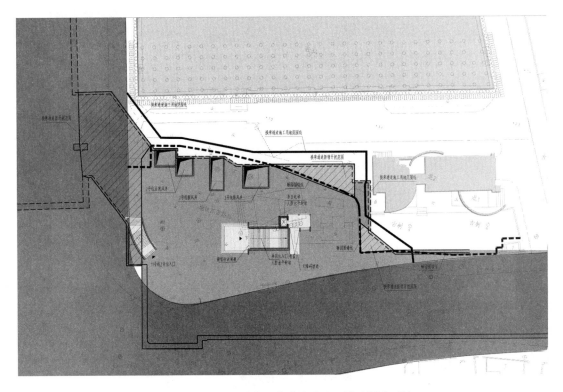

图 5-20　地铁 11 号线江苏路站改造区域及周边环境

（2）工程难点

本工程实施过程有如下难点：

1）2 号线西风井围护结构边线距畅园公寓地下室围护结构边线仅为 9.5m，施工时对畅园公寓地下室结构的保护难度很大。

2）施工作业面小，空间狭窄，尤其是在顶板开孔的情况下施工底板抗拔桩难度很大。

3）新、老结构的连接处理难度较大。

4）结构凿除工作量大，施工工期长，施工潜在的风险高。

5.2.3　实施方案

改造后，总平面图布局上的风井保持现有的位置和形式不变，新排风井由于换乘通道及集散厅的设置需要加大新排风井，但要保持其间距不变；改建后的出入口更靠近道路红线，垂直电梯靠近出入口设置。夹层新设售、检票集散厅（约 380m²）以及小空调机房、风道等，站厅层设两线换乘通道，换乘通道为双向共约 11m 宽，侧墙边设置送风道和排烟道。改造后的车站及换乘通道的平面图和剖面图如图 5-21、图 5-22 所示。

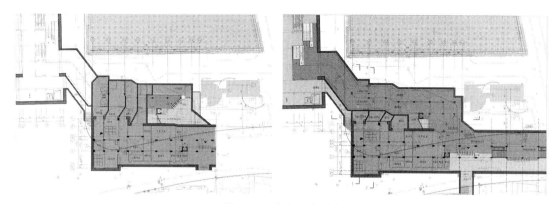

图 5-21　改造后平面图

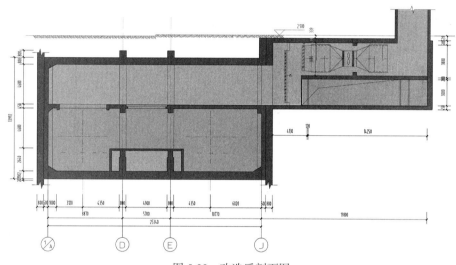

图 5-22　改造后剖面图

5.2.4　改造实施步骤

本工程采用如下实施步骤实现对江苏路地铁车站风道的改造。

1）凿除 2 号线江苏路站的 1 号出入口楼梯结构，如图 5-23 所示。

2）施工江苏路站风道结构以外的围护，安装好地面的 TVF 风机、风阀、热泵机组、膨胀水箱等，如图 5-24 所示。

3）凿除风道处部分顶板并修筑临时风道，与隧道通风系统、车站通风空调系统接通；接通热泵水管，保证临时通风空调设施替代原系统正常运营，如图 5-25 所示。

4）拆除江苏路站原风道内的设备，架设钢支撑，凿除风道处其余顶板，如图 5-26 所示。

5）随挖随撑至坑底，凿除原风道东西两侧围护和车站部分围护结构，如图 5-27 所示。

6）浇筑原风道结构以外部分的底板，如图 5-28 所示。

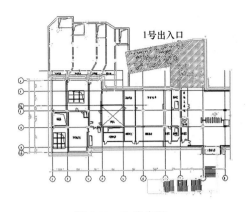

图 5-23　改造步骤一

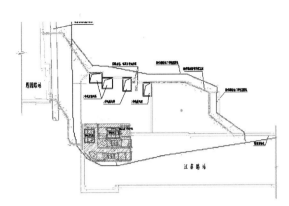

图 5-24　改造步骤二

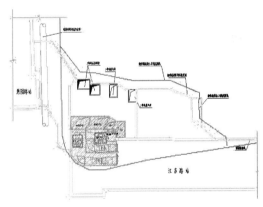

图 5-25　改造步骤三

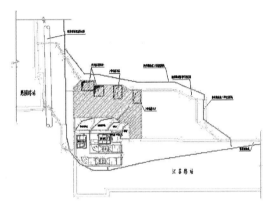

图 5-26　改造步骤四

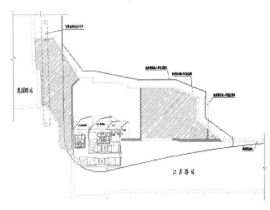

图 5-27　改造步骤五

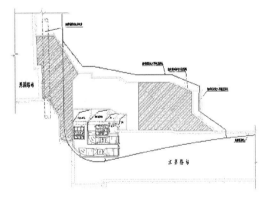

图 5-28　改造步骤六

7）依次浇筑侧墙、夹层中板、楼梯结构及顶板，如图 5-29 所示。

8）热泵机组、膨胀水箱复位，接通热泵水管，如图 5-30 所示。

9）改造江苏路站静压室，安装并调试换乘通道设备、新建风道内 TVF 风机等设备，保证系统正常运行，并可替代地面临时通风空调设施，如图 5-31 所示。

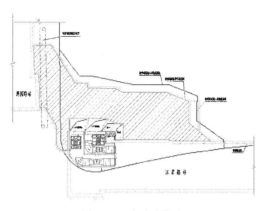

图 5-29　改造步骤七

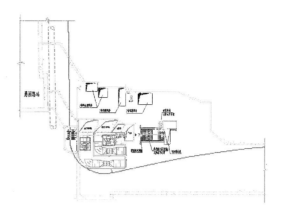

图 5-30　改造步骤八

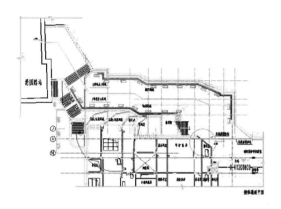

图 5-31　改造步骤九

10）封堵顶板上的临时风井，浇筑封堵顶板上的风井，覆土；拆除地面临时风道及临时风机、热泵、膨胀水箱等，完成地面出入口，如图 5-32 所示。

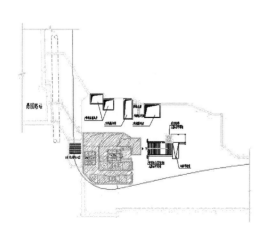

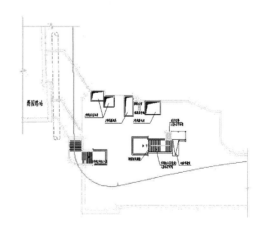

图 5-32　改造步骤十

5.2.5 实施效果

本方案减少了实施换乘通道时对周围环境的影响，尤其是对畅园公寓的影响；降低了换乘通道及风道改造实施的风险及对2号线运营的影响。方案实施后，在完善地面环境的基础上基本保持现状，取得了很好的社会声誉和经济效益。利用现有风道改造来解决车站间的换乘，在国内尚属首例。

5.3 工程实例三：紧邻历史保护建筑物区域扩建地下车库

5.3.1 工程背景及工程概况

（1）扩建工程背景

外滩源33号项目为上海外滩综合改造开发一期工程的主要项目之一，建设场地北临苏州河，西至圆明园路，东邻中山东一路，南面与半岛酒店地界相接，总用地面积22654m²，效果图如图5-33所示。外滩源33号项目内部场地主要有领事馆和官邸两栋保护建筑。地块内原领事馆主楼和原领事官邸两幢砖木结构房屋，先后于1873年和1884年建成，为目前外滩"万国建筑博览会"中保存最早的建筑，保护级别为Ⅲ级（上海市建筑保护单位），保护要求为二类。

图5-33 外滩源33号效果图

（2）扩建工程概况

外滩源地下开发工程将拓建三层地下车库，如图5-34、图5-35所示。地下车库分南、北两块，南块827m²，北块3049m²，总占地面积约为3876m²，南、北区两块地下室间距为 21.4m，地下室间在地下二层有一连接通道，南块地下室有汽车坡道通向地面。该项目主体结构由纯地下室组成，北侧局部上部为重建的联合教堂。地下室顶板以上有 1.5m 的填土绿化，结构采用楼板体系，基础形式为桩筏基础。

图 5-34　外滩源 33 号地下车库开发效果图

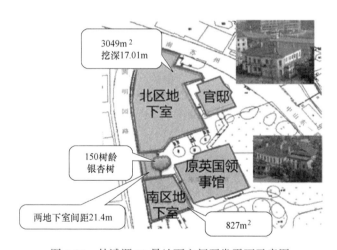

图 5-35　外滩源 33 号地下空间开发平面示意图

拟扩建工程的地下空间为地下三层，开挖深度为 16.635 ～ 17.935m，南侧基坑面积约 4000m²，采用逆作法施工。采用 1000mm 厚、35.6m 深地下连续墙作为围护结构，接头采用圆形锁口管；桩基共 189 根，其中 ϕ700 抗拔桩 81 根，桩深 61m；ϕ700（扩大头 ϕ800）钢格构桩 39 根，桩深 61m；ϕ900 内插 ϕ580×16 钢管的钢管桩 30 根，桩深 73m；ϕ900 钢格构柱 32 根，桩深 73m；ϕ900 内插 ϕ580×16 钢管的钢管桩 4 根，桩深 77m。地下结构内部采用框架结构作为结构竖向受力体系，地下各层结构采用双向受力的交叉梁结构体系。本工程四层板标高分别为 -2.46m、-7.96m、-12.16m 及 -15.86m，大底板厚

1000mm。

在基坑南侧设置一条20m长，10m宽的车道连通地面和地下一层，车道埋深为0.8～9.16m，围护体系采用三轴搅拌桩φ850@600插入型钢H700×300×13×24@1200及12m深Ⅲ号拉森钢板进行围护，支撑采用H400型钢支撑。

（3）周边环境

外滩源33号项目地处外滩老建筑群区域，工程西侧靠圆明园路、北临南苏州路、东邻中山东一路，南侧为正在建设施工中的半岛酒店，如图5-36所示，其中圆明园路和南苏州路马路路面以下管线较多，圆明园路马路对面为洛克菲勒地块保护建筑，周围环境十分复杂。

图5-36　外滩源33号基坑周边环境

本工程两块地下室基坑开挖面积较大，开挖深度深，施工影响范围广。基地距离道路及地下管线较近，对由于基坑开挖引起的变形较为敏感，需要重点保护。

5.3.2　工程难点与对策

（1）紧邻既有保护建筑，基坑施工变形控制要求高

本工程拟建地下室两侧都为历史保护建筑，东面原英国领馆主楼及官邸距离地下连续墙最近只有3.2m，距圆明园路的管线基坑最近的只有1m。而地下室挖土深度较深，如处理不当极易影响到周边管线及建筑。同时，基坑北临苏州河，地下水位经常随着苏州河的水位变化而变化，这为降水施工带来了不少变数。

针对以上难点，施工前要深入研究施工方案，通过围护体系的综合比选，利用土拱效应和调整护壁泥浆性能等综合施工技术，确保工程施工安全。

（2）古树下方浅埋地下连通道，环境保护要求高

外滩源 33 项目 1 号楼、2 号楼与地下车库通过地下通道连接，该通道开挖深度为老建筑基础地面下 5.56m，地下一层。为满足地上历史保护建筑的使用功能的需要，使地下空间能更好地为地上历史保护建筑服务，所以分别在地下空间与 1 号楼及 2 号楼间增设两条连通道，使人员能直接从地下室通往地上建筑。如何处理好保护建筑与地下空间连接施工，从而减少土体开挖对保护建筑和环境的影响，控制施工风险，是非常重要的技术难题。同时，地下空间上部存在一棵需要重点保护的 150 年树龄的古银杏树。因工程施工时无法移植，本工程用将原单独的一个地下空间分成两个地下空间，两个地下空间通过位于地下二层的通道相连接的方式对古银杏树进行重点保护。由于施工现场场地有限，无法进行常规箱涵顶进施工。而地下连通道上部地面的银杏古树，地下根系发达，施工时必须尽最大可能减少对其影响。

经方案研究，本工程的地下通道拟采用水平暗挖的小管径管幕法施工技术。管幕法施工用的工作井和接收井是地下室的一部分，施工工况相当复杂，连通道采用现浇结构，水平旋喷加固、支撑和结构施工有相当大难度，没有类似工程可以借鉴。如何处理好连通道施工是整个工程成败的关键。

5.3.3 紧邻保护建筑的深基坑施工技术

（1）坑外隔离、地基加固施工

基坑围护采用地下连续墙形式，地下连续墙内外侧采用三轴水泥土搅拌桩作止水帷幕，如图 5-37 所示。考虑到围护施工对保护古建筑和古树的影响，在临近古建筑和古树的一边及部分局部外侧采用 3 排宽度约 1.55m 的三轴水泥土搅拌桩加固，以减小地墙成槽对古建筑和古树的影响。

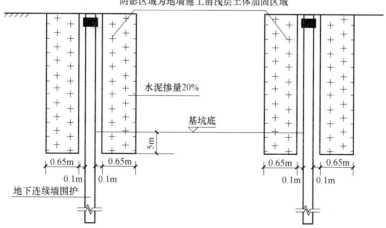

图 5-37 土体加固示意图

由于基坑开挖较深、面积较大，为增强地下连续墙的抗倾覆稳定性，同时减小逆作施工时地墙的变形，在阳角及基坑中部的地墙内侧坑内设置多处 $\phi650@450$ 三轴水泥土搅拌桩墩式加固，墩式加固标高 $-2.860 \sim 23.560m$，宽 5150mm，水泥掺量坑底以上为 10%，坑底以下为 20%。

为防止基坑旁保护建筑处由于开挖后土体扰动引起沉降，在建筑物外墙与隔离桩间埋入一排注浆管，注浆管呈 15° 角向民房侧打入，管长 6m，间距 1.2m，采用花管注浆，根据监测数据分层、分次注浆，以控制民房的沉降。在基坑开挖时进行主动跟踪补充注浆，以更好地保护建筑的安全。

（2）保护建筑侧的地墙施工

① 缩短地下连续墙分幅宽度。考虑到适当缩短分幅宽度，可以有效利用土拱效应的影响、减少槽壁塌方，同时因为分幅缩短，各道工序施工时间也相应地缩短，有利于成槽的稳定，确保施工质量，本工程地下连续墙的分幅宽度控制在 5m 左右。

② 调整泥浆性能，以减少在软弱地层中成槽坍塌的危险性。依据以往地墙施工经验，地下③层淤泥质粉质黏土、④层淤泥质黏土的土质软弱具有流变特性，较易在成槽时引起塌方。在该两层挖槽时适当增加泥浆黏度和比重，形成护壁泥皮薄而韧性强的优质泥浆，并根据成槽过程中土壁的情况变化选用外加剂，调整泥浆指标，确保槽段在成槽机械反复上下运动过程中土壁稳定。

③ 施工前应急材料及时到位。如出现成槽机故障、混凝土不能及时浇筑等现象，而导致单幅墙体施工时间无法控制时，须立即将该地墙槽段填埋完毕，防止槽壁塌方。

（3）基坑降水施工

对于坑内浅层潜水，采用管井降水措施，对坑内浅层土体进行疏干降水。坑内疏干降水应避免过量，确保坑内水位始终维持在每层开挖面以下 1m 以内。

由于地下连续墙进入⑦层承压含水层的深度小于 4.0m，未将承压含水层完全隔断，而周围环境保护要求高。因此，对坑内开挖深度以下的承压水，结合开挖工况，分区、分层进行"按需减压"降水，保证基坑安全及施工顺利进行。

在基坑内、外布置水位观测井，根据地下水位监测结果指导降水运行。开挖过程中尽量不降承压水，如现场实际情况需要降承压水时，则必须有控制地降承压水，并尽可能压缩降压施工时间。根据减压井抽水量及减压观测井的承压水位，确定开启的减压井数量、抽水速率，合理控制承压水水位，将减压降水对环境的影响控制到最低程度。

（4）限时挖土

本工程基坑开挖面积约 4000m²，开挖深度为 17.5m 左右，土方开挖的总方量约 6.8 万 m³。本工程地处闹市区，环境复杂，因此为逆作法施工安全快速出土提出了新的要求。鉴于此，①本工程开挖以"开挖与结构流水交叉施工"为原则，确保开挖与结构施工同步连续流水施工，最大限度缩短基坑无支撑暴露时间，从时空效应减少基坑变形。②按分区流水的原则，利用结构孔洞，分区独立形成取土口，保证每天出土量达到 600m³。③每区分层开挖，各阶段的土方开挖完成后，取土口作为吊物口使用，保证结构材料的运输。④根据业主提供的图纸，以及取土口的分布，采取了分两区流水施工工作的方法进行流水施工。

施工时，以土体的时间、空间效应理论指导挖土施工。挖土施工时，在基坑内部留有足够宽度的盆边土，用此部分土体产生的被动土压力来平衡基坑外部的主动土压力；按照设计的流程，在限定的时间内进行土体开挖，以及混凝土垫层的施工，以此确保基坑的变形在规定的范围之内，避免因基坑的变形而威胁周边建筑物、管线的安全。

（5）信息化施工

从进场施工开始，及时采集、分析周边环境监测数据，对东侧民房沉降值、裂缝分布、房屋整体倾斜值进行实时监测，及时掌握保护建筑的变形发展趋势。在施工前、施工中期委托房屋质量检测站对房屋进行跟踪监测，并召开专家会议，以优化施工参数，有效地控制了地下连续墙的侧向变形，从而减小了基坑开挖对保护建筑及管线的影响。

5.3.4　水平暗挖的小管径管幕法施工技术

管幕结构采用外径为 $\phi786$mm，壁厚 δ=12mm 钢管，上下左右共设置 46 根。通道内净截面尺寸 8500mm×5300mm，通道结构长度 23.4m，顶板厚 800mm，侧墙厚750mm，底板厚 1000mm，采用 C30P6 混凝土，通道顶板埋深约 -7.500m，底板埋设深度约 -12.900m。管幕结构如图 5-38、图 5-39 所示。

为更好地提高管幕施工的质量，减少施工对周边的影响，管幕施工完后，进行管幕内土体水平旋喷桩加固施工，待土体固结一定强度（0.5 ～ 0.8MPa）后进行土体开挖，边开挖边设置围护支撑。管幕内混凝土结构采用商品混凝土现浇施工工艺。

施工总体流程为：工作井、接收井施工；钢管管幕施工；通道开挖段土体加固施工；通道段土体开挖及内支撑施工；通道结构施工。

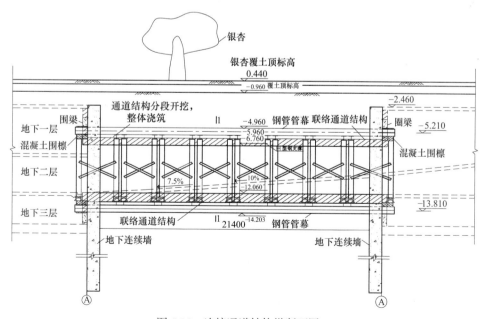

图 5-38　连接通道结构纵断面图

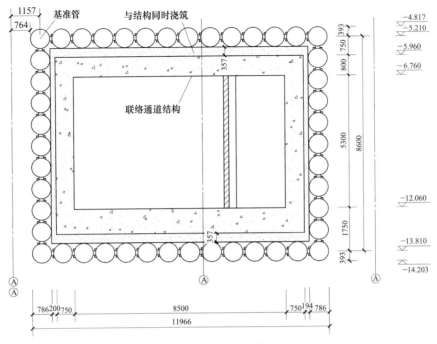

图 5-39　连接通道横断面图

（1）水泥平衡顶管施工

1）施工设备选择

针对本工程水文、地质及施工条件，为确保顶管施工质量和进度，减少对地面古树及周边公用管线的影响，顶管机采用泥水平衡式顶管掘进机。该类顶管掘进机在软土地层中能自动平衡切削面土体压力、有效控制地面沉降、操作安全可靠、施工速度快。

主顶进系统采用两只 2000kN 单冲程等推力油缸，行程 1800mm，组装在油缸架内，安装后的油缸中心位置必须与钢管设计位置一致，以使顶进受力点和后座受力都保持良好状态。安装后的油缸中心偏差应小于 5mm。

2）施工工艺及过程

整个顶管过程大致分为四个阶段：出洞前准备阶段、进出洞口的止水阶段、正常顶进阶段和进洞及后期收尾阶段。

① 出洞前准备阶段。工作内容包括：洞口开凿，洞口止水装置安装，轴线放样，基坑导轨后靠、主顶油缸组及测量安装就位，泥水系统基坑旁通阀组及管道系统安装就位、操作平台搭建。电气控制线路布置、储水箱及泥水泵安装就位、压浆系统及其管道安装就位、顶管机头下井就位、各部分设备调试运行、联机总调试、触壁泥浆搅拌储存等。

工作井布置阶段，基坑导轨应具有足够的强度和刚度。本工程基坑导轨由型钢和钢板焊接而成，导轨与工作井施工平台焊接。导轨安放后，还应在两侧用型钢支撑好，确保导轨在受撞击的条件下不走动、不变形。

② 进出洞口的止水阶段。由于掘进机与进出的洞口有一定的间隙，为防止地下水、

泥砂从间隙中流入井中，造成水土流失，使用止水圈封堵。安装工作井洞口止水装置，该装置必须与导轨上的管道保持同心，偏差应小于2mm。工作井洞口止水装置密封为橡胶止水法兰。在机头将要到达接收井时，要精确测出机头姿态位置，尽量满足预留洞口与机头同心的要求，并加装出洞洞口止水圈。

③ 出洞及顶进阶段。机头顶入洞口后下设备段，转接油管、电缆及泥水管后继续顶进。油缸到位后，拆除泥水管和电缆，第一节管子下井，设备段与第一节管子合拢，接通泥水管和电缆继续顶进。重复上述过程。在顶进过程中每顶进3m对顶进轴线做1～2次测量，确定纠偏的方向和时机，并对机头前5m、10m、20m的地面沉降监测点做一测量，以便当班施工人员能及时采取相应措施控制沉降幅度。整个顶进过程中从机头后设备段，后续管节设置一圈压浆孔向管壁外注入触变泥浆，进行顶进中的定量定点压浆和中间补浆，以减小顶进时管外壁阻力，填充土中空隙，减小地面沉降。

④ 进洞及后期收尾阶段。包括：接收导轨就位，洞口止水装置安装，机头偏差复测，井位复测，机头进洞并吊运，管道内清理，洞口井壁与管节间连接处理，基坑内设备拆除和吊运。管道清洗，管节偏差测量记录。

（2）通道开挖段土体加固

为确保后续土体开挖过程中通道段土体的安全稳定性，在进行土体开挖之前，先对该段土体进行加固处理。针对本工程特点，拟采用水平旋喷法对通道段土体进行全断面加固，如图5-40、图5-41所示。水平加固应在管幕施工完成后进行，加固采用多管水平旋喷工法，加固范围为整个管幕通道内土体，加固强度为0.6～0.8MPa，要求加固均匀，避免结块或分层沉淀。加固体达到设计强度后，方可进行管幕内部的土体掘进、支撑、结构混凝土浇筑施工。

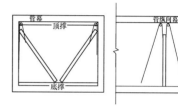

图5-40 水平旋喷加固土体施工示意图

采用水平旋喷施工加固土体时，首先按设计要求，准确定位水平旋喷机，并将底盘垫牢固，要求定位偏差不大于5cm。在外套管的保护下进行钻孔，直至设计位置。钻至设计位置后，拔出钻杆，并在孔内留置外套管。在外套管内插入水平注浆管至设计位置。注浆时，注浆管及外套管同时向孔外拔出，直至预定位置。注浆完毕后，进行补充注浆，并及时封堵孔口。

（3）通道段土方开挖和支撑系统

1）土方开挖

拟建通道尺寸为12m×8m×24m，挖土方量约2304m³。采用人工挖土清运，小挖机、空压机风镐辅助破土，手推车推运出通道口后，汽车式起重机垂直运输出地面堆土，土方车从圆明园路外运，如图5-42所示。

通道段土方开挖时，首先，打开地墙面前，必须先确保做好洞口加固梁和通道口第一道支撑。然后，先开凿地墙上部，之后挖进第一段土体，土体开挖采用小型机械开挖，人工辅助，基本不放坡。开挖完成后，在开挖平台上搭建脚手架安全围挡，围挡与周壁管幕连接，保证脚手架牢固可靠，如图 5-43（a）挖土步骤一所示。接着采用台阶式分层顺序流水开挖，总高度上分为 3 个台阶 4 层开挖。上下段土体之间留有约 1.5m 的平台，每个台阶挖土完成后在台阶上及时搭建脚手架护栏以作下阶段开挖的安全围栏。施工工况见表 5-2。如此顺序开挖，直至满足支撑间距后安装支撑，如图 5-43 挖土步骤二～步骤十所示，再循环步骤六～步骤十开挖步骤，完成整个通道土体的开挖。

图 5-41　水平旋喷桩施工现场图　　　　图 5-42　现场挖土

施工工况表　　　　　　　　　　表 5-2

施工步骤	施工内容
步骤一	安装洞口第一道支撑后，开挖第一层土体，水平开挖长度 6.5m
步骤二	开挖第二层土体，水平开挖长度 5m
步骤三	开挖第三层土体，水平开挖长度 3.5m
步骤四	开挖第四层土体，水平开挖长度 2m
步骤五	安装第二道支撑
步骤六	向前挖 2.5m 并放坡，中间留 3m 挖机操作面
步骤七	安装第三道支撑
步骤八	向前挖 2m 并放坡
步骤九	安装第四道支撑
步骤十	向前挖 1.5m 并放坡
步骤十一	安装第五道支撑
步骤十二	向前挖 2m 并放坡
步骤十三	安装第六道支撑

2）支撑安装

管幕支撑系统采用型钢 H400×400×13×21，间距 1000mm、1500mm、2000mm，作为支撑围檩；H400×400×13×21 型钢间距 1000mm、1500mm、2000mm，作为竖向支撑，中间设置剪刀撑，以保证支撑整体稳定性；H400×400×13×21 型钢间距 1000mm、1500mm、2000mm 作为横向支撑，型钢钢材 Q235B。钢支撑须施加预应力，单根支撑施工 100kN。支撑结构如图 5-44、图 5-45 所示。

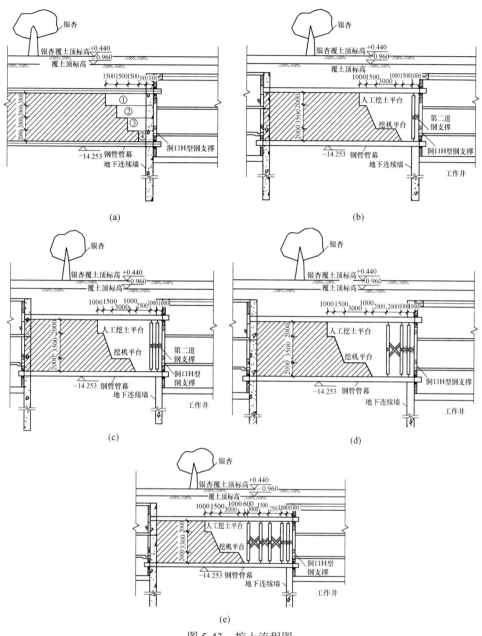

图 5-43　挖土流程图

（a）开挖步骤一～步骤四；（b）开挖步骤五～步骤六；（c）开挖步骤七～步骤八

（d）开挖步骤九～步骤十；（e）开挖步骤十一～步骤十三

先安装下部底撑，再安装上部支撑，然后安装两侧支撑，并将两侧支撑与钢管帷幕用抱箍连接，保持竖撑牢固竖立，最后安装当中的竖撑和横撑，施加一定应力后将各节点焊接牢固，并焊接角撑。

（4）通道结构施工

1）通道结构情况

本连接通道结构内净截面尺寸为 8500mm×5300mm，通道结构长 23.4m，顶板厚

800mm，侧墙厚 750mm，底板厚 1000mm，采用 C30P6 混凝土，分三次浇捣完毕。为保证混凝土整体结构质量及加快混凝土浇筑速度，待挖土及支撑施工完成，第一道支撑拆除后浇筑通道结构，通道断面四周的支撑不拆除，直接浇筑在通道结构内。通道结构如图 5-46 所示。

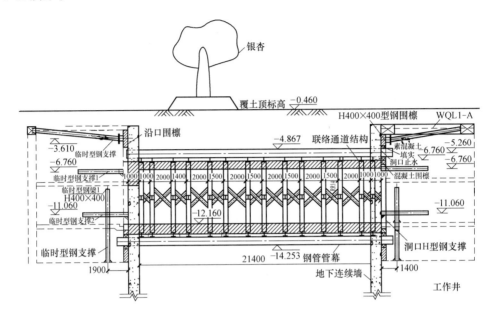

图 5-44　支撑结构纵剖面图

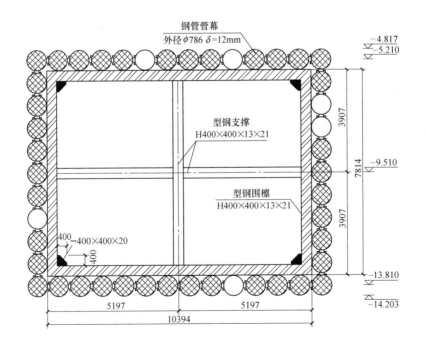

图 5-45　支撑结构横剖面图

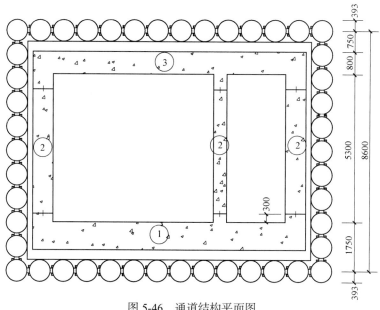

图 5-46　通道结构平面图

2）通道结构施工流程

通道结构分三次浇筑，首先浇筑底板，然后浇筑侧墙，最后浇筑顶板。顶板板厚为 800mm，模板采用 18mm 厚木模板，45mm×90mm 木方间距为 200mm，搁置在横向横楞上，横向横楞为 $\phi48×3.2$ 钢管。施工中先搭设支撑排架，排架立杆的纵距 $b=0.40\text{m}$，立杆的横距 $l=0.650\text{m}$，立杆的步距 $h=1.50\text{m}$，纵向或横向水平杆与立杆连接时采用双扣件进行连接，顶板底排架先搭设至顶板底，在完成钢筋绑扎后铺设模板。

顶板采用 C30P6 自流平混凝土，从通道结构的北侧向南侧进行浇筑。模板安装完成后，混凝土浇筑采用 3 台固定泵，顶板混凝土泵管采用预留浇捣管，三根主管预留在管幕钢管之间，每次向南退一定距离浇筑（具体间距按支撑的间距，即每次退至下两道支撑中心处），以保证每榀型钢之间混凝土液面高度。为了防止意外，在空的钢管间隙处设置两根备用泵管。为了保证顶板与管幕及管幕与管幕之间充分密实，混凝土液面较低的区域，在管幕钢管间预埋注浆管，等混凝土浇筑完毕后进行注浆施工。顶板浇筑示意如图 5-47 所示。

观测顶板混凝土是否浇筑到设计标高，是在管幕缝隙中离工作井不同的距离处设置不同颜色的小球，通过观察小球是否浮起来判断混凝土是否浇筑到位。备用检测方法，是利用顶部 3 根直径 786mm 钢管每隔 5m 梅花形开孔作为观察孔。

5.3.5　实施效果

此次对外滩源 33 号历史保护区域的修缮，使得这几幢百余年历史的建筑重新展现历史风貌，重塑外滩源 33 号现代功能，如图 5-48 所示。让人们感受到一些过往的印记，达到传承和演化发展的目的。同时，在工程中积累的经验填补了国内在该领域的空白，为以后类似的历史保护建筑改扩建提供科学依据和实践经验。

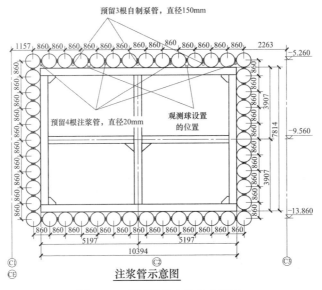

图 5-47　顶板混凝土浇筑布置图

图 5-48　外滩源 33 号全景

5.4　工程实例四：建筑物红线范围内整体移位后扩建地下车库

5.4.1　工程背景及工程概况

（1）扩建工程背景

江苏省财政厅地下车库项目位于南京市北京西路与西康路交会处东南隅，北邻北京西路（地下为在建地铁四号线），南邻天目路，西侧为天目大厦，规划占地面积约1500m²。本工程地上为两栋民国时期保护建筑，地下要求新建 8 层机械停车库。

目前，在历史建筑旁新建地下室已经比较常见，而原位开发地下室的施工技术基本没有被利用在实际操作之中。本工程旨在充分利用历史建筑群地下空间，改造历史建筑群，即解决日益严峻的停车难问题，又让城市传统建筑和建筑风格可以延续，增进城市的历史和文化质感，增加城市底蕴魅力及竞争优势，如图 5-49、图 5-50 所示。

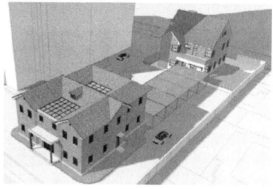

图 5-49　江苏省财政厅项目地理位置及建成效果图

图 5-50　原位增设 8 层地下室效果图

（2）扩建工程概况

本工程建筑面积为 10000m^2，位于江苏省府行政中心，地理位置显赫，社会影响广泛，如图 5-51 所示。地上为两栋民国时期建筑修缮和地下新建八层机械停车库。建筑内部的功能主要包括新建的八层地下车库用于停车，天目路 32 号作为江苏财政厅，北侧 57 号民国建筑用于日常办公，如图 5-52 所示。

本工程基坑面积约 1100m²，周长约 150m，基坑普遍开挖深度 26.45～28.35m，土方总量约为 3 万 m³。基础底板厚度 1000mm，考虑 150mm 厚混凝土垫层。地下车库采用逆作法施工，结构形式为钢筋混凝土框架结构体系。结构标准层（B2～B7）高度为 2.8m，采用跃层开挖。

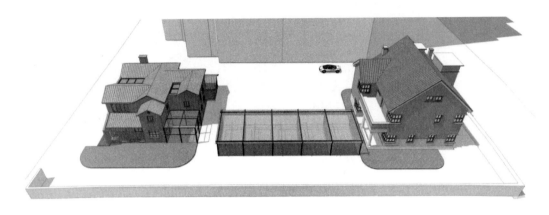

图 5-51　场地内建筑概况

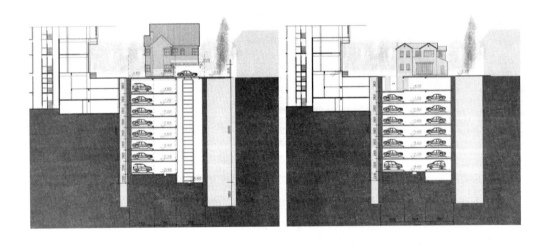

图 5-52　地下结构概况

（3）周边环境

基坑北侧邻近北京西路，地铁 4 号线已运营，该路段为禁区，人流量大，对材料及设备进出影响大；场地内部北侧为北京西路 57 号民国古建筑，该建筑为省级保护建筑，如图 5-53 所示。在基坑内，北侧围护施工时要南移 6.5m，与基坑东侧地下室与基地红线相重叠，且距东侧民居仅 6.7m，施工过程中检查多。

本工程周边地下管线主要分布在北京西路及天目路侧，分别有电力管、路灯管、给水管、污水管、天然气管、电信管、污水管等重要市政管线，如图 5-54 所示。基坑北侧有地铁 4 号线，距离地下室边线距离约 12m，施工时将注意保护和监测。

图 5-53　历史保护建筑及周边环境

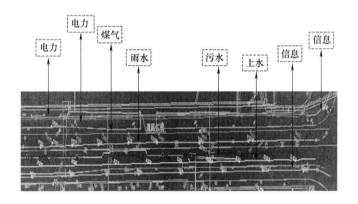

图 5-54　周边地下管线分布

5.4.2　工程难点及施工策略

本项目基坑超深，且基坑内有两栋民国保护建筑。既要满足地下空间的功能开发需求，还要保证民国保护建筑满足结构计算、抗震和结构安全施工的要求，工程实施难度大。

（1）场地狭小

本工程基地规划建设总用地为 1722m²，基坑面积为 1100m²，且基坑内南北两侧各有一栋民国建筑，基地可利用场地面积十分狭小，现场的临时设施布置、材料加工堆放、车辆运输等存在难题。

（2）周边环境复杂，保护要求高

基坑北侧有北京西路 57 号民国建筑，基坑南侧有天目路 32 号民国建筑。江苏省财政厅院落改造项目位于南京市北京西路与西康路交会处东南隅，北邻北京西路（路中地下为在建地铁四号线），南邻天目路，西侧为天目大厦。该项目地处南京市最繁华的市中心区域，地理位置显赫，社会影响广泛。

北京西路、天目路管线分别有电力管、路灯管、给水管、雨水管、天然气管、电信管、污水管等重要市政管线。

（3）原天目大厦围护的清障难度大

由于新建基坑边线与天目大厦基坑围护相重叠（图 5-55），老地下室部分围护桩在新基坑地墙槽段内，必须清除。须清除障碍两侧场地高差约 2m，清除障碍距地下室外墙仅有 1.4m，清障难度大。

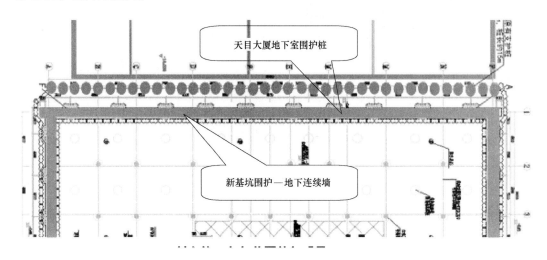

图 5-55　新老地下室部分围护相重叠

通过多种方案分析对比，本工程采用平推逆作法技术进行历史保护建筑的原位地下空间开发施工。平推式逆作法技术是采用地上构（建）筑物平移技术与地下基坑分块逆作技术逐次推进完成施工，从而实现既有建筑群地下空间开发的综合性技术。通过历史建筑在红线范围内往复式平移技术结合地下室逆作法施工，全场地增建地下室，即利用房屋平移技术为基坑围护支撑体系施工提供空间，通过逆作法技术为基坑结构施工及既有保护建筑存放提供场地，其原理如图 5-56 所示。施工流程为：①在红线内小范围空闲场地 1 施工 B0 板，然后将临近建筑 A 移位至场地 1；②在场地 2 上施工 B0 板，并将临近建筑 B 移位至场地 2；③以此类推，通过既有建筑群的逐栋平移，在整个场地完成 B0 板施工；④在建筑物逐栋平移的同时，已完成 B0 板的各块场地依次进行地下空间的推进式逆作施工；⑤最终所有建筑复位，全场地地下空间拓建完成。

(a)　　　　　　　　　　　　　　　　(b)

图 5-56　平推逆作法增设地下室原理示意（一）

（a）原状；（b）既有建筑逐栋平移

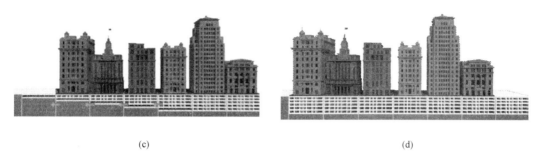

(c)　　　　　　　　　　　　　　　　(d)

图 5-56　平推逆作法增设地下室原理示意（二）

（c）地下空间推进式逆作；（d）建成复位

5.4.3　历史保护建筑平推逆作法施工技术

本项目采用平推逆作法技术施工，解决历史建筑在狭小场地内原位地下增设 8 层地下室的施工难题。

（1）墙柱托换方案

本工程的墙体和结构柱的托换方法有两种，一种是双夹梁式墙体托换方法，另一种是单梁式墙体托换办法，两种托换方法在施工过程中都利用了砌体的"内拱卸荷作用"。双夹梁式墙体托换方法施工便捷，工期短，成本高，对建筑安全系数大，应用到大多数平移工程中。单梁式墙体托换方法节省材料，但施工难度大，时间长。根据托换方式不一样，墙体切割方式也不同，墙下双夹梁托换体系，需要进行大量的墙体精确切割（外科手术切割法），综合考虑工期和成本，采用进口机械切割。

精确切割采用高精度定位高速盘锯，分段切割长度为承重墙体长度的 1/3，分段切割后临时支撑并浇筑托梁与轨道。切割时应注意根据轴力大小，分段分批进行，并注意监控切割时的墙、柱沉降。

（2）建筑顶升

建筑顶升的主要工艺流程为：施工准备；构件加固；布置顶升点；仪器安置；试顶升；顶升；顶升后加固对接。

1）技术方案

基于顶升工艺的原理，针对建筑的要求和结构特点，综合顶升工艺和提升工艺的技术优点，引用液压千斤顶同步顶升系统，提出了新型提升方案。该方案以基础为反力平台，更安全可靠。采用先进的液压顶升系统，保持顶升力的均匀性和顶升过程的同步性。采用电子检测系统同步反映顶升过程，同时采用刻度指标法，现场人工检测，把偏差降到最低点。采用自动阀和手调阀双重保障，每顶升一个行程就加以修正，不会产生累积偏差。顶升及控制系统如图 5-57 所示。

2）设置顶升托换节点

顶升节点设置分为三类：①砌体结构下设置千斤顶。该节点主要以地圈梁为上部顶升受力点，毛石混凝土基础为顶升反力支座，分段托换；②框架柱下设置千斤顶。该节点需在框架柱两侧设置顶升反力牛腿，用型钢混凝土包夹框架柱作为牛腿，以牛腿为上部顶升受力点，以基础地梁为反力支座；③短肢剪力墙下设置千斤顶。该节点可以分段托换，以剪力墙自身为顶升上部受力点，并以地梁为反力支座。考虑到三种类型均存在局部受压不足问题，故在顶升点上下部设置了 10mm 厚的钢垫板，如图 5-58 所示。

主要平移、顶升设备

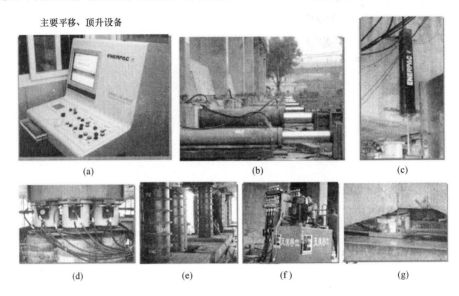

(a)   (b)   (c)

(d)   (e)   (f)   (g)

图 5-57　顶升及控制系统

（a）液压控制系统操作台；（b）顶推液压千斤顶；（c）光栅尺；（d）顶升液压千斤顶；
（e）工具式顶千垫块；（f）液压控制系统泵站；（g）可控悬浮式滑动装置

图 5-58　顶升托换节点

3）安装顶升设备

房屋整体平移到位后，安装顶升设备系统，系统包括千斤顶、连接油管、分配器、高压油泵、调控阀件、防护措施等，如图 5-59 所示。千斤顶的型号规格应根据柱墙荷载确定，千斤顶额定总顶力安全系数应大于2。低位牛腿下千斤顶直接落在基础底板上，高位牛腿下千斤顶需增设 500mm 厚钢筋混凝土垫块。剪力墙或挡土墙不设托换牛腿，在墙下直接布置千斤顶，企口切割线下先开洞，安装局压钢板与千斤顶后再沿计划企口切割线切割墙体。

4）顶升

根据短肢墙下各千斤顶的实际位置，按照线性位差法计算出每条动力轴线的总顶升量与每步顶升量、每个千斤顶的总顶升量以及每步顶升量，将动力轴线顶升参数输入同步顶升控制系统，由系统监控轴线顶升量与顶升压力，始终按照轴线之间顶升量比例控制，达到位差顶升目标，如图 5-60 所示。分散在主动力轴线两侧的墙柱千斤顶，采取人工监控压力与顶升量，坚持监控—补压的人机协同作业。每步最大顶升量为 10mm，校核监控精度 1mm。

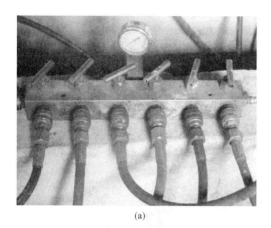

(a)　　　　　　　　　　　　　　　(b)

图 5-59　顶升及压力控制设备

(a)　　　　　　　　　　　　　　　(b)

图 5-60　顶升过程

5）就位连接与管线恢复

就位连接与后期施工和规划相关，包括墙体对接、构造柱连接、混凝土独立柱、避雷装置、水电暖管线的恢复连接，根据图纸要求进行恢复施工。

（3）整体平移

采用液压小车作为平移装置，将建筑体向南整体平移，停放在临时存放场地，待后期回迁。根据轴线上各柱竖向轴力的合力，计算出每轴线所需要的拉力。拉力＝轴力 × 滚动摩擦系数 × 实际情况放大系数。要求分级加力，第一级加荷加到设计荷载的 30%，以后以每级 10% 的荷载递增，超过 70% 的设计荷载后，以 5% 的设计荷载递增，直到房屋移动。这样，可以较准确的测定实际所需的摩擦系数。

由于采用千斤顶作动力，分级加荷可以有效地防止房屋移动过程中的偏移，并且对房屋结构在平移过程中振动性减小很多。移动前，多次加荷训练，在正式移动前，分别测试每轴线加荷产生微小位移时的拉力，以测定实际各轴线加荷比例。然后反复调整钢绞线受力方向，直到房屋能够均匀地向前移动，如图 5-61 所示。

平移过程中采用实时监测措施来及时发现移动不平衡。不平衡有两个方面：一是整个房屋的扭转；另一是各轴线之间产生的位移差。平移前在轨道梁上设置标尺，通过对讲机向指挥台传递信息，及时指导各机械操作工调节平移速率及偏差。移动期间，每开间布置 1 ～ 2 人监护滚珠与托换装置移动变化，调节滚珠均匀分布移动。

(a)

(b)

图 5-61 保护建筑平移

5.4.4 历史保护建筑下方逆作法深基坑建造技术

（1）支护体系设计

1）围护结构

围护结构布置如图 5-62 所示。为防止槽壁坍塌，增强槽段稳定性，在 1000mm 厚地墙两侧设置槽壁加固。槽壁加固采用 ϕ700@1000 双轴水泥土搅拌桩，利用 ϕ700 双轴搅拌桩设备进行施工，采用两喷四搅的施工工艺。

2）水平支撑体系

本工程采用逆作法施工，逆作法方案以八层结构梁板作为基坑开挖阶段的水平支撑，其支撑刚度大，对水平变形的控制极为有效。同时，也避免了临时支撑拆除过程中围护墙的二次受力和二次变形对环境造成的进一步影响，最大的优势在于避免了大量临时支撑的设置和拆除，对于资源节省和环境保护意义重大。在首层结构梁板上设置专用的施工车辆运行通道及堆载场地，利用首层结构梁板作为施工机械的挖土平台及车辆运输通道，可有效解决基坑周边施工场地狭小的问题。

3）竖向支撑系统

逆作结构梁板的竖向支撑构件为一柱一桩。一柱一桩采用钻孔灌注桩内插圆钢柱的形式，逆作施工阶段一柱一桩承受八层结构梁板和施工荷载。

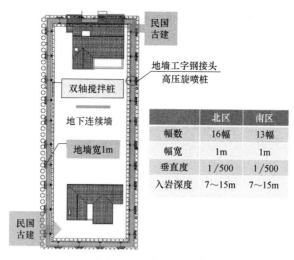

图 5-62　围护结构概况

	北区	南区
幅数	16幅	13幅
幅宽	1m	1m
垂直度	1/500	1/500
入岩深度	7~15m	7~15m

本工程中采用钢立柱及柱下钻孔灌注桩作为水平支撑系统的竖向支承构件。钢立柱截面为 500mm×500mm，壁厚为 25mm，立柱桩桩顶标高应为立柱位置处垫层底标高，立柱底标高低于立柱桩顶标高 4.0m，插入深度应严格控制，偏差≤30mm。

基础采用钻孔灌注桩＋厚大承台底板。钻孔灌注桩桩径为 ϕ1200mm，桩端持力层为第五层中风化泥岩，桩长约 20m，桩身混凝土强度等级为水下 C40，单桩竖向抗拔承载力特征值为 4400kN。基础底板厚度为 1000mm，基础底板面积约 1000m²，混凝土强度等级为 C40，抗渗等级为 P10。结构所有重量通过板基础传递到灌注桩上，进而传递到桩端持力层。

地下室结构顶板不仅要满足施工荷载及重型机械荷载，还要考虑两栋民国建筑平移荷载。为了确保既有建筑在基坑 B0 板上平移安全，围护设计增大 B0 板承载力；在两栋民国建筑下面增加两个立柱桩，减弱古建筑沉降变形。逆作跃层施工，围护体系受力分析，本工程采用跃层的施工，即"挖二做一"，每次挖土深度大于 5m，为保证基坑安全，须增加围护体系地墙的配筋。

（2）高精度、深嵌岩、复杂地质情况下地墙施工技术

基坑采用 1000mm 厚的"两墙合一"地下连续墙，普遍深度为 38m。地下连续墙底部进入⑤₂、⑤₃ 层泥质砂岩（中风化）7～15m，且槽段垂直度设计要求为 1/500，较常规 1/300 精度大大提升。为此，本工程地下连续墙采用钻＋抓＋砸结合的工艺进行成槽施工（图 5-63），即在未进入⑤₁ 层泥质砂岩（强风化）时采用金泰 SG-60 成槽机进行成槽挖土，同时结合旋挖机以排孔形式成槽、砸锤进行清岩、修槽。

1）深嵌岩成槽施工

本工程的深嵌岩成槽施工采用如下方案：①岩石强度 4.0MPa 以内，墙体嵌岩深度不大于 2m 时，采用钻抓结合成槽；②岩石强度大于 7MPa 或岩石强度平均值在 2.0MPa 以上且墙体嵌岩深度大于 5m 时，采用铣槽机成槽；③岩石强度不大于 7MPa 或岩石强度平

均值在 2.0MPa 以内，墙体嵌岩深度不大于 10m 时，可以采用钻、抓、冲结合方式成槽。钻、抓、冲结合施工工艺，较铣槽机成槽工艺简单，操作方便，造价低（便宜约 20%）。但其成槽时间长（5d 一幅，铣槽机 3d 一幅），成槽质量差，后续结构施工补救工作量大（如地墙凿毛、接缝壁柱、环梁等施工），地墙渗漏，尤其是接缝处渗漏较铣接头隐患大。

图 5-63　钻＋抓＋砸结合施工

槽壁加固施工质量一定要高，地墙导墙施工时，在规范范围内尽量外放，方便后期结构施工补救措施实施。

2）钻、抓、冲成槽施工工艺

采用钻、抓、冲工艺施工深嵌岩地下连续墙，砸锤将岩层全部砸碎，导致槽段泥浆比重大范围增加，沉渣在槽底沉淀至一定厚度后，形成"弹簧土"，降低砸锤效率。采用成槽机抓斗配合大功率沙泵及除沙机清理沉渣，在成槽完成后，采用新浆全槽段置换废浆，以保证槽段混凝土浇筑质量。

地下连续墙嵌岩较深，采用钻、抓、冲工艺施工，槽段在岩层部分沿其长度方向易出现阶梯状收缩情况，最终造成钢筋笼无法完全下放，修复工作难度大。在入岩成槽阶段，每下沉 2m，即用超声波检测槽壁垂直度及槽段尺寸，发现偏差及时修复。

钢筋笼吊装前，首先把上段钢筋笼分开，把整幅钢筋笼与下段主筋、副筋连接的套筒丝口，向上段钢筋笼丝口上旋，每个接头上旋完成后，检查主筋、副筋是否全部分开，检查验收完毕后，方可进行起吊钢筋笼。由于场地限制，无法布置太多大型吊装设备，根据钢筋笼长度选择合适吊装设备。本工程最长钢筋笼长度为 39.5m，现场配备一台 250t 履带吊，一台 70t 汽车式起重机，汽车式起重机吊装完成后即退场。200t 履带吊已经满足钢筋笼分节吊装需求，但是为了防止钢筋笼无法完全下放时，必须将钢筋笼从槽段全部调出，再修复槽段。因此，现场配备了可以将整幅钢筋笼完全吊起的 250t 履带吊。

（3）高精度一柱一桩施工技术

立柱的垂直度不大于基坑开挖深度 1/600，桩身垂直度不大于 1/500，桩基底标高为 -46.45m，净深为 45.70m；且立柱不外包，一旦偏差很难补救。为此，本工程在立柱桩成孔过程中，采用旋挖成孔技术，保证成孔垂直度。为达到设计要求的垂直度，立柱施工采用"支座调垂盘"手动调垂系统，对柱四周的垂直度进行施工控制，即通过控制钢立柱顶高低来调节桩柱的垂直度，如图 5-64 所示。

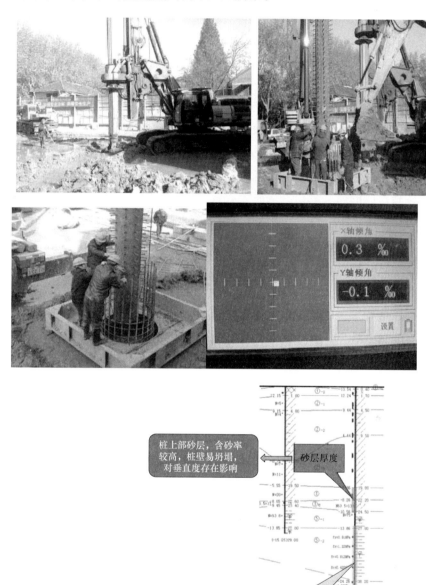

图 5-64　高精度一柱一桩施工技术

在立柱桩成孔过程中，采用旋挖成孔、切刀修孔技术保证桩孔垂直度。通过已有工程的纠偏施工，得出以下经验：

1）在立柱桩偏差 10cm 以内，可以通过扩孔修复纠偏。

2）在立柱桩偏差 13 ～ 20cm 范围内，可以通过回填 C20 素混凝土重新扩孔纠偏。

3）在立柱桩偏差 20～30cm 范围内，可以通过回填 C20 素混凝土重新扩孔，用砸锤填石块纠偏。

4）桩偏差 30cm 以上，直接改变立柱桩位置，重新成孔。

5.4.5　工程效果

本工程采用了平推逆作法施工技术在江苏省财政厅保护建筑下方原位增设 8 层地下停车库。相较传统施工方法，做到了全场地增设地下空间，基坑面积更大，且不受支撑体系限制，深度更深，在同等场地较顺作法提高了土地利用率。同时，逆作施工节省临时支撑系统，节约材料，缩短工期，减少扬尘、噪声等环境污染问题，在同等条件下更具优势。结合平移及逆作施工技术，将大部房屋荷载从原有基础转移到由地墙、立柱桩和地下室结构板组成的体系承担，从而大大减少了由于房屋的不均匀沉降而造成的墙体开裂以及结构的破坏，延长了房屋的使用寿命，降低了维修成本。

地下结构采用逆作法跃层施工，每次跃层施工相较普通结构楼板施工，能够减少一层结构楼板的养护时间，土建绝对工期缩短约 45d。同时，每次跃层施工能减少一次中间楼板的垫层浇筑，减少工程量，土方开挖效率提升，经济效益显著提高。

综合来看，江苏省财政厅工程采用平推逆作法施工技术，在地下原位开发了 8 层停车库的同时，实现了民国时期保护建筑的整体无损保留（图 5-65）。采用逆作法跃层施工技术，地下 8 层地下室施工仅用时 7 个月。地下车库共设 5 个出入口，共计 254 个车位，平均每个车位的建安费为 25 万元，节省约 30% 的成本。

(a)　　　　　　　　　　　　　　(b)

(c)　　　　　　　　　　　　　　(d)

图 5-65　工程效果

半推逆作法为中心城区既有建筑增设停车位这一社会热点需求提供了高效的解决途径，也为老城区改造及历史建筑保护等领域提供了新思路、新工艺，获得了人民网、解放日报、江苏省电视台等主流媒体的广泛关注和一致认可。

5.5　工程实例五：临近隧道的历史保护建筑改建与扩建

5.5.1　工程背景及工程概况

（1）改建及扩建工程背景

地处上海人民广场至黄陂南路地铁隧道上方的爱马仕旗舰店是历史久远而且保存完好的近代建筑，在中国近代史和建筑史上有着特殊地位。但由于时间的推移，建筑内部结构已羸弱不堪，建筑功能也急需进一步改造和拓展。为了给历史保护建筑注入新的生命力，本工程对其进行结构加固以及地下空间开发，如图 5-66 所示。

图 5-66　爱马仕旗舰店改造项目成果图

（2）改建及扩建工程概况

本工程由 A1、A2、A3 三个单体组成，其中 A1 和 A3 为两幢历史建筑改建，A2 为新建二层地下室，如图 5-67 所示。A1 建筑为天然基础，结构为砖木结构，加固后基础为筏板基础，结构为框架结构。A3 建筑为天然地基，结构为砖木结构，加固后基础为钻孔灌注桩＋基础梁的形式，结构为框架结构。灌注桩桩径为 600mm，桩底埋置深度约 47m。A3 局部地下室基坑开挖面积为 75m²，基坑周边延长米分别为 35m。按照自然地坪为 ±0.000m 考虑，基坑普遍开挖深度为 5.1m。地下多有埋深不详的木桩。新建 A2 为全地下二层结构，采用框架结构，基础形式为钻孔灌注桩结合筏形基础。地下一层楼板相对标高为 -4.100m，地下二层底板面标高为 -8.000m，局部管道沟槽区域为 -9.400m，考虑底板厚度为 0.8m，混凝土垫层厚度为 0.2m，则基坑底相对标高为 -9.000m，局部管道

沟槽区域为 -10.400m。A2 开挖面积为 440m²，基坑周边延长米为 91.3m。按照自然地坪为 ±0.000m 考虑，基坑普遍开挖深度为 9m，局部管道沟槽区域开挖深度为 10.4m。地下多有埋深不详的木桩。

（3）周边环境

本工程基地位于卢湾区淮海中路与嵩山路交叉口，基地北面为淮海中路，西面为嵩山路，现场地为卢湾区职业教育中心。基地地处市中心繁华地段，四周以地铁区间隧道、道路和保留历史保护建筑为主，道路下有较多地下管线，基地红线距离周边道路、地下管线及建筑物均较近，如图 5-67 所示。正在运营的地铁 1 号线黄陂南路站 - 人民广场区间隧道站从历史保护建筑（A1、A3）下方通过，扩建工程不仅要考虑对历史保护建筑的保护，同时也要考虑对邻近地铁区间隧道的保护。虽然本工程涉及的两个基坑工程开挖面积均较小，但周边环境十分复杂，保护要求高，尤其是正在运营的轨道交通地铁 1 号线—黄陂南路站至人民广场站区间隧道，以及两幢历史保护建筑（A1，A3）。

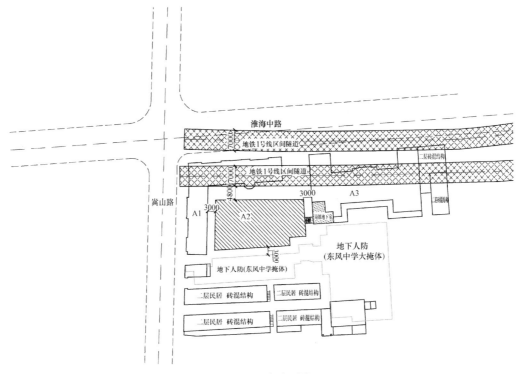

图 5-67　总平面图

5.5.2　工程难点及施工策略

（1）地铁附近桩基施工难度大，限制要求多

由于爱马仕项目施工过程中需对老基础进行托换处理，整个托换体系中最终的受力将依托于钻孔灌注桩，故而如何在毗邻地铁区间段区域内进行桩的施工是整个基础托换施工工艺的重点。工程所需打入的桩有一半与地铁区间相邻，最近的一根桩中心到地铁

区间边线仅为 1.5m。紧挨地铁打桩势必会对地铁沿线产生影响。

项目通过开发新型桩机和对桩机的改造大大节约了成桩时间，保证了在地铁监护单位允许的施工时间段内通过改良后的桩机进行快速的打桩施工。基础托换技术则是通过老墙下开洞穿过的小穿墙梁将力传予两侧的夹墙梁，然后夹墙梁将力传予下方横穿老墙的大穿墙梁，最后大穿墙梁搁置于下方的钻孔灌注桩上。整个体系通过层层传递，最后将力卸于桩基础上，保证了老建筑的整体稳定。

（2）历史建筑原位及邻近区域地下室开发风险大

爱马仕项目 A3 建筑局部地下室基坑开挖面积为 75m²，基坑周边延长米分别为 35m，基坑开挖深度为 5.1m。A1、A3 建筑下方是正在运营的地铁 1 号线，地铁监护部门对地铁隧道的沉降、位移等的监护管理限制，导致了爱马仕项目历史建筑整个基坑施工过程（包括基坑围护，土体开挖，结构施工）需特别谨慎。如何尽可能安全、快速、无影响的完成基坑施工为本项目的一大难题。

采用钻孔灌注桩 +2400mm 厚 MJS 高压旋喷桩止水帷幕进行土体加固，局部由于钻孔灌注桩无法封闭的区域采用静压锚杆桩代替，在基坑范围内设置一道混凝土支撑。该地下室设计将部分历史建筑部分基础架空，所以此技术难点主要在于基础托换和不均匀沉降的控制两方面的问题，其中任一项出现问题就会导致墙体开裂，甚至导致墙体倾覆。

5.5.3 地铁上方桩基础施工技术

由于地铁 1 号线段位于爱马仕项目历史建筑的正下方，深度为地面以下 13.3m，其覆土厚度 11m 左右，这直接约束了保护建筑的基础托换工艺的选择。因此，本项目基础托换采用了桩基+基础梁的托换形式。同时，由于大跨度造成梁截面过高，使施工时难度极大。

本工程针对这种情况采取了基础托换技术，由桩、夹墙梁、穿墙梁等组成受力体系，将老墙的竖向受力转移至地下桩上，具体加固形式如图 5-68 所示。

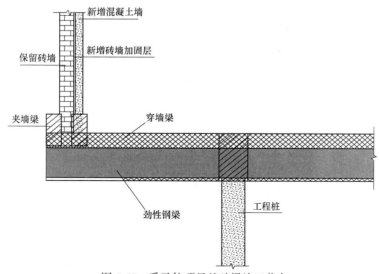

图 5-68 爱马仕项目基础梁施工节点

爱马仕项目中，地铁从历史建筑正下方11m处通过，桩位与地铁关系如图5-69所示。为了不对地铁产生挤土影响，基础加固采用钻孔灌注桩加地梁的形式，而在这种情况下选择钻孔灌注桩就必然面临两个问题：①临近地铁1.5m范围内打桩，如何解决地铁运营时震动对成桩的影响。②桩架有一定的高度，如何在室内进行桩基施工。

通过对新工艺的探索，利用泵吸反循环施工技术成功的在地铁停运的7个小时内完成了47m工程桩的施工，从而解决了地铁运营时震动对成桩的影响。其次，通过对桩架的改造，降低了桩架的高度，从而让桩架能在室内施工。

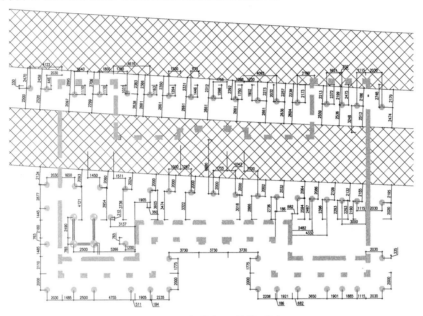

图 5-69　桩位与地铁关系图

图 5-70　泵吸反循环钻机

（1）泵吸反循环施工工艺

临近地铁区域采用泵吸反循环钻机进行施工，如图5-70所示。相比传统桩正循环施工工艺，反循环施工工艺单根桩能在7h内完成（成孔、清孔、下放钢筋笼、二清、浇筑混凝土至隧道中心标高以上）。其快速成孔技术主要通过对钻孔桩机钻杆类型、动力装置进行改造，增加切削成孔刀头切削桩孔的泥土，采用泵吸反循环工艺直接抽取桩孔内泥块，达到每小时可成孔25m的快速成孔的施工速度。单根桩的施工时间控制见表5-3，泥浆采用化学浆液，泥浆的参数见表5-4。

采用本工艺在现场远离地铁隧道的试桩位置进行了3组试桩施工，根据本工程桩距离地铁隧道在2m左右，布置了两组测斜管，测斜管距离工程桩为2m左右。

单桩施工时间控制表　　　　　　　　　　　表 5-3

序号	工序	时间安排	时间
1	钻架就位	19：00～22：30	
2	成孔	22：30～次日 1：00	2.5h
3	提钻杆	1：15～2：00	1h
4	下放钢筋笼	2：00～次日 3：30	1.5h
5	下放浇捣管并二清	3：30～4：30	1h
6	浇筑混凝土至钢护筒底面	4：30～6：30（地铁早高峰到来前完成）	0.5h
7	混凝土继续浇筑至设计标高	6：30～8：30	0.5h

注：序号 2～序号 6 总用时 6.5h。

新制泥浆配合比　　　　　　　　　　　表 5-4

膨润土品名	材料用量（kg）				
	水	膨润土	CMC（M）	NaHCO3	其他外加剂
钙土	1000	60～80	0～0.6	2.5～4	适量

（2）桩机改造

通过改造桩机配件，加快桩机施工速度，改造桩架高度，方便进入室内。A2 开挖面积为 440m²，基坑周边延长米为 91.3m。按照自然地坪为 ±0.000m 考虑，基坑普遍开挖深度为 9m，局部管道沟槽区域开挖深度为 10.4m。由于在距离地铁隧道 1.5m 附近进行桩基施工，直接限制了成桩工艺、成桩时间。为了克服由于紧贴地铁隧道而导致打桩困难或者不能打桩施工的情况，一方面是钻杆的改造，通过使用钻速更快的钻杆提高钻孔速度，高效率的完成钻孔施工。另一方面是将正循环技术改成反循环施工，使用反循环系统的泥浆清孔技术，大大提高清孔速度。47m 的钻孔灌注桩在室内环境下，2h 完成钻孔，7h 完成桩基施工，确保了在地铁停运期间顺利完成整根桩的施工。

在施工中，由于钻孔灌注桩在一幢老建筑内部施工，室内净高高度在 7m 以内，受层高限制，为了方便桩架进入室内进行桩施工，特别对桩架的高度进行了改造，采用分节拆卸式桩架，通过将桩架一节一节的拆卸来改变桩架整体高度，满足现场室内 7m 条件下的低净空桩基施工要求；在桩架底盘上增加液压装置来满足桩架在没有起吊设备的室内环境下的进行安装，使桩架顺利地进入室内并且能够正常施工，如图 5-71 所示。

图 5-71　低净空桩机

（3）钻孔灌注桩快速施工流程

主要施工流程为：测量放线→护筒埋设→钻机安装就位→泥浆配置→成孔钻进→成孔检测→清孔→钢筋笼施工及沉放→二次清孔→水下混凝土灌注。

1）测量放线

根据业主提供的测绘成果资料（红线坐标、水准标高），专职测量员进行测量放线及桩孔定位，做好较永久性的固定标记，同时与业主、监理办理建筑测量复核单，提交规划及相关部门审核复查认可。根据设计图纸建筑物轴线和具体桩位进行定点放线，桩位测量偏差不大于1cm。

2）护筒埋设

钻孔开始前埋设护筒，以保证钻机沿桩位垂直方向顺利工作，同时保护孔口和提高桩孔内的泥浆水头。护筒用8mm厚的钢板制作，角钢加固，直径为 $\phi750$，高约1.5m，随地质情况的不同进行护筒高度调整。护筒埋设牢固密实，在护筒与坑壁之间用黏土分层夯实，以防漏水。护筒设一个溢浆口，便于泥浆溢出流回泥浆池，进行回收和循环。

3）钻机安装就位

钻机安装必须水平、周正、稳固。保证桩架天车、转盘中心、护筒中心在同一铅垂线上。水平尺校正平台水平度。钻机平台底座必须坐落在坚实位置，防止施工中倾斜。对各连接部位进行检查。按开孔通知书的要求开钻。

4）泥浆配置

泥浆的优劣是保障成孔顺利，保持桩孔不塌、不缩，是保证混凝土灌注质量的重要环节。尤其对较厚的杂填土及砂性土更要采用优质泥浆。钻进成孔中，一般以孔内自然造浆为主，若施工过程中发生漏失、塌孔现象，需及时采用钠基膨润土人工配置优质泥浆。

5）成孔钻进

成孔施工应一次不间断完成，以防孔壁周围土质物理性能发生变化。为保证桩孔垂直度小于1/200，施工中首先要使铺设的路基水平、坚实，并在钻机上设置导向，成孔时钻机定位应准确、水平、稳固，钻机回转盘中心与护筒中心的允许偏差应不大于20mm。钻机定位后用钢丝绳将护筒上口挂带在钻机底盘上，成孔过程中钻机塔架头部滑轮组，回转器与钻头始终保持在同一铅垂线上，并保证钻头在吊紧的状态下钻进。

成孔过程中孔内泥浆面保持稳定，并不低于自然地面30cm，钻进过程若遇松软易塌土层应调整泥浆性能指标，泥浆循环池中多余的废泥浆应及时排出。成孔至设计深度后，应首先自检合格，再会同工程有关各方对孔深进行检查，确认符合要求后，方可进行下一道工序施工，同时采取措施保护好孔口，防止杂物掉落孔内。

成孔时钻机钻进速度应先轻压、慢转并控制泵量，进入正常工作状态后，逐渐加大转速和钻压。正常钻进时，应控制好钻进参数，掌握好起重滑轮组钢丝绳和水龙带的松紧度，并注意减少晃动。钻速应严格控制，保证及时排渣。

钻机就位后，由质检员检查其安装质量，钻机底座应保持水平。吊锤中心与桩位中心对准，偏差不大于 20mm。开孔时低锤快冲，待孔深超过护筒深度 1.5 ～ 2.0m 后，再按正常要求进行钻孔。

钻孔中采用优质护壁泥浆，以防在软弱土层和砂层中缩径或塌孔，护壁泥浆用就地原土调制，必要时加入黏土。泥浆比重一般为 1.2 左右，通过中粗砂层时泥浆比重为 1.3 ～ 1.5 左右，泥浆循环经过二级沉淀。施工中设专人测定泥浆比重并根据地层变化及时调整泥浆比重。

6）成孔检测

成孔后对孔径、孔斜进行测试。桩径充盈系数不得小于 1.05，不宜大于 1.2。

7）清孔

采用泥浆循环清孔。清孔过程中设专人捞渣，换浆时废浆要及时运走，并及时补给足够的泥浆，保持浆面稳定。清孔过程中应测定沉浆指标，清孔后的泥浆密度应少于 1.15。清孔结束后应测定孔底沉淤，孔底沉淤厚度应少于 100mm。二次清孔结束后孔内应保持水头高度，并应在 30min 内灌注混凝土，若超过 30min，灌注混凝土前应重新测定孔底沉淤厚度。

8）钢筋笼施工

钢筋笼在加工平台分段制作成型，分段长度为 6.0 ～ 9.0m。钢筋笼制作按设计和规范要求进行，主筋必须平直，规格、数量、尺寸、位置必须准确，箍筋间距要均匀，焊接、搭接长度、搭接位置符合规范要求，并且每隔 2m 要设置一组保护层垫块。钢筋笼制作完毕，由质检员检查验收，并填写钢筋笼隐蔽检查验收记录。钢筋笼在起吊、运输和安装中应采取措施防止变形。起吊吊点宜设在加强箍筋部位。

钢筋笼分段沉放时，纵筋的连接须用焊接，须注意焊接质量，同一截面上的接头数量不得大于纵筋数量的 50%。钢筋笼孔口焊接时，对准桩孔中心缓慢下放，防止钢筋笼左右摇晃，以防碰撞孔壁。钢筋笼入孔后在孔口将其固定，以确保钢筋笼的保护层厚度。钢筋笼入孔时，先在护筒上做好标记，保持主筋在孔内的正确位置，其方位偏差不大于 5°，钢筋笼下吊时以此为基准，严格按施工图纸要求施工。

9）二次清孔

二次清孔后须有专人负责测量孔底深度和沉渣厚度。二次清孔过程中应测定泥浆指标。清孔后的泥浆密度应小于 1.15，漏斗黏度应控制在 20" ～ 26"。二次清孔后的各类指标符合施工规范及设计要求后，方能浇筑混凝土。

10）水下混凝土浇筑

下导管时，认真检查每根导管的密封圈和连接丝扣是否完好，第一节导管长度为 5m，孔口上端安装数节 1m 的短管。选用良好隔水性的隔水栓，以能顺利地通过导管，不会发生堵管事故。导管底端距孔底的高度控制在 40 ～ 50cm，使隔水栓能顺利排出。二次清孔结束后 30min 内完成初灌。

经计算，本工程混凝土初灌量 ϕ600 桩不少于 1.8m³。经过计算的混凝土初灌量使用球形气囊和内径 ϕ258mm 导管实施灌注来隔离混凝土与泥浆，确保混凝土与泥浆的完全隔离，保证首次导管埋入混凝土的深度大于 0.8 ～ 1.3m。

5.5.4 基础托换施工技术

本工程的基础加固由夹墙梁、穿墙梁、工程桩组成，荷载的传递路线从上到下为历史建筑外墙、夹墙梁、穿墙梁、工程桩。由于桩位受到地铁隧道的限制，造成穿墙梁跨度过大，采用劲性结构后挖深仍然超过了 2.9m。基础梁施工时主要采取分段分层的方法来降低施工风险，并结合如下措施：首先对夹墙梁和穿墙梁进行有效合理的分段施工，将土挖至夹墙梁底标高，先做夹墙梁以及夹墙梁底以上与夹墙梁有连接的部分穿墙梁一起施工，使部分原有基础的荷载转移到夹墙梁上；完成后再施工夹墙梁以下的穿墙梁，使夹墙梁上的荷载转移到穿墙梁上；最后穿墙梁上的荷载转移到工程桩上，从而形成一个新的受力体系共同承受上部荷载。

这种方法的优点是：首先，降低超深基础梁分段施工在实际运用中的风险，避免一次性开挖过深、开挖范围过大对老建筑的整体稳定性产生不利影响。其次，此方法施工过程中不需要降水，对原有基础下方的土体影响比较小，很大程度上减少了建筑物的沉降。最后，此施工方法可以大大减少临时支撑的使用，有利于经济效益的提高。同时对原有建筑物没有破坏，对周边环境基本没影响。

施工主要工序为：开挖至夹墙梁底范围以上的土方；凿除部分影响夹墙梁施工的基础大放脚；对夹墙梁底以上的穿墙梁需穿墙的地方开洞，穿墙洞开好后进行钢筋穿墙工作；完成后，进行夹墙梁的钢筋和模板的施工；夹墙梁的主筋和部分穿墙梁的上纵筋进行焊接；完成后，将夹墙梁和部分穿墙梁一起混凝土浇筑；等夹墙梁的强度达到要求后，对夹墙梁底以下的穿墙梁需穿墙的地方开洞，穿墙洞开好后进行工字钢及钢筋穿墙工作；完成后，进行穿墙梁的钢筋和模板的施工；穿墙梁的工字钢和上纵筋、箍筋进行焊接；完成后，进行穿墙梁混凝土浇筑；最后，桩头钢筋凿出，进行地圈梁的钢筋和模板的施工；穿墙梁和地圈梁连接节点进行焊接；完成后，进行地圈梁混凝土浇筑。

（1）夹墙梁施工

本工程夹墙梁截面为 500mm×1200mm 和 400mm×900mm 两种，室外开挖深度与老建筑大放脚底部齐平，开挖时不扰动大放脚下三合土。

夹墙梁分段施工，分段长度在保证安全的前提下尽量保证施工达到最高的效率，东西外墙每段为 6m，施工缝不留在转角处，南北外墙按穿墙梁分段，每两根穿墙梁为一段，跳帮施工，如图 5-72 所示。

经过初步探查，A3 外墙老基础大放脚的标高、形式都不尽相同，在施工中如若碰到较大施工风险的位置，需要请设计人到现场交底施工。外墙两侧的夹墙梁必须对称开挖，确保挖土过程中墙体的稳定。

施工流程为：挖土；墙体开洞 400mm×400mm 及内嵌 50mm →放置小穿墙梁型钢（或绑扎钢筋）；垫层施工；钢筋绑扎；模板砌筑；土体回填；浇筑混凝土。施工示意图如图 5-73、图 5-74 所示。

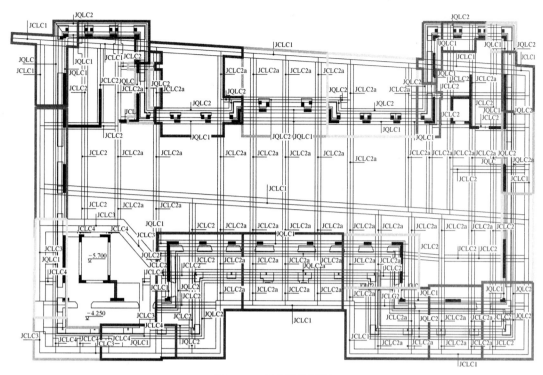

图 5-72　夹墙梁分段图

　　经现场勘查，A3 外墙下部有 4 皮砖的大放脚，夹墙梁施工时要将部分大放脚凿除。凿除基本采用人工凿除，必要时配合些空压机。尽量少凿除大放脚，严禁扰动梁底标高以下的土。

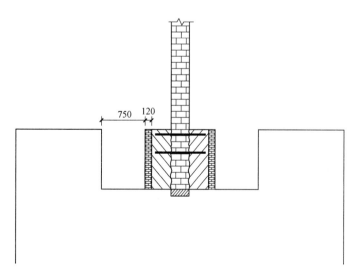

图 5-73　夹墙梁施工示意图

（2）穿墙梁施工

本工程穿墙梁截面为 500mm × 1400mm，部分开挖深度超过了 2m，且需要穿过 A3

的外墙基础，施工危险性非常高，一旦土体失稳将导致历史建筑失稳开裂甚至倒塌。为此，在基础梁施工之前，在穿墙梁局域进行二次压密注浆土体加固，控制承重墙两侧土体不塌方。

穿墙梁分段具体为：第一部分施工的穿墙梁是夹墙梁与穿墙梁交界处，这部分连同夹墙梁同时施工，穿墙梁中的型钢穿在夹墙梁底到穿墙梁底间的900mm中；第二部分穿墙梁为外墙以内1m以外的穿墙梁，这部分穿墙梁在夹墙梁完成后施工，室内部分在室内桩基施工完毕后进行。穿墙梁施工如图5-75所示。

图5-74 夹墙梁施工图

图5-75 穿墙梁施工图

施工流程：压密注浆；墙体槽钢加固；土方开挖；墙体开洞；垫层施工；一侧砖模板砌筑；钢筋绑扎；另一侧模板砌筑；土体回填；浇筑混凝土。

（3）工字钢穿墙工程

按设计要求，在承重墙中利用工字钢32a进行穿墙设置。按照设计图纸尺寸对穿墙位置进行定位。由人工对其需要穿墙的位置进行切割、凿除开洞，对于遇到有条石块的地方，采用开洞机械进行开洞，并用刷子清除干净洞口内的污垢。穿墙洞开好后，进行工字钢穿墙工作，对于局部房间小、工字钢又很长的情况下，采取工字钢分段穿墙，一般2m长为一段，随后再对分段接长的工字钢进行焊接，在接缝处腹板两侧增加采用500mm长、200mm宽、16mm厚钢板居中焊接，最后进行夹墙梁钢筋绑扎。工字钢安装完毕后与两端基础夹墙梁主筋进行焊接。当各个环节都准备就绪后进行混凝土浇筑，对穿墙洞口应用振动棒做适当的振捣，浇筑时要避免碰撞工字钢，以免发生移位及对墙体造成破坏。

5.5.5 临近隧道及历史保护建筑下方深基坑施工技术

本工程基坑北面下方有正在运营的地铁1号线黄陂南路站至人民广场站区间隧道，两条线隧道走向平行于淮海中路，区间隧道靠近本基坑工程区域隧道顶部，埋深绝对标高为 −7.593 ～ −8.846m（南侧隧道）和 −8.246 ～ −10.023m（北侧隧道），隧道与隧道中心间距为12m，隧道直径为7m，两隧道之间净距为5m。其中南侧隧道距离地下连续墙净距 4.8m。地下空间施工时，必须对地铁隧道采取保护措施。

（1）临近地铁基坑设计措施

基坑开挖深 9.2m，局部落深 1.5m，地下连续墙边距离地铁隧道为 4.8m，如图 5-76 所示。

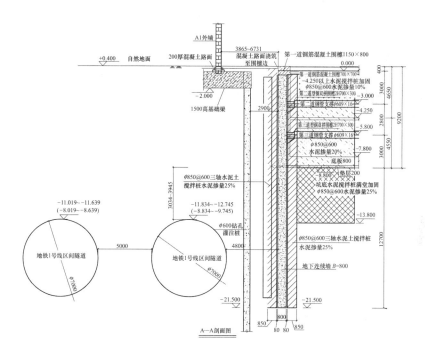

图 5-76　基坑与地铁关系

为了保证基坑和地铁线路的安全，采取了以下基坑设计措施：

1）A2 采用 800mm 厚地下连续墙，深 21.9m，插入比为 1.38，增加围护墙的刚度，减小坑底隆起。基坑围护如图 5-77 所示。

2）地下连续墙施工采用槽壁加固工艺，确保地下连续墙成槽的稳定性。

3）采用一道钢筋混凝土支撑 + 两道预应力自动复加伺服系统钢支撑，减小支撑间的距离，减小围护墙在开挖过程中的变形。

4）坑内采用三轴水泥土搅拌桩满堂加固，增强主动区与被动区土体强度，提高被动区土体抵抗变形能力，最大限度地减小基坑开挖产生的变形，保护地铁区间隧道安全。

5）坑内满堂加固和地下连续墙隔断潜水的渗流路径，在基坑开挖期间不进行坑内外的降水，消除因降水引起土体固结变形。

（2）临近地铁基坑施工技术

首先从工艺搭接上减小各个施工对地铁隧道的叠加影响，即 A2 坑内满堂加固必须在地下连续墙封闭后方可实施。A2 槽壁加固和坑内满堂加固用三轴水泥土搅拌桩，必须分两次进场施工，地下连续墙封闭后方可进行坑内满堂加固，减小大面积土体加固对周边环境的影响。

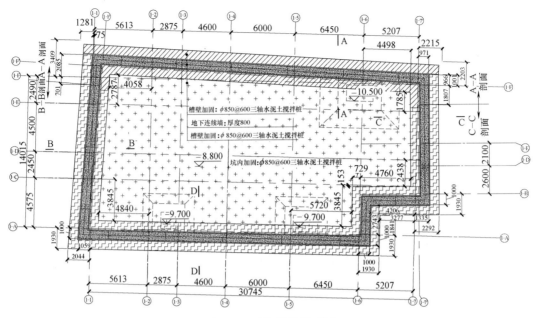

图 5-77　基坑围护平面图

1）基坑槽壁加固施工

槽壁加固采用三轴水泥土搅拌桩，地铁一侧的槽壁加固距离地铁隧道区间段为 3.95m。施工参数控制：水灰比 1.2，下沉速度 1m/3min，上提速度 1m/2min，水泥掺量 25%。

在进行地铁一侧的槽壁加固施工前，先在远离地铁一侧进行试验，每组三轴水泥土搅拌桩外均设置测斜管 1 组，测斜管深 30m，直至确定合理的施工参数后方可进行地铁一侧的水泥土搅拌桩槽壁加固的施工，测斜管与水泥土搅拌桩的净距为 3m。

地铁一侧槽壁加固跳帮施工，且在地铁停运期间进行。每个晚上只施工两根三轴水泥土搅拌桩。施工顺序为 1、5、9、13、17、2、6、10、14、18、3、7、11、15、19、4、8、12、16 号桩，桩号见图 5-78。相邻搅拌桩施工间隔 2d，白天施工远离地铁一侧的三轴水泥土搅拌桩。搅拌桩施工时间控制见表 5-5。

在搅拌桩和地铁区间隧道之间设置 5 根测斜管，测斜管深 30m。

搅拌桩施工时间控制　表 5-5

桩编号	开始时间	完成时间	桩编号	开始时间	完成时间
1	23：00	0：50	3	23：00	0：50
5	1：30	3：20	7	1：30	3：20
9	23：00	0：50	11	23：00	0：50
13	1：30	3：20	15	1：30	3：20
17	23：00	0：50	19	23：00	0：50
2	1：30	3：20	4	1：30	3：20
6	23：00	0：50	8	23：00	0：50
10	1：30	3：20	12	1：30	3：20
14	23：00	0：50	16	23：00	0：50
18	1：30	3：20			

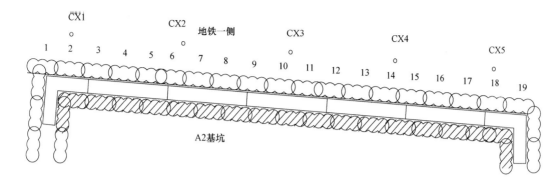

图 5-78　地铁一侧槽壁加固跳帮施工示意图

2）A2 地下连续墙施工

地下连续墙距离地铁隧道为 4.8m，近地铁一侧的地下连续墙施工时槽段宽度控制在 4.5m（二抓成槽）以内，减少槽段成槽时间，槽段分布如图 5-79 所示。地下连续墙成槽不流水施工，待先期槽段完成混凝土浇筑后，方可进行下一幅槽段的成槽，一天完成一幅地下连续墙，地墙施工"做一跳四"，单幅地墙施工时间控制在 12h 内（从成槽至混凝土浇筑完成）。在地墙浇筑混凝土前，10 辆混凝土车必须全部就位等待。

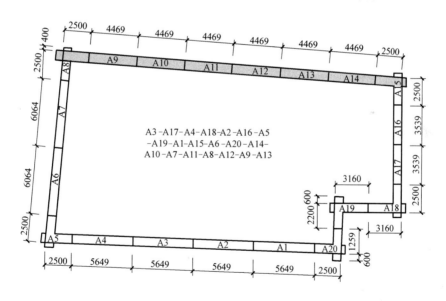

图 5-79　地下连续墙槽段分布图

3）挖土、支撑、垫层施工

土方开挖采用分皮、分块开挖，每块随挖随撑，控制无支撑暴露时间为 10h 内，如图 5-80、图 5-81 所示。底板垫层建议内置 H200@4000 型钢，土方开挖后及时加设型钢再浇筑垫层混凝土，垫层根据分块原则，随挖随浇筑，底板分两区浇筑；钢支撑采用预应力自动复加伺服系统 609 钢支撑，变形控制参数为 6mm，伺服系统采用局部独立式的小型液压泵，每套控制 3 ～ 4 根钢支撑。

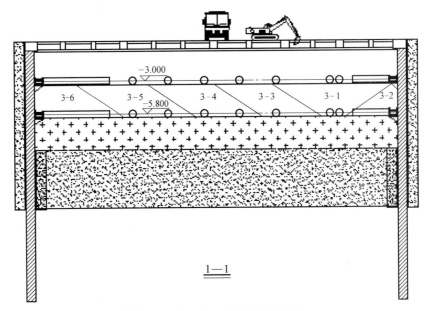

图 5-80 第三皮土分区开挖剖面图

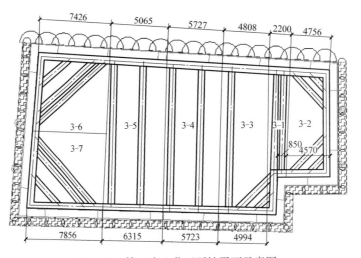

图 5-81 第三皮土分区开挖平面示意图

（3）历史保护建筑正下方基坑施工技术

1）桩＋基础托换技术

本项目需要在室内原位开发一地下室，由于室内空间有限，地下室范围超出了外墙，所以保护建筑外墙在施工期间必须被有效的托换，托换体系的设计与施工是整个工程的关键。

历史建筑墙角托换思路是通过托换梁及夹墙梁将整个墙角的荷载传到桩上。具体流程为：1）在基坑范围内的保护建筑老墙下密布 400mm×500mm 的劲性托换梁，使墙上全部荷载传到劲性托换梁上；2）在托换梁两边设置 400mm×1200mm 的夹墙梁，使老墙的荷载通过托换梁传到夹墙梁上；3）夹墙梁搁置在围护桩上的顶圈梁，使老墙的荷载最终传到围护桩上。

原外墙基础采取桩 + 基础托换的方式进行架空，架空后可以将外墙正下方的土体挖除，在此过程中需要采取措施减少桩基在上部荷载作用下的沉降量，沉降过大，将导致有地下室和无地下室交界的外墙开裂。静压锚杆桩能紧贴外墙施工，减小基础托换梁的宽度，从而减小基础托换梁的变形；静压锚杆桩可以在室内低净空进行，优化该处桩基、基础梁、楼板拆除、剪力墙施工的流程。基础托换梁施工，如图 5-82 所示，每根小穿墙梁宽度为 400mm，每次施工净距为 1200mm。完成所有穿墙梁施工，施工夹墙梁使之形成整体。

图 5-82　基础梁托换工序示意图

A3 连通道距离地铁隧道为 4.2m 左右，采用预钻孔 ϕ200mm 后内插静压锚杆桩的桩基，其优点是大大减小了静压锚杆桩施工对周边土体的挤土效应，确保了地铁隧道的安全，如图 5-83 所示。地下室外墙浇筑到砖墙下 80mm，然后采用灌浆量进行 80mm 空隙的高压灌浆处理，防止混凝土一次性浇筑到顶钢筋混凝土剪力墙与砖墙不密实，割除托换桩后导致砖墙突然下沉。

2）围护与止水

设计采用了 MJS 高压旋喷桩作为止水帷幕，在低净空条件下有效地解决了其他施工工艺对保护建筑墙体的沉降影响。且 MJS 强度大，在基坑开挖过程中起到一定的挡墙的作用，从而减少基坑开挖的水平位移。新老墙体接缝密实性措施，已有外墙下钢筋混凝土剪力墙的浇筑，必须在基础托换夹墙梁上设置 ϕ150@1000 的混凝土浇捣孔。新老墙体之间设置 300mm 高的灌浆料，确保新老墙体连接的密实，若新老墙体之间采用注浆，需设置注浆孔。在地下连通道开挖，结构施工之前，上部结构已经完成改建工作，剪力墙、钢梁、钢筋混凝土板已经形成整体，提高保护建筑的整体刚度，如图 5-84 所示。

3）土方开挖

A3 基础梁土方开挖在室内低净空环境下进行，因此采用人工挖土或小挖机挖土，由于土体进行了二次压密注浆加固，根据土体的实际强度可采用小型机械破除后再进行挖土。在挖土之前，所有托换梁以及上部新增钢筋混凝土剪力墙已经完成并形成了整体。

开挖过程中加密上部墙体的倾斜、沉降等监测频率。土方向下均匀开挖，严禁挖土高差超过 0.5m。人工挖土至设计标高，并进行地下室底板和侧墙的混凝土浇筑，使之迅速形成整体。

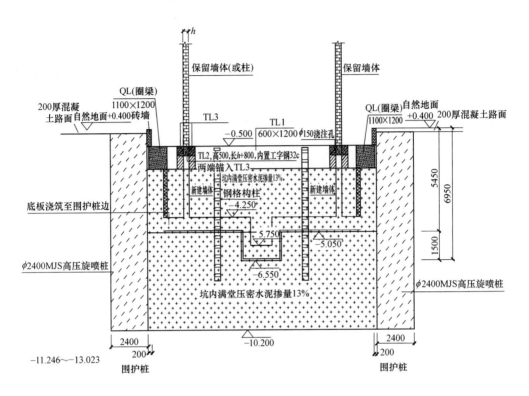

图 5-83　连通道结构详图

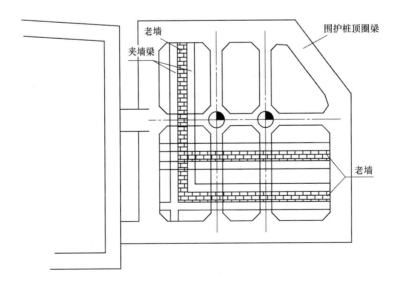

图 5-84　基坑支撑平面图

5.5.6　实施效果

爱马仕改建、扩建项目位于地铁隧道上方，桩基施工以及地下空间开发的环境保护要求高。通过对紧邻地铁区间段的深基坑建造技术和历史保护建筑原位地下空间开发技术等关键技术的研发，确保工程的顺利实施。通过地铁监护公司的信息反馈，此次工程对地铁隧道影响较小，相关监测数据都在控制范围内。

本工程对于老建筑的使用功能进行了大幅度的提升，保证了建筑的日常化运转，提升了建筑的使用年限，并且把原来分隔式的建筑布局变为了敞开式大空间布局。同时，在原建筑下以及邻近区域开发了地下室，合理地利用了土地资源。

在城市交通飞速发展的当今社会，此类工程将会越发繁多，爱马仕工程在这个新的领域进行了一次成功的探索，也无疑将为以后类似的工程起到一个借鉴的作用。

5.6　工程实例六：改造建筑下方原位增设地下室

5.6.1　工程背景及工程概况

（1）工程背景

黄浦区南京东路 179 号地块拆、改、留保护整治试点项目系黄浦区 179 号商业旧区改造地块，位于"中华商业第一街"南京东路东段南侧，江西中路、四川中路之间，距离"万国建筑博览群"外滩仅有一个街区之隔，属外滩历史文化风貌保护区范围，工程地理位置如图 5-85 所示。处于南京东路步行街与外滩风貌区两大商业旅游中心的核心位置及过渡节点地段，与黄浦江对岸的陆家嘴国际金融贸易区遥相呼应。

项目由一新建地下室、一幢新建七层商业建筑和多幢保留（保护）建筑改造组成，具体包括保护建筑美伦大楼、中央商场、新康大楼、华侨大楼和新建新康大楼等建筑，建成后将是集商业、娱乐、餐饮为一体的综合性高档商业街区，如图 5-86 所示。

图 5-85　地理位置及周边环境示意图

图 5-86　南京东路 179 项目工程效果图

（2）上部结构改建概况

本工程建设用地面积 9621m²，总建筑面积 61977m²，其中地下建筑面积 17363m²，新建建筑设 5 层地下室。

项目建设场地内沿基坑周边有保护保留建筑七栋，即沿南京东路的美伦大楼、沿江西中路靠近九江路的新康大楼、四川中路与南京东路口的中央商场大楼、场地东南部紧靠中央大厦西侧的华侨大楼；场地外沿四川中路的中央大厦局部距基坑较近。本工程的历史建筑及基坑分布情况如图 5-87 所示。

图 5-87　平面示意图

1）各建筑拆除及改建情况

本工程有新康大楼、美伦大楼、中央商场、华侨大楼四栋建筑需要改建，各建筑拆除范围和拆除内容见表 5-6。

建筑改扩建情况　　　　　　　　　　　　　　　　表 5-6

单体名称	拆除范围示意	拆除内容
新康大楼		保留原大楼的南面、西面、北面立面外墙。 拆除原结构柱、梁、板及东侧外墙。 新建内部结构

单体名称	拆除范围示意	拆除内容
美伦大楼		保留原大楼的外墙。 拆除原结构柱、梁、板。 新建内部结构。 美伦北楼保持原结构，修缮加固
中央商场		保留原大楼的外墙。 拆除原结构柱、梁、板。 新建内部结构
华侨大楼		保留原大楼的外墙，基础与柱保护加固。 拆除原结构梁、板。 新建内部梁板结构。 加建北侧六层附属结构，内部连通

2）新建结构情况

新建新康大楼：主体结构为钢框架结构，框架柱为矩形型钢柱，框架梁为 H 型钢梁，楼板采用压型钢板，厚度为 120mm，楼板混凝土强度等级均为 C30。压型钢板厚度为 0.91mm（工时三跨连续），平面呈矩形，底层及标准层平面尺寸 49.4m×46m，共 41 根框架柱，柱间距约 8.4m，标准层高为 4.2m 及 4.5m。

美伦大楼：主体结构为钢筋混凝土框架结构，框架柱为矩形柱 700mm×700mm，框架梁的典型梁截面尺寸为 600mm×600mm，混凝土强度等级为 C35。主楼平面呈矩形，底层及标准层平面尺寸为 56.3m×33.5m，柱间距约 4.8～7m，标准层高 3.81～4.57m。

中央商场：主体结构为钢筋混凝土框架结构，框架柱为矩形柱 700mm×700mm，典型框架梁截面尺寸为 600mm×600mm，混凝土强度等级为 C35。主楼平面呈矩形，底层及标准层平面尺寸为 56.3m×33.5m，柱间距 4.8～7m，标准层高 3.81～4.57m。

华侨大楼：主体结构为钢框架结构，框架柱有两种，一种为原结构矩形柱外包钢板，矩形柱与钢板间空隙采用灌浆料填充；另一种为 800mm×500mm 和 600mm×500mm 的劲性钢柱，内置型钢 H300×200×10×20、H500×200×10×20。框架梁为 H 型钢梁，楼板采用压型钢板，厚度为 110mm，楼板混凝土强度等级均为 C30。压型钢板规格参考《钢与混凝土组合楼盖结构构造》05SG522 中的 Y×B65-185-555（B）。压型钢板厚度为 0.91mm。主楼平面呈矩形，底层及标准层平面尺寸为 38.1m×19.1m，柱间距约4.42～6.55m。

（3）地下空间扩建概况

基坑开挖面积 3102m²，围护周长约 256m。基坑安全等级为一级，保护等级为一级。本工程新建新康大楼总体采用逆作法施工。根据建筑结构初步资料，基坑挖深见表 5-7。

结构基础标高及基坑挖深（m） 表 5-7

自然地坪标高	底板面标高	建筑面层厚度	底板厚度	垫层厚度	基坑挖深
0.00	−21.40	0.30	1.50	0.30	23.50

注：1. 为减少基坑暴露时间，考虑设置加厚早强配筋垫层，垫层厚度 0.3m；
　　2. 电梯井及消防集水井区域底板厚度为 0.9m，对应局部深坑落深为 1.1m 和 2.6m。

本工程围护结构施工内容主要包括：地下连续墙，TRD 槽壁加固（等厚度水泥土搅拌墙），高压旋喷桩加固，压密注浆，钢立柱及立柱桩施工。

1）地下连续墙施工

本工程基坑围护采用 1200mm 厚地下连续墙，墙顶标高均为 -1.95m，地下连续墙长度为 50.05m 及 55.05m，兼作地下室外墙，即两墙合一。地下连续墙均采用 H 型钢接头，混凝土强度等级为水下 C35，抗渗等级 P10。

2）等厚度水泥土搅拌墙 TRD 槽壁加固

地下连续墙两侧采用 800mm 厚 TRD 槽壁加固处理，外侧 TRD 设计深度 44m，TRD 墙底进入⑤₃灰色粉质黏土层不小于 2m。由于本工程场地狭小，考虑到施工方便性，内侧槽壁加固亦采用 TRD。内侧 TRD 墙底标高同坑内加固搅拌桩，设计深度 44m，厚度800mm。

3）高压旋喷桩

本工程部分坑内及坑底加固采用高压旋喷桩，桩采用三重管注浆工艺，喷浆水泥采用 P·O42.5 普通硅酸盐水泥。止水用旋喷浆液配合比参考实验确定，水泥用量不小于25%，并应满足抗渗要求。

4）压密注浆

本工程 TRD 槽壁加固与坑内加固之间采用压密注浆填充空档。注浆采用水泥、水玻璃混合浆液，注浆压力 0.2～0.4MPa，注浆流量为 7～15L/min，注浆孔间距 1000mm。

5）钢管桩及立柱桩

竖向支承系统采用钢管桩（一柱一桩），即永久 φ550×16 钢管混凝土（C60）柱以及临时 520mm×520mm L180×18 格构柱两种形式。立柱桩采用桩端后注浆工艺，钢管桩为 ϕ1000 钻孔灌注桩。桩长 56m，内插 ϕ550×16mm 钢管，Q345B，内填 C60 混凝土，钢管桩共 47 根。立柱桩桩身混凝土等级为水下 C40。钢管立柱中心偏差不得大于 5mm，垂直度要求为 1/600。立柱桩为 ϕ850 钻孔灌注桩，桩长 56m，内插 4L180×18 "口" 字形钢格构柱，基坑立柱桩共 53 根。立柱桩桩身混凝土等级为水下 C40。格构柱中心偏差不得大于 15mm，垂直度要求为 1/300。

钢管混凝土柱待逆作完成后外包钢筋混凝土形成主体结构柱。临时格构柱待地下室完成并达到强度后割除。

（4）周边环境

1）周边建筑

基地内各幢保护保留建筑当时主体结构正在加固修缮，其中美伦大楼、中央商场内部采用钻孔灌注桩加固，周圈外墙采用钻孔灌注桩及托换梁进行加固；华侨大楼及新康大楼保留外墙采用钻孔灌注桩对其基础加固。本工程基坑工程待周边保护保留建筑基础加固后再行开挖。

建筑修缮加固方案中，基坑西侧的新康大楼拟保留南面、西面、北面三个立面外墙，拆除新康大楼内部结构，基坑围护结构与保留外墙净距约 2.5m，如何减少围护结构施工及基坑开挖对仅保留外墙的影响，为本工程围护设计的难点和重点。

2）基坑周边道路、管线及地铁线路

基地位于上海市黄浦区 179 街坊，基地北侧为南京东路，距离基坑开挖面 40～42m；东侧为四川中路，距离基坑开挖面 27～60m；南侧为九江路，距离基坑开挖面约 5.5m；西侧为江西中路，距离基坑开挖面约 7.2～7.5m。项目开发用地范围内有两条十字交叉的原状城市支路，即南北走向的沙市一路和东西走向的沙市二路，该两条道路已经相关管理部门批准，将城市道路改为街区内部通道，基坑回填后再行还原。基地四周道路下管线较多，北侧南京东路下有地铁 2 号线区间隧道，基坑与地铁南线隧道的最小距离为 43.4m，与北线隧道的最小距离为 55.1m。

3）工程地质情况

纵观本场地，本拟建场地内浅部分布有③夹层粉性土；本场地处于古河道切割槽区域，第⑤层粉质黏土层厚度较大；上海地区标准土层第⑥层、第⑦层土缺失；第⑧层埋藏深度为 48.0～65.0m，根据土性不同又可分为⑧1、⑧2 层土；第⑨层土层面埋藏深度约为 65.0m，直至 96.0m 未穿该层土。上海第四纪松散沉积物厚度 200～300m，地下水类型主要为松散孔隙水。按水理特征，拟建场地地下水存在浅部土层中的潜水和深部粉（砂）性土层中的承压水。

5.6.2　工程难点及施工策略

（1）基础托换、深基坑施工，对紧邻地铁 2 号线隧道相应的保护要求

1）地铁区间隧道侧成桩难度大。本工程距地铁区间隧道较近，且美伦大楼及中央商

场部分灌注桩位于地铁保护禁区内，施工稍有不慎将会对地铁运营产生不利的影响。根据同类工程经验，本工程北临地铁 2 号线，美伦大楼及中央商场北侧外墙距地铁隧道仅 2m，隧道附近钻孔桩基成孔时易塌孔、缩颈，会对地铁隧道产生影响。

2）地铁隧道上方荷载变化大，沉降控制难度大。美伦大楼及中央商场内部结构置换施工时对地铁上方土体卸载，可能导致地铁隧道沉降、隆起。

3）基坑施工对地铁区间隧道影响大。本工程基坑地下五层，基坑边线距地铁 43m，位于地铁保护 50m 控制范围内，基坑开挖及承压水的处理会对地铁隧道产生影响。

对策：美伦大楼及中央商场基础托换桩采取切削式快速成桩工艺，确保桩基不因地铁振动造成塌孔而影响地铁隧道的安全。美伦大楼及中央商场内部结构拆除采用人工加小型机械的方式，并减慢施工速度，降低沉降或上浮。在施工过程中根据地铁监测数据对施工速度进行调整。地下室采取逆作法施工，最大程度减少基坑施工对周边环境的影响。

（2）新康大楼保留三面外墙，施工安全风险极大

1）保留外墙高度大，整体性差，极易倒塌。本工程施工最主要安全风险体现在各施工阶段对保留外墙的保护方面。如，新康大楼设计为保留三面外墙，高度为 30.9m，当拆除内部结构、屋顶及东面墙时，拆除的过程中局部外墙都处在不稳定状态。且外墙紧临周边商业街，过往人口密度极大，保留外墙长细比过大，整体稳定性极差，极易失稳倒塌进而造成严重的工程事故和人员伤亡。且外墙保护方案影响施工总流程，进而影响施工的各个方面，因此对保留外墙加固方案是本工程施工的关键方案。

2）基础结构转换风险大。本工程保留外墙基础结构体系转换同样存在一定的安全威胁，基础加固需将原有墙下基础与室内结构进行切割分离，同时由于深基坑的施工，墙下静压锚桩深度设计达到 45m，桩径为 377mm，压桩力将达到 200t 以上，基础的改造及静压锚杆桩施工将对保留外墙构成一定的安全威胁。

3）深基坑施工对外墙的影响大。外墙独立期间，距离基坑最近距离约 3m 的需新建地下五层的地下室，该地下室基坑施工时，基坑变形将会对保留外墙产生较大影响。

4）施工工序复杂，相互交错影响。新康大楼保留原结构三面外墙，在内部新建五层地下室，上部再加建十层结构。新康大楼施工中首先需保留外墙加固，拆除原结构体系，进行围护结构施工，开挖深基坑，依次完成新建新康大楼上部结构施工，新康大楼的施工流程和新建地下室施工有着紧密联系。周边建筑同时又需要改建与加建，工序繁多，各个工序之间相互影响，时间与空间存在一定的矛盾，风险较大。

对策：根据现场情况及施工需要，研究保留外墙的保护体系，确保在内部结构拆除及地下室施工阶段的外墙整体安全。基础梁采取分段跳帮施工措施，分段长度约 10m。科学合理地运用时空效应原理及逆作法施工技术，最大程度控制基坑变形。此外，施工中需加强对保留外墙基础的监测，并根据监测情况指导施工。

（3）逆作法超深基坑施工对周边环境保护要求极高

1）基坑开挖较深，周边保护要求比较高。本基坑面积 3102m²，挖深 23.5m，周边四

幢建筑距基坑约 4.5m。周边保护要求比较高。

2）地下室范围地下障碍物较多，清障难度大。基坑内部地下障碍物为一人防地下室，现遗留四面外墙及底部素混凝土桩，素混凝土桩较多且不易探查，需要根据情况来选择施工工艺。

3）超深 TRD 施工质量控制难度大，且对周边环境保护要求高。槽壁加固采用 800mm 厚 TRD 工法施工，外侧 TRD 深 44m，内侧 TRD 深度 44m。部分 TRD 需要在新康大楼内部施工，机械平面布置受保护钢架限制。TRD 施工深度较深，需要采取措施减少对周边环境影响。

4）一柱一桩垂直度控制难度大。本工程地下室开挖深度较深，垂直度控制要求比较高，设计要求立柱桩垂直度需达到 1/600。

对策：地下室围护施工前先完成基坑周边建筑的基础托换，降低基坑围护施工对周边建筑的影响。地下室开挖前保证基坑周边建筑完成全部新结构的施工。基坑周边建筑加强沉降监测，加密沉降点的布置，基坑围护及开挖阶段增加监测频率。新康大楼实行自动化监测。原人防地下室回填土处理，在地下室围护施工前首先对这部分回填土进行两轴搅拌桩进行加固。采用全回转套管机进行清障，清除后回填素土并对这部分土体进行压密注浆处理。为了保证成墙质量，采用三工序成墙施工工艺（即先行挖掘、回撤挖掘、成墙搅拌），对地层先行挖掘松动后再进行喷浆搅拌固化成墙。一柱一桩采用旋挖钻机进行施工，再采用调垂架技术进行钢管桩调垂。

5.6.3　施工总流程及历史保护建筑改造方案

（1）施工总流程

为了减少基坑施工对周边保护建筑的影响，进场后首先进行历史建筑基坑侧的基础加固，基础加固完毕后进行基坑的槽壁加固、地墙施工、坑内加固及桩基施工，在基坑维护施工的同时各幢历史建筑完成各自的基础托换及结构转换施工，并在基坑开挖前完成结构托换。由于部分地下室在新康大楼内部，该部分围护必须穿插在建筑拆除过程中交替进行。本工程主要有以下施工步骤：

1）各幢保护建筑拆除加层及减荷施工。

2）各幢保护建筑基础梁及静压锚杆桩施工，新康大楼新建范围进行清障施工。

3）新康大楼、美伦大楼及中央商场进行内胆及外墙保护钢架施工。

4）新康大楼内部结构拆除，新建新康范围 TRD 施工。

5）新康大楼拆除部位清障、重型机械施工道路施工，美伦大楼、中央商场内部结构拆除施工，新建新康范围地墙施工。

6）新康大楼拆除部位 TRD 施工，新建新康范围地墙补全，美伦大楼、中央商场室内桩基基础施工。

7）新康大楼拆除部位地墙施工，其余保护建筑结构托换施工。

8）地下室范围坑内加固施工，其余建筑结构托换施工。

9）地下室范围桩基施工。

10）地下室范围 B0 板施工。

11）新康大楼钢结构吊装施工。

12）地下室逆作法施工。

13）结构、机电安装及装修施工，上部结构施工。

14）钢结构顶棚及室外总体施工。

（2）历史保护建筑改造方案

1）美伦大楼

美伦大楼由四幢独立的大楼组成，分别为美伦北楼、美伦西楼、美伦南楼及中央商场西楼组成，其中美伦北楼为历史保护建筑，其余都为历史保留建筑。美伦北楼改建形式为保留外墙及内部结构，并且对基础及原结构进行加固。其余建筑只保留沿街外立面，拆除内部结构。

美伦大楼改建方案为在基础加固完毕后，在外墙外部设置保护钢架，然后整体拆除原结构在施工新结构，具体流程为：加层拆除；外墙基础托换；外墙保护钢架施工；脚手架施工；内部结构拆除；基础清障施工；室内桩基施工；基础梁施工；上部结构施工；加建楼层施工；二结构施工；安装施工。主要流程如图 5-88 所示。

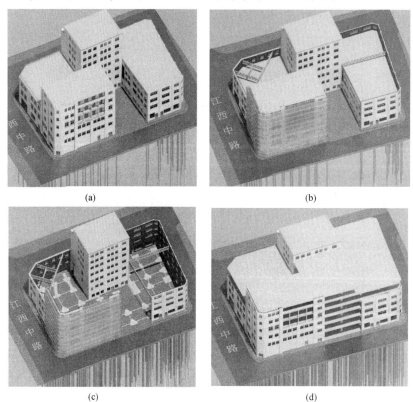

(a)　(b)

(c)　(d)

图 5-88　美伦大楼改建方案主要流程

（a）外墙基础加固及静压锚杆桩施工；（b）外墙内胆及钢架施工；（c）内部结构拆除及内部桩基础施工；
（d）内部结构施工及外墙钢架拆除

2）中央商场

中央商场为历史保留建筑，改建形式为拆除内部结构，保留沿街外墙。其施工方法及施工流程基本与美伦大楼一致。主要流程如图 5-89 所示。

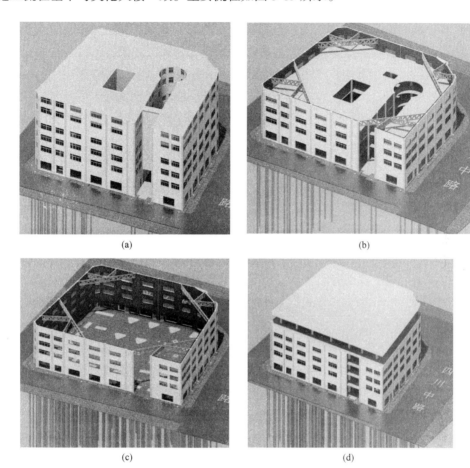

(a)　　　　(b)

(c)　　　　(d)

图 5-89　中央商场改建方案主要流程

（a）外墙基础加固及外墙静压锚杆桩施工；（b）外墙内胆及外墙保护钢架施工；（c）内部结构拆除及内部基础施工；（d）内部结构施工

3）华侨大楼

华侨大楼改建形式为拆除原有梁板，对原有基础及结构柱进行加固后进行新结构梁板施工。施工流程为：加层拆除；基础托换施工；从上至下楼板及梁拆除，新结构施工；屋顶施工；二结构施工；安装施工。主要流程如图 5-90 所示。

4）新康大楼

由于地下室进入新康大楼内部，所以该大楼只保留沿街三面外墙。部分新建地下室，在新康大楼内部地下室围护施工前，必须拆除新康大楼原有结构，地下室施工阶段新康大楼只剩三面外墙，施工风险相当大，所以施工前必须制定妥善的施工方案来应对。新康大楼施工流程为：加层拆除；基础梁、桁架基础施工；静压锚杆桩施工；钢筋混凝土内胆及外包桁架施工；内部结构及东侧外墙拆除；清障施工、临时拉结桁架搭设；拆除部位 TRD 施工；内部桁架施工、部分拉结桁架拆除；地墙施工；坑内加固施工；桩基施工；B0 施工；新康大楼范围钢结构吊装；外墙保护钢架拆除。主要流程如图 5-91 所示。

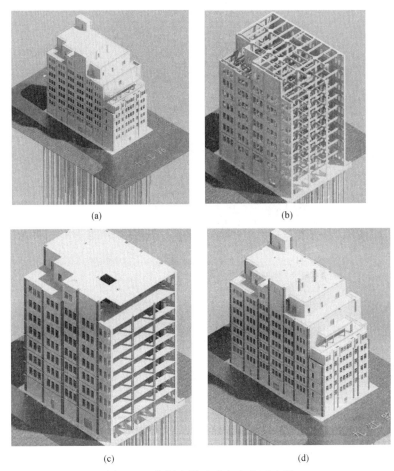

(a)　　　　　　　　　　　　　(b)

(c)　　　　　　　　　　　　　(d)

图 5-90　华侨大楼改建方案主要流程

（a）基础梁加固及静压锚杆桩施工；（b）各层楼板拆除，二层原结构梁拆除；（c）从下至上依次进行梁拆除，新梁及楼板施工；（d）新建结构施工

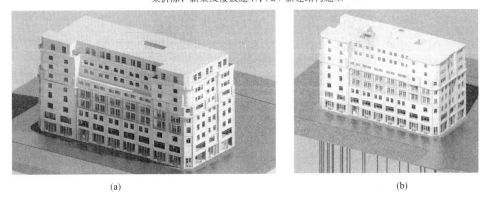

(a)　　　　　　　　　　　　　(b)

图 5-91　新康大楼改建方案主要流程（一）

（a）拆除 9 层加层；（b）保留外墙基础加固及静压锚杆桩施工

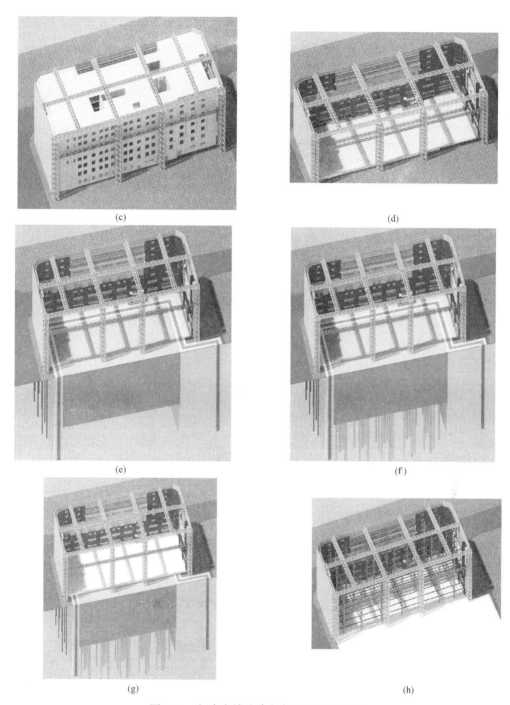

图 5-91　新康大楼改建方案主要流程（二）

（c）外墙保护钢架施工；（d）内部结构及东立面外墙拆除；（e）TRD 施工、地墙施工及土体加固施工；
（f）桩基施工；（g）B0 板施工；（h）内部新钢结构施工

5.6.4　既有建筑原位增设地下室的逆作法施工方案

本工程基坑开挖面积 3102m²，围护周长约 256m，基坑面积不大，但基坑挖深达

23.5m，深基坑工程实施过程中受到基坑开挖、大气降水以及施工动载等许多不确定因素的影响。因此，在高地下水位的软土地基中开挖如此超深的基坑工程存在着一定的风险性。

基坑周边有大量近代保护建筑，这些建筑均建于20世纪一二十年代，根据检测结果，多数建筑不满足抗震要求，部分结构甚至不能满足在正常使用状态的安全要求。基坑西侧新康大楼拟保留南面、西面、北面三个立面外墙，拆除新康大楼内部结构，与拟建建筑相结合，保留外墙的保护对围护结构位移控制提出了较高要求。

北侧邻近运营中的地铁2号线区间隧道，对变形控制要求极为严格；场地四周道路下埋设有大量的市政管线，保护要求较高。基坑支护设计和施工中须做好对道路和市政管线，特别是地铁2号线区间隧道的保护工作。

（1）围护方案

根据本工程在工程地质条件、环境保护要求、基坑规模、工期与经济性要求等方面的具体情况，并结合国内类似项目的大量深基坑工程实践经验，基坑围护方案拟采用逆作法的方式。本工程中，逆作法方案有如下优点：① 支撑体系刚度大，围护结构位移理论计算结果较顺作法小13%。② 先地上施工至一定高度，新建地上结构和老墙合成一体后，再向下开挖，可极大提高新康大楼保留外墙的稳定性。③ 支撑体系采用主体结构楼板，仅需设置部分临时支撑及对结构楼板进行加强，节约了大量支撑体系造价，逆作法总体造价稍低。④ 从外墙保护措施的施工来看，逆作法可先施工上部结构与保留外墙结合后再行开挖基坑，极大地减少了保留外墙保护措施的施工难度。

根据本工程基坑挖深、周边环境及地质条件，本工程选择地下连续墙围护体系，本方案地下连续墙采用"两墙合一"形式，开挖阶段为基坑围护结构，使用阶段为地下室主体结构外墙的一部分。地下墙需满足主体结构的使用要求，墙体材料应满足耐久性要求。围护结构采用地下连续墙，其作为基坑围护结构起到挡土和止水作用的同时，又作为永久地下室结构外墙的一部分。

选用1.2m厚度的地下连续墙。通过计算，不同插入深度下围护结构稳定性可知，坑底抗隆起为本工程地下连续墙深度控制性指标。本方案地下连续墙插入坑底下深度为23.5m，墙底设计深度为自然地面下47.0m。西侧江西中路对面为4层砖混建筑，经计算，该侧考虑到4层建筑的超载地墙需加深至地面下50.0m，方可满足坑底抗隆起稳定性要求。南侧九江路对面的9～12层建筑，由于建造年代较早，其基础形式通过多方调研尚未明确，本方案按其为天然地基建筑考虑，考虑其超载墙需加深至地面下57.0m，方可满足坑底抗隆起稳定性要求。

为了提高地下连续墙止水性能，本工程在地墙外侧另行设置一道防渗帷幕，防渗帷幕隔断⑤$_2$微承压含水层。地下连续墙与底板的连接位置通过预留焊接止水钢板的槽钢和基础底板施工时设置倒滤层和橡胶止水带、预留压浆管等措施有效的控制地下水的渗漏。

为了减少地墙施工时对周边环境的影响，同时防止地下连续墙接头位置或地墙缺陷渗漏水的现象，本方案对地下连续墙进行槽壁加固，并考虑地墙外另行设置止水帷幕。

地墙采用 TRD 工法对槽壁加固，外侧 TRD 工法兼作止水帷幕。

本方案采用 800mm 厚 TRD 工法，经与地铁管理部门沟通，TRD 工法设计深度 44m，TRD 墙底进入⑧₁灰色粉质黏土层不小于 2m。新康大楼拟保留外墙与地墙槽段距离较近，为进一步减少地墙成槽对其影响，拟在地墙外侧的槽壁 TRD 中内插 H400×400 型钢，以控制土体初始位移，同时内插 H 型钢亦可作为保留外墙两侧加固结构的基础。

（2）坑内加固

本方案在坑内搅拌桩加固，加固桩采用 ϕ850 三轴水泥土搅拌桩，加固体标高范围为从第二道支撑底至基坑底以下 5.0m，搅拌桩水泥掺量 20%，以提高被动区土体抗力，同时起到水平结构支撑形成之前对围护体的支撑作用，减少支护结构水平位移，临近地铁区域坑内加固搅拌桩增加置换率，进一步提高坑内土体强度。

本工程场地中部有原老建筑基础，老建筑埋深约 6.4m，考虑到该区域清障后回填土土质较差，采用三轴搅拌桩对该区域进行加固。由于基坑面积不大，结合清障区域加固后所剩面积较小，因此本方案设置满堂加固搅拌桩。

加厚垫层方面，本方案采用早强加厚配筋垫层，以及时减少基坑开挖至坑底后围护结构变形。垫层采用 C40 混凝土，厚度 300mm，配单层双向 ϕ12@200 钢筋。

（3）支撑体系

逆作法以结构梁板作为基坑水平支撑体系，楼板上预留对应的出土孔和材料孔，并在结构开口、楼板缺失处设置临时支撑。利用永久性结构的楼板梁作水平支撑是逆作法的特点。本基坑向下开挖时，利用地下室各层楼板作为基坑的水平支撑结构。楼板与地下墙的连接可通过在结构楼板周边设置边环梁，边环梁通过地下墙内的预埋钢筋与地下墙连接，楼板与边环梁整体浇筑。结合主体结构平面图，本方案在各层梁板面留设了 5 个出土口，洞口面积总共 470m²，约占基坑面积的 15%。

在基坑逆作法向下施工时，在车道板和电梯井等有开孔位置处需设置加强圈梁，并适当布置临时钢筋混凝土支撑，使其与结构梁板共同形成平面支撑体系。临时水平支撑通过临时圈梁直接支撑在临时围护墙上或楼板梁结构上。临时支撑标高与楼层相同。当开挖至坑底并完成底板施工后，即可逐层向上施工立柱和车道结构，在坡道和电梯井梁板结构调整连接完成后，即可拆除相应的临时支撑。

本方案竖向支撑体系采用一柱一桩工艺，钢立柱拟采用 ϕ550×16 钢管，逆作阶段内填 C60 混凝土，钢材设计强度等级 Q345B，逆作阶段完成后外包 C40 混凝土形成结构柱；立柱桩采用 ϕ1000 灌注桩，桩身混凝土强度水下 C35，立柱桩荷载主要由地下 5 层和地上 5 层结构自重及施工超载组成，桩长 60m，桩端持力层为⑨₂灰色细砂层。部分施工平台区域设置临时立柱，临时立柱采用由 L180×18 等边角钢和缀板焊接而成的型钢格构柱，其截面为 520mm×520mm，钢立柱插入作为立柱桩的钻孔灌注桩中不少于 2.5m，立柱桩采用 ϕ850 灌注桩，桩身混凝土强度水下 C35，桩长同为 60m。

（4）土方开挖

本工程地下室共分六次挖土，每次挖土分 3 个区域，出土口共 6 处，如图 5-92 所示。

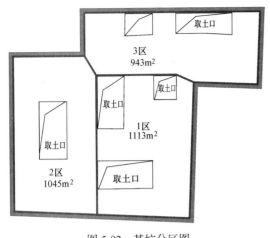

图 5-92　基坑分区图

为方便取土，新康大楼内部取土口上二层两根钢梁暂不施工，周边用斜撑拉住。

每皮土的土方分块按照各层楼板结构图合理布置，分块间的界线应在梁板跨度的 1/3 处。土方开挖采用盆式分块开挖方式，按照"时空效应"理论，做到"分层、分块、对称、平衡、限时"开挖，随挖随浇筑混凝土垫层。

地下室基坑采用逆作法施工，具体挖土流程如下：

1）完成地下连续墙、主体工程桩、逆作阶段一柱一桩、基坑内土体加固等施工作业。

2）场地平整放线，施工监测测点布设。

3）凿除桩基及地墙施工阶段设置的混凝土地坪以及地墙顶混凝土浮浆。

4）第一皮土开挖。第一皮土分三块，从西向东挖。由于 B0 板局部有落差，所以首皮土挖至 −2.500m 标高，不采用盆式挖土，随挖随浇筑 200mm 素混凝土垫层，分块搭设排架施工 B0 板结构及临时支撑结构，同时施工顶圈梁。

5）B0 板完成后为保证新康大楼外墙安全，先对新康大楼老楼区域新钢结构框架进行吊装。

6）第二皮土开挖。待 B0 板混凝土强度达到设计要求，分层开挖第二皮土方。第二皮土周边开挖至 −7.800m 标高，随挖随浇筑 200mm 素混凝土垫层，分块搭设排架施工 B1 板结构及临时支撑结构，挖土施工顺序为 1 区—2 区—3 区。

7）第三皮土开挖。待 B1 板混凝土强度达到设计要求，分层开挖下皮土方。周边挖至 −12.300m 标高，随挖随浇筑混 200mm 素凝土垫层，分块搭设排架跟进施工 B2 板结构，挖土施工顺序为 1 区—2 区—3 区。

8）第四皮土开挖。待 B2 板混凝土强度达到设计要求，分层开挖下皮土方。周边挖至 −16.500m 标高，随挖随浇筑 200mm 素混凝土垫层，分块搭设排架跟进施工 B3 板结构，挖土施工顺序为 1 区—2 区—3 区。

9）第五皮开挖。待 B3 板混凝土强度达到设计要求，分层开挖下皮土方，第五皮土开挖至 −21.100m 标高，随挖随浇筑 200mm 素混凝土垫层，分块搭设排架跟进施工 B4 板结构，挖土施工顺序为 1 区—2 区—3 区。

10）第六皮开挖。待 B4 板混凝土强度达到设计要求，分层开挖下皮土方，第五皮土开挖时直接挖至 −23.500m，随挖随浇筑混凝土垫层，垫层采用 C40 混凝土，厚度 300mm，并内配单层双向 φ12@200 钢筋。垫层施工完毕后养护一天就立即进行大底板施工，挖土施工顺序为 1 区—2 区—3 区。

（5）基础梁托换技术

基础施工总流程：地板面层破除；桩基施工；土方开挖；垫层施工；夹墙梁施工；基础梁施工。

本工程为老建筑改建施工，所有的基础施工是基于对老建筑的整体加固，工程中将采取基础托换这一施工手段来进行改建加固，存在以下施工难点：

1）基础梁施工对原建筑的保护。本工程原有建筑基础形式多为箱形筏板基础，此次保留外墙基础加固梁将对原建筑箱形筏板基础的主、次梁进行破坏，而该阶段这部分基础还在受力。所以，基础梁施工是需要采取措施来减小对原建筑产生的不利影响。

为此，本工程采取基础梁分段施工的方式。保留外墙基础梁施工，采取分块跳仓施工来降低对原建筑的影响，夹墙梁施工范围为各幢老建筑的保留外墙区域，每段施工长度控制在 10m 左右，基础梁与夹墙梁交接处不作为分段点，转角处不分段，一次完成。夹墙梁分段如图 5-93 所示。新康大楼的夹墙梁施工为先两侧、后中间，施工顺序依次为红色—黄色—绿色—蓝色。

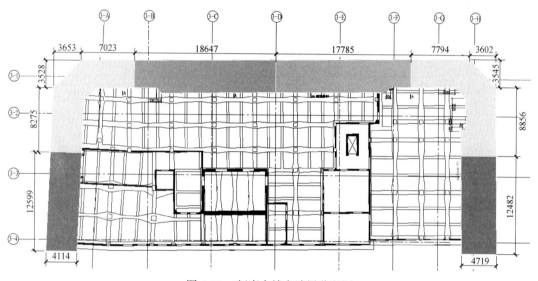

图 5-93　新康大楼夹墙梁分段图

为解决新老基础冲突的问题，以新康大楼为例，基础梁分段后每段长度约 10m，单段基础梁施工只切断 3 根原基础主梁。为了进一步降低对原结构的破坏，原基础梁破碎时保留基础梁的钢筋，新基础钢筋与老基础钢筋绑扎在一起，并且一起浇筑，使新基础梁完成后老基础梁仍然能够传力。

2）基础梁施工对周边管线的保护。部分沿街老墙外侧基础梁需要在人行道上挖土施工，而周边道路上管线众多，且道路上重车来往较多（公交车），所以这部分基础梁施工需要进行适当的对周边管线的保护措施。

部分夹墙梁宽度在 1345 ～ 2210mm 之间，挖深约 1.5m，根据现场测量，这些梁在施工过程中将占据整个人行道。在此部分梁施工过程中，在侧面处打下钢板桩，并在顶部设置对撑，以降低重车经过时土体滑坡的可能，如图 5-94 所示。此区域的夹墙梁施工应尽可能的快速完成，不仅是为了减小对道路影响，也是对安全施工的保证。

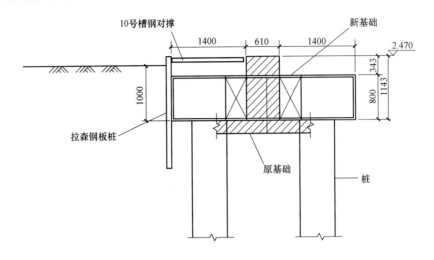

图 5-94　外墙外侧钢板桩围护示意图

3）悬挑梁分段施工时钢筋接头的预留。美伦大楼及中央商场基本采用室内桩基承台悬挑外侧保留外墙的方式，所以第一阶段施工的保留外墙基础梁施工就要涉及悬挑梁施工缝预留位置的问题。

根据悬挑结构受力特点，第一阶段外墙基础梁施工阶段悬挑梁施工缝留置位置，设在内侧外墙夹墙梁以内 2m 处。钢筋焊接或机械连接接头必须错开 50%。同时，注意避开建筑内部钻孔灌注桩的位置。

5.6.5　既有建筑低净空的环境下桩基及围护结构施工技术

（1）桩基及围护结构施工技术与设备研发

为了使承载力更好的钻孔灌注桩被运用于既有建筑改建项目中，针对既有建筑基础托换桩基施工的特点及需求，对常规桩架及施工工艺进行改造，最终形成集低扰动、零距离、自行走、低净空等优点的快速成桩工艺及桩架。

运用反循环钻孔灌注桩桩机、桩架经过改良，桩架高度较低，设备全高仅 6.7m，可适应于室内"低净空"作用场地，如图 5-95 所示，图中净空间为两层楼面，高度为 8m。

改良后桩架可自行升降、行走与旋转，依靠采用全液压工作系统完成，通过 10 个液压油缸来进

图 5-95　改造后桩架与室内净空间图示

行操作，适应各种复杂场地，方便在小净距、低净空等环境下移动、升降。桩架四角设计有可旋转升降式柱腿，通过液压调节柱腿高度，可进行桩架调平及桩移动。

通过对现有桩机的改造，使桩机能够在自带液压系统的作用下行走于施工现场，顺利进出有高度限制的大门，并且利用液压油缸使桩架自行升降，对桩架高度进行改低，让桩架能满足老建筑内部桩基施工的要求，如图 5-96 所示。

(a)　　　　　　　　　　　　　　(b)

图 5-96　室内与沿街桩基施工对比

施工工艺流程

第一步：改良桩架，使其在 7m 高度内能够竖立施工。

钻孔灌注桩施工采用泥浆护壁、大扭矩旋转钻机钻孔、泥浆反循环排渣、垂直导管法灌注水下混凝土的成桩工艺进行施工。通常历史建筑层高在 3.5 ～ 4.5m 之间，两层净空高度至少有 7m，桩架操作高度缩小至 7m 以内，基本可满足室内施工要求。将桩架顶部离地高度设置在 6.7m，既可满足室内操作要求，又能满足更换钻杆及混凝土灌注导管加料斗高度要求，方便工人操作。

第二步：通过液压油缸行走至施工地点。

常规桩机均采用人工移动方式，由原桩位移动至新桩位，通常需要花费大量的时间。通过研究实验，在桩架下部增设底盘，架体与底盘之间通过液压油缸与齿轮盘接驳，且架体四个柱腿采用液压升降装置，通过柱腿油缸调节架体与底盘相对高度，并结合底盘液压油缸，形成底盘与架体之间相对位移，可实现桩架移动及转向。

第三步：通过液压油缸竖立桩架于施工地点。

常规桩架立柱与水平底座之间采用斜撑连接，立柱安拆需要使用吊车辅助。使用液压油缸代替斜撑，通过液压油缸的伸缩，完成立柱的起落。因而桩架立柱降落时，可顺利穿过门洞，减少常规桩架安拆的工作。

第四步：改良顶部动力装置。

通过桩架的顶部动力系统实现对钻杆的向下压力，并提供大功率的钻动扭矩。同时，顶部配大功率的抽吸式泥浆泵，从而使桩架在压缩高度的情况下也能完美的完成桩基施工任务。

第五步：桩机进行钻孔灌注桩的正常施工。

（2）止水围幕施工

1）止水围幕施工流程

由于新康大楼外墙支护体系净高限制，在该区域内无法进行高大机械作业，并且新康大楼外墙与地下空间围护距离仅有 2.5m，所以该区域止水帷幕必须选择机械高度低、对周边环境影响小的施工工艺。因此，本工程选择 TRD 工法并采取针对性的措施进行施工。

TRD 止水帷幕的总体施工流程如图 5-97 所示。

图 5-97　TRD 工法总体施工流程示意图

第一步：首先在靠近九江路侧外侧施工约 8m 试验段，确定本项目 TRD 工法施工技术参数。

第二步：按照试验段总结的技术参数，继续在九江路侧远离新康大楼施工地墙外侧 TRD 工法搅拌墙，进一步确定施工参数的可靠性。

第三步：施工新康大楼外部地墙内侧 TRD 工法搅拌墙。

第四步：完成新康大楼内部地墙外侧 TRD 工法搅拌墙。

第五步：完成新康大楼内部地墙内侧 TRD 工法搅拌墙。

具体施工流向如图 5-98 所示。

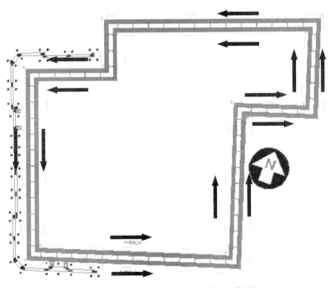

图 5-98　TRD 工法施工流向示意图

2）新康大楼内部施工关键技术

新康大楼内部施工时，需在外侧施工单面导墙，其有利于 TRD 工法施工，减少放线测量。同时，导墙可以防止上部坍塌，可以对新康大楼外墙起到保护作用。

新康大楼内施工，TRD 工法应采用相对较小的速度施工，减小对地层的施工扰动，建议每天施工按 3m 计。

新康大楼内施工至转角时，可不考虑整体提升切割箱（提升时，依靠 TRD 主机，一节一节提升），以减小施工空间。

由于新康大楼距离外侧 TRD 搅拌墙较近，特别是在转角部位，TRD 工法施工空间不足，建议在转角部位施工采用高压旋喷，用以加强和封闭。

新康大楼内施工时，应提前对机械进行检修和保养，避免在新康大楼内施工时长时间停机。

TRD 工法阳角处加固处理：地墙外侧 TRD 工法在阳角处，按照设计线进行加固；地墙内侧 TRD 工法在阳角处，每边各向外侧出 50cm。

TRD 工法阴角处加固处理：地墙外侧 TRD 工法在阴角处，每边各向外侧出 50cm；地墙内侧 TRD 工法在阴角处，按照设计线进行加固。

3）TRD 工法试成墙

① TRD 工法试成墙目的。

本工程 TRD 工法搅拌墙止水帷幕的深度达 44m，且需在新康大楼内部进行施工，施工难度很大。为确保顺利施工和安全施工，在正式施工前，需进行试成墙试验，以便验证 TRD 工法施工设备在该地层条件下的施工能力，确定 TRD 工法搅拌墙成墙质量、水泥搅拌均匀性、强度及隔水性能，确定 TRD 工法搅拌墙的施工参数和施工工序，确定 TRD 工法搅拌墙的挖掘液膨润土掺量、固化液水泥掺量、水泥浆液水灰比等施工参数，确定 TRD 工法搅拌墙切割箱导向垂直度、搅拌墙成墙的垂直度，并通过试成墙试验确定一整套 TRD 工法的施工参数并形成施工导则，以指导后期 TRD 工法搅拌墙的施工。

② 试成墙定位。

本项目 TRD 工法试成墙位置选择靠近九江路侧，远离新康大楼，建议选择在③-6轴与③-7轴之间地墙外侧进行，且与地墙接缝错开，如图 5-99 所示。

（3）地墙吊装技术

本工程地墙最长钢筋笼长度为 56.2m，钢筋笼厚度为 1080mm，最重钢筋笼为宽 4m 的首开幅，钢筋笼长 51.2m，钢筋笼最重 61.2t。

根据本工程钢筋笼最大重量及分节长度的实际情况，结合场地状况，钢筋笼吊装机械选用：两台相同配置的三一 SCC1500 型 150t 履带吊车（臂长 30m，最小工作半径 9m），互为主副吊，双机抬吊。

由于保护钢架上道水平支撑桁架底至自然地面的净高度为 32m，因此履带吊最大工作总高度必须小于 32m，方可确保保护钢架的安全。

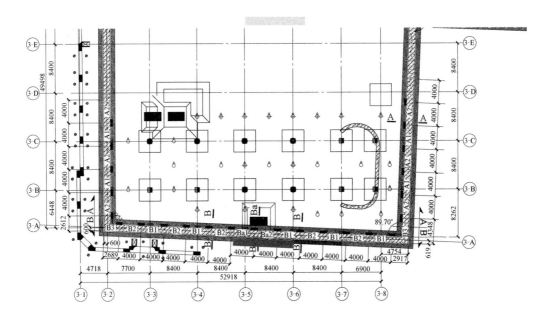

图 5-99　试成墙平面位置示意图

SCC1500 型 150t 履带吊机高 2.264m（地面至把杆铰接中心），把杆接 30m，把杆由主臂上节臂（10.91m）、2 节 6m 标准节（6.14m×2）和主臂下节臂（7.76m）组成，每个连接点连接长度 0.14m，3 个连接点共搭接 0.42m，总长度 =30.95-0.42=30.53m，在最大 9m 工作半径时把杆垂直高度为 29.17m，总高度 = 垂直高度 + 机高 =31.44m，小于保护钢架高度 32m。

本工程西侧为保护建筑新康大楼保留外墙及其保护钢架，钢桁架下净空高度 32m，影响 22 幅地下连续墙的施工。根据计算，分节吊装允许最大单节长度 22m，该部位钢筋笼需要分为三节进行槽口拼接方法施工。

其余 38 幅钢筋笼位于保护钢架外，但由于施工场地狭窄，保护钢架到华侨大楼的净距仅 33m，大型履带吊难以回转错位，长臂履带吊对保护钢架及邻近建筑形成潜在风险，加之现场原材料堆场、加工场地严重不足，因此，拟采用与上述相同的分节吊装方法，即桩钢筋笼分为三节，采用槽口吊放拼接的方法施工。

钢筋笼吊装采用分节双机抬吊，空中回直，主机吊放入槽、孔口拼接的施工方法，各分节起吊具体分五步进行，吊装过程如图 5-100 所示。

指挥主吊、副吊两吊机停机至起吊位置，起重工分别安装吊点的卸扣。检查两吊机钢丝绳的安装情况及受力重心后，开始同时平吊。钢筋笼至离地面 0.5m 左右，采用急刹动作使钢筋笼抖动，检查钢筋笼整体性和焊接质量。主吊起钩，副吊配合主吊进行钢筋笼回直。根据钢筋笼尾部距地面距离，随时指挥副吊配合起钩。钢筋笼直立，根据入槽方向旋转调整钢筋笼，主吊把杆调整至行走角度并移动至钢筋笼入槽位置，吊机行走应平稳，钢筋笼上应拉牵引绳，指挥主吊吊钢筋笼入槽、定位。

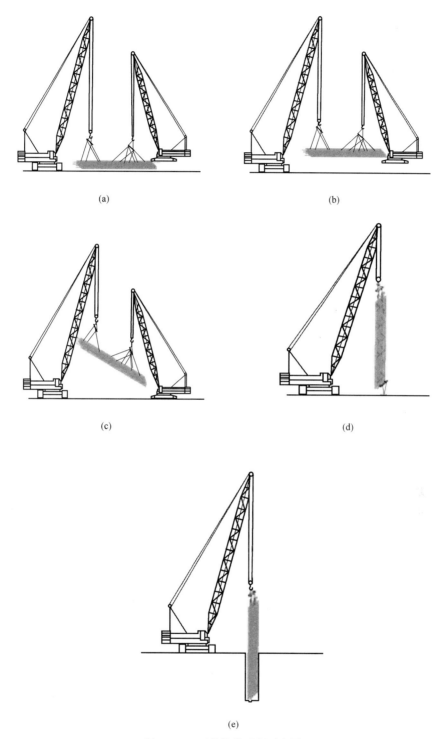

图 5-100　双机抬吊过程示意图

5.6.6　实施效果

本工程结合历史建筑内部结构置换技术、基础托换技术和基坑逆作法技术，充分利用历史建筑群地下空间，改造历史建筑群，解决城市中心日益严峻停车难问题。内部结构置换技术增加了既有建筑内部的使用空间，拓展了既有建筑原有使用功能，提升了使用价值，使既有建筑重新焕发其价值。既有建筑的基础托换技术可以有效提高既有建筑外墙基础的承载能力，降低建筑不均匀沉降的发生，节省了大量的维修费用。而逆作法施工技术提高了土地利用率，节省临时支撑系统，节约材料，缩短工期，减少扬尘、噪声等环境污染问题，在同等条件更具优势。

采用既有建筑原位地下空间开发技术，极大程度上保持了历史建筑的文物价值，有效地提高了历史建筑的商业价值，缓解了停车难的问题。为老城区改造修建地下车库、保护建筑增设地下室等工程的施工提供经验，有效提高工程质量与经济效益。同时，拓宽逆作市场，积累经验加强技术优势，也为老城区改造及历史建筑保护等领域，提供新思路、新工艺。

参 考 文 献

[1] 李德华.城市规划原理（第3版）[M].北京：中国建筑工业出版社，2001.

[2] 阳建强.西欧城市更新[M].南京：东南大学出版社，2012.

[3] 安德鲁·塔隆.英国城市更新[M].上海：同济大学出版社，2017.

[4] 张汉，宋林飞.英美城市更新之国内学者研究综述[J].城市问题，2008，000（2）：78-83，89.

[5] 白友涛.城市更新社会成本研究[J].南京：东南大学出版社，2008.

[6] 于立，Alden Jeremy.城市复兴-英国卡迪夫的经验及借鉴意义[J].国外城市规划，2006，（02）：27-32.

[7] 翟斌庆，伍美琴.城市更新理念与中国城市现实[J].城市规划学刊，2009，（02）：75-82.

[8] 张京祥，胡毅.基于社会空间正义的转型期中国城市更新批判[J].规划师，2012，28（12）：5-9.

[9] 罗翔.从城市更新到城市复兴：规划理念与国际经验[J].规划师，2013，029（5）：11-16.

[10] 邹兵.增量规划、存量规划与政策规划[J].城市规划，2013，37（02）：35-37.

[11] 李和平，惠小明.新马克思主义视角下英国城市更新历程及其启示-走向"包容性增长"[J].城市发展研究，2014，21（05）：85-90.

[12] 童林旭.地下建筑学[M].北京：中国建筑工业出版社，2012.

[13] 曹晟，唐子来.英国传统工业城市的转型：曼彻斯特的经验[J].国际城市规划，2013，28（06）：25-35.

[14] 冯立，唐子来.产权制度视角下的划拨工业用地更新：以上海市虹口区为例[J].城市规划学刊，2013，（05）：23-29.

[15] 邵继中.人类开发利用地下空间的历史发展概要[J].城市，2015，（8）：35-41.

[16] 戴慎志，赫磊.城市防灾与地下空间规划[M].上海：同济大学出版社，2014.

[17] 中国岩石力学与工程学会地下空间分会，南京慧龙城市规划设计有限公司.中国城市地下空间发展蓝皮书[M].2019.

[18] 周庆芬，束昱，路姗.电子商务时代上海地下物流系统发展前景[J].地下空间与工程学报，2011，7（S1）：1269-1273.

[19] 齐康.城市地下空间发展[J].建筑与文化，2017.

[20] 范文莉.当代城市地下空间发展趋势-从附属使用到城市地下、地上空间一体化[J].国际城市规划，2007，（06）：53-57.

[21] 油新华，何光尧，王强勋，等.我国城市地下空间利用现状及发展趋势[J].隧道建设（中英文），2019，39（02）：173-188.

[22] 马栩生.论城市地下空间权及其物权法构建[J].法商研究，2010，27（03）：85-92.

［23］ 何萍，李星，谭月.国内城市地下空间政策对成都的启示［J］.四川建筑，2019，39（03）：13-15.

［24］ 油新华，王强勋，刘医硕.我国城市地下空间标准制定现状及对策［J］.建筑技术，2019，50（12）：1423-1427.

［25］ 为什么说土地资源是有限而重要的？_百度知道.［EB/OL］https://zhidao.baidu.com/question/431374548211474812.html. 2020.

［26］ 自然资源部门户网站［EB/OL］.http://www.mnr.gov.cn/. 2020.

［27］ 国家统计局.中国统计年鉴［M］.北京：中国统计出版社，2019.

［28］ 国家统计局［EB/OL］.http://www.stats.gov.cn/. 2020.

［29］ 上海市30个常住人口密度最高的街道.［EB/OL］.https://baijiahao.baidu.com/s?id=1644984090777406033&wfr=spider&for=pc. 2020.

［30］ 仇保兴.19世纪以来西方城市规划理论演变的六次转折［J］.规划师，2003，（11）：5-10.

［31］ 丁凡，伍江.城市更新相关概念的演进及在当今的现实意义［J］.城市规划学刊，2017，（06）：87-95.

［32］ 聂铭泉.TOD模式的理论综述［J］.城市建设理论研究：电子版，2015，5（32）.

［33］ 童林旭.地下空间与城市现代化发展［M］.北京：中国建筑工业出版社，2005.

［34］ 吉迪恩·S·格兰尼，尾岛俊雄.城市地下空间设计［M］.北京：中国建筑工业出版社，2005.

［35］ 任彧，刘荣.日本地下空间的开发和利用［J］.福建建筑，2017，（05）：31-35.

［36］ 石晓冬.加拿大城市地下空间开发利用模式［J］.北京规划建设，2001，（05）：58-61.

［37］ 沈鹏博，杨文武.香港城市发展和地下空间开发经验，2015.

［38］ 百度地图［EB/OL］.https://map.baidu.com. 2020.

［39］ 王嘉，郭立德.总量约束条件下城市更新项目空间增量分配方法探析——以深圳市华强北地区城市更新实践为例 %Exploration of Spatial Volume Distribution Methodology for Urban Renewal Practice within the Gross Volume Constraints——The Ca［J］.城市规划学刊，2010，000（s1）：22-29.

［40］ 上海市城市建设设计研究总院集团有限公司.北横通道新建工程（溧阳路—大连路）街道设计方案［R］.2019.

［41］ 张坚.城市中心区高校校园更新研究——以复旦大学枫林校区校园更新为例［J］.建筑工程技术与设计，2017，000（018）：883-884.

［42］ 园区星港街隧道工程6月开建 南北两座景观天桥横跨星港街_苏州新闻网［EB/OL］.http://app.subaonet.com/print.php?contentid=1290515. 2020.

［43］ 中国城市轨道交通协会［EB/OL］.https://www.camet.org.cn/. 2020.

［44］ 解读|城市轨道交通现状与发展趋势_建设［EB/OL］.https://www.sohu.com/a/301504794_776618. 2020.

［45］ 鸿山步行隧道（市人防科普走廊）——又一条老隧道的华丽变身【车辆定位吧】_百度贴吧［EB/OL］.https://tieba.baidu.com/p/5533546556?red_tag=1519021466. 2020.

［46］ 厦门鼓浪屿贝壳梦幻世界/珍奇贝壳博物馆门票［EB/OL］.http://www.mafengwo.cn/sales/6479538.html?cid=1030. 2020.

［47］ 浙江天仁风管有限公司［EB/OL］.http://www.tianrenduct.com/gczl.asp?webshieldsessionverify=j12sz
zliwqm3ikauhj13. 2020.

［48］ 处理垃圾的好办法来了！福州首个大件垃圾处置 PPP 项目开工！［EB/OL］.https://www.sohu.
com/a/277633997_681229. 2020.

［49］ 100 岁的贝聿铭 1000 岁的卢浮宫［EB/OL］.https://www.sohu.com/a/136428304_528906. 2020.

［50］ 法国：卢浮宫金字塔入口将首次改造 _ 视频中国［EB/OL］.http://v.china.com.cn/news/2014-05/12/
content_32356770.htm. 2020.

［51］ 陈志龙，刘宏 . 城市地下空间总体规划［M］.东南大学出版社，2011.

［52］ 喜欢的人，喜欢的事，爱就要大胆去追，《君の名は。》朝圣指北 - 哔哩哔哩［EB/OL］.https://
www.bilibili.com/read/cv118749/. 2020.

［53］ 东京自由行——新宿车站地下迷宫完全攻略（下）［EB/OL］.http://www.weibo.com/ttarticle/p/
show?id=2309404143228122198270. 2020.

［54］ 徐正良，陈烨，何斌 . 上海市轨道交通徐家汇枢纽与地下空间一体化开发利用［J］.时代建筑，
2009，（05）：50-53.

［55］ 东方网［EB/OL］.http://www.eastday.com/. 2020.

［56］ 杜燕红 . 新与旧的交融——中国国家博物馆改扩建工程中老馆与新馆的交接设计［J］.工业建筑，
2012，42（09）：162-166.

［57］ 解放网 - 解放日报［EB/OL］.https://www.jfdaily.com/home. 2020.

［58］ 上海市规划和自然资源局［EB/OL］.http://ghzyj.sh.gov.cn/. 2020.

［59］ 赵景伟 . 现代城市地下空间开发：需求、控制、规划与设计［M］.北京：清华大学出版社，2016.

［60］ 范菽英，熊璐，李涛 . 宁波市中山路改造提升策略［J］.城市发展研究，2014，21（06）：18-21.

［61］ 一次性实现 90 度旋转！中国最大单体建筑平移工程成功完成［EB/OL］.http://www.sasac.gov.cn/
n2588025/n2588124/c10888125/content.html. 2020.

［62］ 沈雷洪 . 城市地下空间控规体系与编制探讨［J］.城市规划，2016，40（07）：19-25.

［63］ 翁锦程 . 基于存量开发的地下空间控制性详细规划的思考［J］.城市发展研究，2016，23（01）：
65-69.

［64］ 徐新巧 . 城市更新地区地下空间资源开发利用规划与实践——以深圳市华强北片区为例［J］.城
市规划学刊，2010，（S1）：30-35.

［65］ 刘崇，张冠增 . 地下的枢纽站，地上的新城区——解读“斯图加特21”［J］.城市轨道交通研究，
2010，13（09）：5-7.

［66］ 汤永净，朱旻 . 蒙特利尔地下空间扩建案例对上海的启发［J］.地下空间与工程学报，2010,6(05)：
904-907.

［67］ 李迅，陈志龙，束昱，等 . 地下空间从规划到实施有多远［J］.城市规划，2020，44（02）：39-43.

［68］ 魏秀玲 . 中国地下空间使用权法律问题研究［M］.厦门：厦门大学出版社，2011.

［69］ 国土空间规划体系下地下空间规划编制思路与重点（吴克捷 赵怡婷 cityif）.

［70］ 翁锦程 . 基于存量开发的地下空间控制性详细规划的思考［J］.城市发展研究，2016，23（01）：

65-69.

［71］ 刘崇，张冠增.地下的枢纽站，地上的新城区——解读“斯图加特 21”［J］.城市轨道交通研究，2010，13（09）:5-7.

［72］ 汤永净，朱旻.蒙特利尔地下空间扩建案例对上海的启发［J］.地下空间与工程学报，2010，6（05）:904-907.

［73］ 建筑改扩建之地下空间设计研究［D］.天津大学，2009.

［74］ 深圳市地下空间开发利用管理办法.

［75］ 法国巴黎地铁线路图 - 地图窝网［EB/OL］.http：//www.onegreen.net/maps/html/23630.html.